Inhaltsverzeichnis

Artemis Saage

Auto Tuning & Turbo: Der ultimative Leitfaden zur Fahrzeugoptimierung

Von Motormanagement und Leistungssteigerung bis zu Fahrwerksmodifikationen und Aerodynamik - Praxiswissen für Tuning-Enthusiasten

420 Quellen
35 Fotos / Grafiken
23 Illustrationen

Impressum

Saage Media GmbH
c/o SpinLab – The HHL Accelerator
Spinnereistraße 7
04179 Leipzig, Germany
E-Mail: contact@SaageMedia.com
Web: SaageMedia.com
Commercial Register: Local Court Leipzig, HRB 42755 (Handelsregister: Amtsgericht Leipzig, HRB 42755)
Managing Director: Rico Saage (Geschäftsführer)
VAT ID Number: DE369527893 (USt-IdNr.)

Publisher: Saage Media GmbH
Veröffentlichung: 01.2025
Umschlagsgestaltung: Saage Media GmbH
ISBN-Softcover: 978-3-384-47896-2
ISBN-Ebook: 978-3-384-47897-9

Rechtliches / Hinweise

Die in diesem Buch aufgeführten externen Links und Quellenverweise wurden zum Zeitpunkt der Buchveröffentlichung geprüft. Auf die aktuellen und zukünftigen Gestaltungen und Inhalte der verlinkten Seiten hat der Autor keinen Einfluss. Für illegale, fehlerhafte oder unvollständige Inhalte sowie für Schäden, die durch die Nutzung oder Nichtnutzung der Informationen entstehen, haftet allein der Anbieter der verlinkten Website, nicht derjenige, der über Links auf die jeweilige Veröffentlichung verweist. Alle verwendeten externen Quellen sind im Literaturverzeichnis aufgeführt. Trotz sorgfältiger inhaltlicher Kontrolle übernehmen wir keine Haftung für die Inhalte externer Quellen. Für den Inhalt der zitierten Quellen sind ausschließlich deren Betreiber verantwortlich. Bilder und Quellen Dritter sind als solche gekennzeichnet. Die Vervielfältigung, Bearbeitung, Verbreitung und jede Art der Verwertung außerhalb der Grenzen des Urheberrechtes bedürfen der schriftlichen Zustimmung des jeweiligen Autors bzw. Erstellers.

Die in diesem Buch enthaltenen Quellenverweise und Zitate wurden sorgfältig recherchiert und sinngemäß wiedergegeben. Die Interpretation und Darstellung der zitierten Inhalte spiegelt die Auffassung des Autors wider und muss nicht zwangsläufig mit der Intention oder Meinung der ursprünglichen Autoren übereinstimmen. Bei sinngemäßen Zitaten wurden die Kernaussagen der Originalquellen nach bestem Wissen und Gewissen in den Kontext dieses Werkes eingebettet, können jedoch durch die Übertragung und Vereinfachung von den ursprünglichen Formulierungen und Bedeutungsnuancen abweichen. Alle verwendeten Quellen sind im Literaturverzeichnis vollständig aufgeführt und können dort im Original nachgelesen werden. Die Verantwortung für die Interpretation und kontextuelle Einbettung der zitierten Inhalte liegt beim Autor dieses Buches. Bei wissenschaftlichen Fragestellungen und Detailinformationen wird empfohlen, die Originalquellen zu konsultieren. Der Autor hat sich bemüht, komplexe wissenschaftliche Sachverhalte allgemeinverständlich darzustellen. Dabei können Vereinfachungen und Verallgemeinerungen nicht ausgeschlossen werden. Für die fachliche Richtigkeit und Vollständigkeit der vereinfachten Darstellungen kann keine Gewähr übernommen werden. Die sinngemäße Wiedergabe von Zitaten und wissenschaftlichen Erkenntnissen erfolgt nach bestem Wissen und Gewissen unter Beachtung des Zitatrechts gemäß § 51 UrhG. Bei der Vereinfachung und Übertragung und ggf. Übersetzung wissenschaftlicher Inhalte in eine allgemeinverständliche Sprache können Bedeutungsnuancen und fachliche Details verloren gehen. Für akademische Zwecke und bei der Verwendung als wissenschaftliche Referenz wird ausdrücklich empfohlen, auf die Originalquellen zurückzugreifen. Die vereinfachte Darstellung dient ausschließlich der populärwissenschaftlichen Information.

Die in diesem Buch enthaltenen Informationen zu Fahrzeugtuning, Motorenmodifikationen und technischen Umbauten wurden sorgfältig recherchiert, können jedoch keinen Anspruch auf Vollständigkeit oder absolute Richtigkeit erheben. Fahrzeugmodifikationen können zum Erlöschen der Betriebserlaubnis, der Garantie oder der Versicherungsleistungen führen. Jegliche Umbaumaßnahmen an Kraftfahrzeugen müssen den geltenden gesetzlichen Bestimmungen entsprechen und von autorisierten Fachbetrieben oder qualifizierten Mechanikern durchgeführt werden. Der Autor und Verlag übernehmen keine Haftung für Schäden an Fahrzeugen, Personen oder Gegenständen, die durch die Anwendung der beschriebenen Tuningmaßnahmen entstehen können. Die vorgestellten Tuningkonzepte und technischen Spezifikationen beziehen sich auf den Zeitpunkt der Drucklegung und können aufgrund technischer Weiterentwicklungen oder gesetzlicher Änderungen bereits überholt sein. Alle verwendeten Markennamen, Produktbezeichnungen und Firmenlogos sind Eigentum ihrer jeweiligen Inhaber und werden nur zu Informationszwecken genannt. Eine Verletzung von Markenrechten ist nicht beabsichtigt. Dieses Werk versteht sich als Orientierungshilfe und ersetzt nicht die individuelle Beratung durch Kfz-Sachverständige, TÜV/DEKRA oder autorisierte Tuningbetriebe. Vor jeder Modifikation wird dringend empfohlen, entsprechende Fachleute zu konsultieren und die rechtlichen Rahmenbedingungen zu prüfen.

Dieses Buch wurde unter Verwendung von Künstlicher Intelligenz und anderen Tools erstellt. Unter anderem wurden Tools für die Recherche und Generierung der dekorativen Illustrationen eingesetzt. Trotz Kontrolle können Fehler nicht vollständig ausgeschlossen werden. Wir möchten betonen, dass der Einsatz von KI als unterstützendes Werkzeug dient, um unseren Lesern ein qualitativ hochwertiges und inspirierendes Leseerlebnis zu bieten.

Liebe Leserinnen, liebe Leser,

von Herzen danke ich Ihnen, dass Sie sich für dieses Buch entschieden haben. Mit Ihrer Wahl haben Sie mir nicht nur Ihr Vertrauen geschenkt, sondern auch einen Teil Ihrer wertvollen Zeit. Das weiß ich sehr zu schätzen.
Maximale Performance, optimale Abstimmung und technische Perfektion - für viele Auto-Enthusiasten ist Tuning mehr als nur ein Hobby. Dieses umfassende Fachbuch führt Sie durch die komplexe Welt der Fahrzeugoptimierung: von grundlegenden Motormanagement-Systemen über Turbolader-Setups bis hin zu aerodynamischen Verbesserungen. Dabei werden sowohl theoretische Grundlagen als auch praktische Umsetzungen detailliert beleuchtet. Profitieren Sie von fundiertem Expertenwissen zu Themen wie ECU-Programmierung, Ladedruckregelung und Fahrwerksabstimmung. Die ausführlichen Erklärungen und technischen Illustrationen ermöglichen es Ihnen, Tuning-Projekte systematisch und fachgerecht anzugehen. Der praxisorientierte Leitfaden vermittelt das nötige Know-how für sichere und effektive Fahrzeugmodifikationen - von der Planung bis zur finalen Abstimmung. Starten Sie jetzt Ihr Tuning-Projekt mit dem fundierten Wissen dieses Standardwerks und bringen Sie Ihr Fahrzeug auf das nächste Performance-Level.
Ich wünsche Ihnen nun eine inspirierende und aufschlussreiche Lektüre. Sollten Sie Anregungen, Kritik oder Fragen haben, freue ich mich über Ihre Rückmeldung. Denn nur durch den aktiven Austausch mit Ihnen, den Lesern, können zukünftige Auflagen und Werke noch besser werden. Bleiben Sie neugierig!

Artemis Saage
Saage Media GmbH

- support@saagemedia.com
- Spinnereistraße 7 - c/o SpinLab – The HHL Accelerator, 04179 Leipzig, Germany

Einleitung

Um Ihnen die bestmögliche Leseerfahrung zu bieten, möchten wir Sie mit den wichtigsten Merkmalen dieses Buches vertraut machen. Die Kapitel sind in einer logischen Reihenfolge angeordnet, sodass Sie das Buch von Anfang bis Ende durchlesen können. Gleichzeitig wurde jedes Kapitel und Unterkapitel als eigenständige Einheit konzipiert, sodass Sie auch gezielt einzelne Abschnitte lesen können, die für Sie von besonderem Interesse sind. Jedes Kapitel basiert auf sorgfältiger Recherche und ist durchgehend mit Quellenangaben versehen. Sämtliche Quellen sind direkt verlinkt, sodass Sie bei Interesse tiefer in die Thematik eintauchen können. Auch die im Text integrierten Bilder sind mit entsprechenden Quellenangaben und Links versehen. Eine vollständige Übersicht aller Quellen- und Bildnachweise finden Sie im verlinkten Anhang. Um die wichtigsten Informationen nachhaltig zu vermitteln, schließt jedes Kapitel mit einer prägnanten Zusammenfassung. Fachbegriffe sind im Text unterstrichen dargestellt und werden in einem direkt darunter platzierten, verlinkten Glossar erläutert.

Für einen schnellen Zugriff auf weiterführende Online-Inhalte können Sie die QR-Codes mit Ihrem Smartphone scannen.

Zusätzliche Bonus-Materialien auf unserer Website

Auf unserer Website stellen wir Ihnen folgende exklusive Materialien zur Verfügung:

- Bonusinhalte und zusätzliche Kapitel
- Eine kompakte Gesamtzusammenfassung
- Eine PDF-Datei mit allen Quellenangaben
- Weiterführende Literaturempfehlungen

Die Website befindet sich derzeit noch im Aufbau.

SaageBooks.com/de/auto_tuning-bonus-QGPOPJ

1. Tuning-Grundlagen

Die Optimierung von Fahrzeugen durch Tuning ist ein faszinierendes und komplexes Thema, das weit über das simple "Mehr PS" hinausgeht. Doch was macht erfolgreiches Tuning eigentlich aus? Wie lässt sich die Balance zwischen Leistungssteigerung und Zuverlässigkeit finden? Und welche Rolle spielen dabei moderne Technologien? Die Grundlagen des Fahrzeugtunings umfassen verschiedene Bereiche - von der mechanischen Optimierung über elektronische Steuerung bis hin zur thermodynamischen Effizienz. Dabei zeigt sich immer wieder: Der Erfolg liegt im Detail und in der sorgfältigen Abstimmung aller Komponenten aufeinander. Besonders die Entwicklung der letzten Jahre hat das Tuning stark verändert. Moderne Fahrzeuge sind komplexe Systeme, deren Optimierung fundiertes technisches Verständnis und spezialisiertes Equipment erfordert. Gleichzeitig eröffnen sich durch neue Technologien wie digitale Motorsteuerungen und variable Turbolader völlig neue Möglichkeiten. In diesem Kapitel werden wir die wichtigsten Grundlagen des Fahrzeugtunings systematisch beleuchten - von den physikalischen Prinzipien bis zu den praktischen Herausforderungen bei der Umsetzung. Das Verständnis dieser Zusammenhänge ist der Schlüssel zu erfolgreichen und nachhaltigen Tuningprojekten.

1. 1. Auto-Tuning

Die Optimierung von Fahrzeugen fasziniert Menschen seit der Erfindung des Automobils. Doch was genau verbirgt sich hinter dem Begriff Auto-Tuning? Welche technischen Möglichkeiten bietet die moderne Fahrzeugoptimierung und wo liegen die Grenzen? Die Bandbreite reicht heute von einfachen Software-Anpassungen bis hin zu komplexen mechanischen Modifikationen. Dabei spielen nicht nur die technischen Aspekte eine wichtige Rolle – auch Sicherheit und Qualitätsstandards müssen gewährleistet sein. Gerade bei modernen Fahrzeugen mit ihrer komplexen Elektronik erfordert professionelles Tuning fundiertes Fachwissen und präzise Abstimmung. Die kontinuierliche technische Weiterentwicklung eröffnet dabei ständig neue Möglichkeiten, bringt aber auch neue Herausforderungen mit sich. Wie diese Herausforderungen gemeistert werden können und welche Faktoren für erfolgreiches Tuning entscheidend sind, zeigt der folgende Abschnitt.

> *„Ein Stage 1 Tuning gilt als sicherer Einstieg in die Leistungsoptimierung, da hier keine Hardware-Modifikationen erforderlich sind.“*

1. 1. 1. Grundlagen und Überblick

Auto-Tuning ist ein komplexes Feld, das sich kontinuierlich weiterentwickelt und verschiedene technische Aspekte umfasst. Die Grundprinzipien bleiben jedoch konstant und bilden das Fundament für erfolgreiche Leistungsoptimierungen [s1]. Ein zentraler Aspekt ist das Verständnis des Luft-Kraftstoff-Verhältnisses, das maßgeblich die Motorleistung und -effizienz beeinflusst. Bei modernen Fahrzeugen spielt die elektronische Motorsteuerung (ECU) eine entscheidende Rolle. Die volumetrische Effizienz, die angibt, wie effektiv der Motor seine Zylinder mit Luft füllt, ist dabei ein wichtiger Leistungsindikator [s1]. Ein erfahrener Tuner wird beispielsweise bei der Optimierung zunächst die Ist-Werte analysieren und dann schrittweise Anpassungen vornehmen, wobei die Motortemperatur und andere kritische Parameter kontinuierlich überwacht werden. Besonders bei Direkteinspritzungsmotoren (DI-Motoren) ist eine präzise Abstimmung erforderlich. Die Einspritzlogik und Luftmengenberechnung erfordern hier eine spezielle Herangehensweise [s2]. In der Praxis bedeutet dies, dass die Leistungssteigerung hauptsächlich über die Anpassung der Wastegate-Duty-Cycle-Tabelle erfolgt, die den Ladedruck des Turboladers steuert. Die Unterschiede zwischen Diesel- und Benzinmotoren sind beim Tuning von grundlegender Bedeutung. Dieselmotoren arbeiten ohne Zündkerzen und nutzen stattdessen die Kompression zur Kraftstoffzündung [s3]. Ein wichtiger praktischer Vorteil beim Diesel-Tuning ist die Abwesenheit von Problemen wie Vorzündung oder Klopfen, was höhere Drehmomente ermöglicht. Moderne Tuning-Methoden nutzen zunehmend automatisierte Prozesse. PID-Tuning und Auto-Tuning-Algorithmen bieten systematische Ansätze zur Optimierung von Regelungssystemen [s4]. Diese Methoden reduzieren den Zeitaufwand und das erforderliche Expertenwissen erheblich. Ein typischer Auto-Tuning-Prozess umfasst die Systemidentifikation, Modellerstellung, das Reglerdesign, die Parameterimplementierung und abschließende Leistungsüberprüfung. Wichtig ist das Verständnis, dass es beim Tuning keinen universellen Ansatz gibt [s5]. Die optimale Abstimmung hängt von verschiedenen Faktoren ab, wie dem Fahrzeugtyp, den Einsatzbedingungen und den Präferenzen des Fahrers. Ein professioneller Tuner wird beispielsweise bei einem Rennwagen andere Prioritäten setzen als bei einem Alltagsfahrzeug. Die Grundlage für erfolgreiches Tuning ist das Verständnis der Fahrzeugdynamik und der

Wechselwirkungen zwischen verschiedenen Komponenten [s5]. In der Praxis bedeutet dies, dass vor jeder Modifikation eine gründliche Analyse des Ist-Zustands erfolgen sollte. Dabei werden Parameter wie Gewichtsverlagerung, Traktionsverhalten und Fahrwerksgeometrie berücksichtigt. Bei der Kraftstoffabstimmung ist besonders bei DI-Motoren Vorsicht geboten, da diese empfindlicher auf Änderungen des Luft-Kraftstoff-Verhältnisses reagieren [s2]. Ein erfahrener Tuner wird hier die Kraftstofffehler genau überwachen und die Anreicherung nicht nur zur Kühlung, sondern auch zur Optimierung des Zündverhaltens nutzen. Die kontinuierliche Weiterentwicklung der Tuning-Technologien erfordert regelmäßige Fortbildung und Erfahrungsaustausch in der Branche [s3]. Dies zeigt sich besonders im Bereich der Dieseltechnologie, wo elektronische Steuerungssysteme immer komplexer werden und präzisere Eingriffsmöglichkeiten bieten.

Glossar

Direkteinspritzungsmotor
Motortyp bei dem der Kraftstoff direkt in den Brennraum eingespritzt wird, statt vorher im Ansaugtrakt mit Luft vermischt zu werden.

PID-Tuning
Methode zur Optimierung von Proportional-Integral-Differential-Reglern, die für präzise Steuerung von Motorparametern wie Leerlauf und Ladedruck verwendet wird.

volumetrische Effizienz
Ein Maß für das Verhältnis zwischen der tatsächlich angesaugten Luftmenge und der theoretisch möglichen Luftmenge bei einem Motorhub. Je höher dieser Wert, desto besser die Motoratmung.

Wastegate-Duty-Cycle
Prozentualer Anteil der Zeit, in der das Wastegate-Ventil geöffnet oder geschlossen ist. Bestimmt die Regelung des Ladedrucks im Turbosystem.

1. 1. 2. Sicherheitsaspekte

Bei der Leistungssteigerung von Fahrzeugen durch Tuning stehen Sicherheitsaspekte an oberster Stelle. Jede Modifikation muss sorgfältig geplant und ausgeführt werden, um die Sicherheit des Fahrzeugs und seiner Insassen nicht zu gefährden [s6]. Dies beginnt bereits bei der Auswahl der Tuning-Stufe und der entsprechenden Komponenten.

Ladeluftkühler [i1]

Ein Stage 1 Tuning gilt als vergleichsweise sicherer Einstieg in die Leistungsoptimierung, da hier keine Hardware-Modifikationen erforderlich sind [s7]. Dennoch sollten auch hier Vorsichtsmaßnahmen getroffen werden. Ein praktisches Beispiel: Bei häufiger Nutzung der gesteigerten Leistung empfiehlt sich ein Upgrade des Ladeluftkühlers, um die Temperaturen im sicheren Bereich zu halten und die Langlebigkeit des Motors zu gewährleisten. Bei umfangreicheren Modifikationen wie einem Stage 2 Tuning müssen zusätzliche Sicherheitsaspekte berücksichtigt werden. Der Einbau eines leistungsfähigeren Abgassystems ist hier nicht optional, sondern zwingend erforderlich, da zu hoher Abgasgegendruck den Turbolader beschädigen kann [s7]. Ein erfahrener Tuner wird hier zunächst eine gründliche Analyse des Ist-Zustands durchführen und alle Komponenten auf ihre Tauglichkeit prüfen. Besondere Aufmerksamkeit gilt den Bremsen als sicherheitskritisches System. Modifikationen an der Bremsanlage dürfen unter keinen Umständen zu einer Verringerung der Bremsleistung führen [s8]. In der Praxis bedeutet dies, dass nur geprüfte Produktionskomponenten verwendet werden sollten. Bei der Installation von Sportbremsen muss beispielsweise auf die korrekte Auslegung der Bremskraftverteilung geachtet werden. Die Installation zusätzlicher Komponenten wie Ladeluftkühler erfordert besondere Sorgfalt. Scharfe Kanten oder hervorstehende Teile sind zu vermeiden, um das Verletzungsrisiko bei einem Unfall zu minimieren [s8]. Ein professioneller Einbau beinhaltet daher immer auch die sorgfältige Verkleidung und Absicherung aller zusätzlichen Komponenten. Bei Fahrzeugen mit Airbag-Systemen gelten besondere Vorschriften.

Modifikationen an der Karosserie, insbesondere im Bereich der Stoßfänger, sind nur mit speziell zertifizierten Komponenten zulässig [s8]. Dies gewährleistet, dass die Funktionalität der Sicherheitssysteme nicht beeinträchtigt wird. Die Verwendung von Aftermarket-Komponenten bedarf besonderer Aufmerksamkeit. Ein Beispiel ist das Blow-Off-Ventil, dessen Austausch die Emissionswerte beeinflussen kann [s8]. Hier gilt es, nur zugelassene Komponenten zu verwenden und die entsprechenden Zertifizierungen einzuholen. Grundsätzlich muss bei jeder signifikanten Modifikation eine Zertifizierung erfolgen [s6]. Dies betrifft nicht nur leistungssteigernde Maßnahmen, sondern auch Änderungen an Sitzen, Gurten und anderen sicherheitsrelevanten Komponenten. Ein verantwortungsvoller Tuner wird seine Kunden über diese Anforderungen informieren und bei der Erlangung der notwendigen Zulassungen unterstützen. Die Beleuchtung spielt ebenfalls eine wichtige Rolle für die Sicherheit. Zusätzliche Beleuchtungssysteme müssen den gesetzlichen Anforderungen entsprechen und dürfen die Sicht des Fahrers nicht beeinträchtigen [s8]. In der Praxis bedeutet dies eine sorgfältige Planung der Lichtanlage und gegebenenfalls eine Abstimmung mit den Prüforganisationen. Beim Tuning gilt es zu beachten, dass man bewusst versucht, Komponenten über ihre ursprüngliche Auslegung hinaus zu belasten [s9]. Dies erfordert ein tiefes Verständnis der Belastungsgrenzen und möglicher Schwachstellen. Interessanterweise zeigt die Erfahrung, dass moderne Getriebe auch höhere Leistungsstufen gut verkraften können, dennoch sollte jede Modifikation mit Bedacht erfolgen.

Glossar

Aftermarket

Bezeichnet den Markt für Fahrzeugteile und Zubehör, die nicht vom ursprünglichen Fahrzeughersteller stammen, sondern von Drittanbietern produziert werden

Blow-Off-Ventil

Ein Überdruckventil im Turbolader-System, das überschüssigen Ladedruck bei geschlossenem Gaspedal in die Atmosphäre oder zurück in das Ansaugsystem ableitet

1. 1. 3. Qualitätsstandards

Qualitätsstandards spielen im Auto-Tuning eine zentrale Rolle und sind unerlässlich für die Sicherheit und Zuverlässigkeit der Modifikationen. Die Branche unterliegt strengen Regularien und Zertifizierungsanforderungen, die kontinuierlich weiterentwickelt werden [s10]. Besonders bei elektronischen Komponenten wie Power Modulen ist die Einhaltung höchster Qualitätsstandards von entscheidender Bedeutung. Deutsche Ingenieurskunst setzt hier Maßstäbe: Die Entwicklung von Tuning-Komponenten erfolgt nach jahrelanger Forschung und intensiven Tests unter verschiedenen Bedingungen [s11]. Ein Beispiel aus der Praxis: Bei der Entwicklung eines Power Moduls werden zunächst umfangreiche Prototypentests in verschiedenen Klimazonen durchgeführt, bevor das Produkt in die Serienproduktion geht. Die verwendeten Gehäuse werden im Spritzgussverfahren hergestellt und mit leistungsstarken CPUs bestückt [s12]. Die Qualitätssicherung erstreckt sich auch auf mechanische Komponenten. Sportfedern beispielsweise durchlaufen einen aufwendigen Herstellungsprozess in hochmodernen Produktionsanlagen. Jede einzelne Feder wird wärmebehandelt, durch Kugelstrahlen (Shot-Peening) verfestigt und zweifach geblockt, um Materialermüdung vorzubeugen [s13]. Die ISO-9002-Zertifizierung garantiert dabei die Einhaltung internationaler Qualitätsstandards. Ein besonderes Augenmerk liegt auf der Emissionskontrolle. Das sogenannte "Tampering", also unerlaubte Eingriffe in die Emissionskontrollsysteme, ist in den meisten Ländern illegal [s14]. Professionelle Tuner müssen daher sicherstellen, dass ihre Modifikationen die gesetzlichen Emissionsgrenzwerte einhalten. In der Praxis bedeutet dies: Vor jeder Leistungssteigerung sollte eine detaillierte Analyse der Auswirkungen auf die Abgaswerte erfolgen. Die Software-Qualität spielt eine zunehmend wichtige Rolle. Moderne Tuning-Software basiert auf standardisierten Entwicklungstools und muss besonders bei sicherheitskritischen Systemen höchste Anforderungen erfüllen [s15]. Ein praktischer Tipp für Werkstätten: Die Verwendung vorzertifizierter Betriebssysteme kann den Zertifizierungsprozess erheblich vereinfachen und beschleunigen. Fahrwerkskomponenten unterliegen besonders strengen Qualitätskontrollen. Einstellbare Stabilisatoren beispielsweise müssen eine spezielle Genehmigung vorweisen [s16]. Die Abstimmung der Dämpfer erfordert nicht nur hochwertige Komponenten, sondern auch fundierte Expertise, um optimales Fahrverhalten bei gleichzeitigem Komfort zu gewährleisten. Die TÜV-Genehmigung und CE-Zertifizierung sind grundlegende Voraussetzungen für legales Tuning [s12]. Diese Zertifizierungen garantieren, dass die Komponenten alle relevanten Sicherheits- und Qualitätsstandards erfüllen. Für Werkstätten empfiehlt es sich, ein detailliertes Dokumentationssystem zu führen, das alle Zertifikate und Prüfberichte enthält. Die Qualitätssicherung erstreckt sich auch auf den Kundenservice. Professionelle Tuning-Anbieter bieten umfassende Garantien und technischen Support [s11]. Ein bewährtes Konzept in der Praxis ist die individuelle Abstimmung der Module auf spezifische Motorvarianten, wobei die Kalibrierung bei Bedarf nachträglich angepasst werden kann. Regelmäßige technische Inspektionen sind ein wichtiger Bestandteil der Qualitätssicherung. Diese sollten neben visuellen Kontrollen auch erweiterte Emissionsmessungen umfassen [s14]. Werkstätten sollten dabei standardisierte Prüfprotokolle verwenden und die Ergebnisse sorgfältig dokumentieren.

Glossar

Power Modul
: Eine elektronische Zusatzeinheit, die zwischen die Fahrzeugsensoren und das Motorsteuergerät geschaltet wird, um Signale zu optimieren und die Motorleistung zu steigern

Shot-Peening
: Ein spezielles Oberflächenbehandlungsverfahren, bei dem kleine Metallkugeln mit hoher Geschwindigkeit auf das Werkstück geschossen werden, um die Oberflächenhärte und Ermüdungsbeständigkeit zu verbessern

Tampering
: Bezeichnet im Automobilbereich jegliche nicht genehmigte Manipulation an den werksseitigen Systemen, insbesondere an der Abgasanlage oder Motorsteuerung

Zusammenfassung - 1. 1. Auto-Tuning

- Die volumetrische Effizienz ist ein Schlüsselindikator für die Motorleistung und zeigt an, wie effektiv der Motor seine Zylinder mit Luft füllt.
- Bei Direkteinspritzungsmotoren erfolgt die Leistungssteigerung hauptsächlich über die Anpassung der Wastegate-Duty-Cycle-Tabelle zur Ladedrucksteuerung.
- Dieselmotoren bieten beim Tuning den Vorteil, dass Probleme wie Vorzündung oder Klopfen nicht auftreten.
- Moderne Tuning-Methoden nutzen zunehmend PID-Tuning und Auto-Tuning-Algorithmen zur systematischen Optimierung von Regelungssystemen.
- Stage 1 Tuning erfordert keine Hardware-Modifikationen, jedoch wird ein Upgrade des Ladeluftkühlers bei intensiver Nutzung empfohlen.
- Bei Stage 2 Tuning ist ein leistungsfähigeres Abgassystem zwingend erforderlich, um Turboladerschäden durch zu hohen Abgasgegendruck zu vermeiden.
- Sportfedern durchlaufen einen komplexen Herstellungsprozess mit Wärmebehandlung und Shot-Peening zur Materialverfestigung.
- Power Module werden nach jahrelanger Entwicklung in verschiedenen Klimazonen getestet und mit leistungsstarken CPUs ausgestattet.
- Das "Tampering" - unerlaubte Eingriffe in Emissionskontrollsysteme - ist in den meisten Ländern illegal und erfordert genaue Abgaswertanalysen vor Modifikationen.
- Einstellbare Stabilisatoren benötigen eine spezielle Genehmigung und müssen besonders strenge Qualitätskontrollen durchlaufen.

1. 2. Turbo-Tuning

Wie lässt sich aus einem gewöhnlichen Motor maximale Leistung herausholen? Was macht den entscheidenden Unterschied zwischen moderater und beeindruckender Performance? Die Antwort liegt in der Turboaufladung - einer der effektivsten Methoden zur Leistungssteigerung von Verbrennungsmotoren. Während ein Saugmotor auf natürliche Ansaugung beschränkt ist, ermöglicht die Turboaufladung eine deutlich höhere Luftzufuhr und damit mehr Leistung aus dem gleichen Hubraum. Doch die erfolgreiche Implementation eines Turbo-Systems erfordert fundiertes Wissen über die komplexen Zusammenhänge zwischen Ladedruck, Kraftstoffgemisch und Motorsteuerung. Die richtige Abstimmung aller Komponenten ist dabei entscheidend - von der Wahl des passenden Turboladers über die Auslegung der Kraftstoffversorgung bis zur präzisen Kalibrierung der Steuerungselektronik. Fehler können nicht nur zu Leistungseinbußen führen, sondern auch schwere Motorschäden verursachen. Die folgenden Abschnitte vermitteln das notwendige Grundlagenwissen für erfolgreiches Turbo-Tuning und zeigen praxiserprobte Lösungen für typische Herausforderungen auf.

> *„Die Temperaturen im Turbolader können bis zu 900°C erreichen, während sich die Welle mit 100.000 bis 150.000 U/min dreht.“*

1. 2. 1. Grundprinzipien

Die Grundprinzipien des Turbo-Tunings basieren auf einem fundamentalen Verständnis der Motorenfunktion und der Aufladungstechnik. Ein Verbrennungsmotor folgt dem elementaren Zyklus "Saugen-Brennen-Blasen" [s17], wobei die Effizienz dieses Prozesses durch Turboaufladung erheblich gesteigert werden kann. Im Kern geht es beim Turbo-Tuning darum, mehr Luft in den Verbrennungsraum zu bringen als bei einem Saugmotor möglich wäre [s18]. Dies ermöglicht eine intensivere Verbrennung und damit mehr Leistung aus dem gleichen Hubraum. Ein praktisches Beispiel: Ein 2,0-Liter-Turbomotor kann die Leistung eines 3,0-Liter-Saugmotors erreichen oder sogar übertreffen. Die Hauptkomponenten eines Turboladers - Kompressor, Druckentlastungsventil (Wastegate), Ladeluftkühler und Turbine [s17] - arbeiten unter extremen Bedingungen. Die Temperaturen im Turbolader können bis zu 900°C erreichen, während sich die Welle mit 100.000 bis 150.000 U/min dreht [s18]. Dies verdeutlicht die Wichtigkeit einer präzisen Abstimmung aller Komponenten. Das A/R-Verhältnis der Turbine spielt eine entscheidende Rolle für die Effizienz des Systems. Ein niedriges A/R-Verhältnis optimiert das Ansprechverhalten bei niedrigen Drehzahlen, während ein höheres A/R-Verhältnis die Höchstleistung steigert [s17]. Bei der Auslegung sollte man sich zunächst fragen: Liegt der Fokus auf Alltagstauglichkeit mit schnellem Ansprechen oder auf maximaler Höchstleistung? Die Abstimmung des Luft-Kraftstoff-Verhältnisses (AFR) ist kritisch für die Leistung und Haltbarkeit. Für optimale Leistung liegt das AFR bei Benzinmotoren typischerweise zwischen 13,0 und 13,5:1 (Lambda 0,9) [s19]. Bei der praktischen Abstimmung sollte man schrittweise vorgehen: Zunächst mit konservativen Werten beginnen und diese dann unter ständiger Überwachung der Motorparameter optimieren. Der anfängliche Ladedruck sollte je nach Zielsetzung zwischen 0,55 und 1,5 bar liegen [s17]. Ein praktischer Tipp: Beginnen Sie mit niedrigeren Drücken um 0,6 bar und steigern Sie diese schrittweise, während Sie die Motortemperaturen überwachen. Die Sensorik spielt eine zentrale Rolle beim modernen Turbo-Tuning. Sensoren überwachen kontinuierlich den Betriebspunkt auf der Kompressorkarte und liefern wichtige Daten für die Steuerungsalgorithmen [s20]. Dies ermöglicht eine präzise Abstimmung und verhindert gefährliche Betriebszustände. Die Temperaturkontrolle ist beim Turbo-Tuning essentiell [s21]. Überwachen Sie stets Kühlmittel-, Ansaugluft- und Öltemperaturen. Ein praktischer Ansatz ist die Installation zusätzlicher Temperatursensoren an kritischen Punkten, wie dem Turboladergehäuse und der Ansaugbrücke. Das Phänomen des Turbo-Lags, also die Verzögerung zwischen Leistungsanforderung und tatsächlicher Leistungsentfaltung [s17], kann durch verschiedene Maßnahmen minimiert werden. Praktische Optimierungen umfassen die Verkürzung der Rohrleitungen, die Verwendung leichterer Turbinenräder und die optimale Dimensionierung des Turboladers. Die Effizienz eines gut ausgelegten Turboladers liegt bei etwa 55% [s18]. Um diese zu erreichen, muss die Größe des Ladeluftkühlers und der Durchmesser der Abgasanlage sorgfältig aufeinander abgestimmt werden. Eine praktische Faustregel: Der Ladeluftkühler sollte mindestens so groß dimensioniert sein, dass die Ladelufttemperatur nicht mehr als 50°C über der Umgebungstemperatur liegt. Bei der Optimierung des Zündzeitpunkts gilt: Mit steigendem Ladedruck muss der Zündzeitpunkt in der Regel zurückgenommen werden [s21]. Beginnen Sie mit konservativen Einstellungen und tasten Sie sich vorsichtig an die Grenzen heran, während Sie auf Anzeichen von Klopfen achten.

Turboaufladung [i2]

Glossar

A/R-Verhältnis
Das Verhältnis zwischen Austrittsquerschnitt und Radius des Turbinengehäuses, das maßgeblich die Strömungscharakteristik bestimmt

Kompressorkarte
Ein Diagramm, das die Leistungscharakteristik eines Turbolader-Kompressors darstellt und dessen effektiven Arbeitsbereich aufzeigt

Lambda
Ein Messwert, der das Verhältnis zwischen tatsächlich zugeführter und theoretisch benötigter Luftmenge bei der Verbrennung angibt

Turbo-Lag
Eine technische Verzögerung bei Turbomotoren, die durch die Zeit entsteht, die der Turbolader benötigt, um genügend Drehzahl für den gewünschten Ladedruck aufzubauen

1. 2. 2. Komponenten

Die Komponenten eines Turbo-Tuning-Systems müssen sorgfältig aufeinander abgestimmt werden, um maximale Leistung bei gleichzeitiger Zuverlässigkeit zu gewährleisten. Ein moderner Turbo-Motor verwendet typischerweise einen geschlossenen Aluminiumblock mit geschmiedeten Kolbenstangen und Kurbelwelle als Basis [s22]. Diese robusten Grundkomponenten sind essentiell für die Haltbarkeit bei erhöhter Leistung. Der Twin-Scroll-Turbolader hat sich als besonders effektive Lösung etabliert, da er bereits bei niedrigen Drehzahlen ein hohes Drehmoment bereitstellt [s22]. Bei der Auswahl des Turboladers muss der Einsatzzweck berücksichtigt werden - für Drag Racing eignen sich größere Lader, während Track-Fahrzeuge von kompakteren Einheiten profitieren [s23]. Ein praktischer Tipp: Beginnen Sie die Abstimmung mit moderaten Ladedrücken um 0,6 bar und steigern Sie diese schrittweise bis maximal 1,65 bar (24 psi), da höhere Drücke die Lebensdauer drastisch verkürzen können [s24].

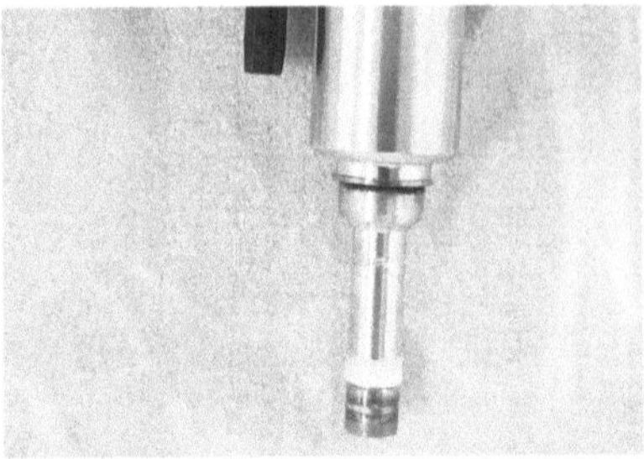

Einspritzdüsen [i3]

Die Kraftstoffversorgung spielt eine zentrale Rolle. Eine Hochdruckkraftstoffpumpe der Leistungsstufe 2 oder 3 [s25] ist unerlässlich, um den erhöhten Kraftstoffbedarf zu decken. Die Einspritzdüsen müssen entsprechend dimensioniert werden [s26]. Ein modernes Motorsteuergerät wie das MoTeC M150 [s27] ermöglicht die präzise Abstimmung aller Parameter. Die Luftversorgung beginnt beim Luftfilter [s28], der ausreichend dimensioniert sein muss, um den erhöhten Luftdurchsatz zu gewährleisten. Bei der Installation empfiehlt es sich, auf kurze Rohrleitungen zu achten, um Strömungsverluste zu minimieren. Ein Messgerät zur Überwachung des Luftmassendurchsatzes [s28] hilft bei der optimalen Abstimmung. Die Motorsteuerung erfolgt über ein leistungsfähiges Einspritzsteuergerät [s28], das die komplexen Zusammenhänge zwischen Ladedruck, Kraftstoffmenge und Zündzeitpunkt koordiniert. Bei der Programmierung sollte man schrittweise vorgehen und die Motorparameter kontinuierlich überwachen. Für die mechanische Stabilität sind geschmiedete Komponenten wie Kolbenstangen und

Kurbelwelle unverzichtbar [s22]. Die Verdichtung sollte bei aufgeladenen Motoren reduziert werden - ein Wert von 9,5:1 hat sich als guter Kompromiss erwiesen [s22]. Das Fahrwerk muss ebenfalls an die gesteigerte Leistung angepasst werden. Die Federsteifigkeit, Dämpfung und Fahrzeughöhe können individuell eingestellt werden [s29]. Hochwertige Bremsen sind unerlässlich - die Bremskraft und -verteilung sollte sorgfältig auf die Fahrzeugcharakteristik abgestimmt werden [s23]. Um das Gesamtgewicht zu optimieren, empfiehlt sich der Einsatz leichter Karosserieteile [s23]. Dies verbessert nicht nur die Beschleunigung, sondern auch das Handling und die Bremswirkung. Bei der Auswahl der Komponenten sollte man auf zertifizierte Qualitätsteile achten.

Die variable Ventilsteuerung und direkte Kraftstoffeinspritzung moderner Motoren [s22] bieten zusätzliches Optimierungspotential. Durch ECU-Tuning, verbesserte Ansaugung und Abgasanlage (Downpipe) lässt sich die Effizienz weiter steigern [s22]. Ein wichtiger praktischer Hinweis: Dokumentieren Sie alle Änderungen und deren Auswirkungen sorgfältig. Dies erleichtert die Fehlersuche und ermöglicht eine systematische Optimierung. Führen Sie Änderungen einzeln durch, um deren Einfluss genau beurteilen zu können.

Downpipe [i4]

Glossar

Downpipe

Das erste Abgasrohr nach dem Turbolader, das den Abgasstrom zum restlichen Auspuffsystem leitet und maßgeblich die Turbolader-Effizienz beeinflusst

MoTeC

Ein australischer Hersteller von hochentwickelten Motorsteuerungssystemen und Datenaufzeichnungsgeräten für den Motorsport

Twin-Scroll-Turbolader

Ein fortschrittliches Turbolader-Design mit zwei getrennten Abgaskanälen, das die Abgasimpulse optimal nutzt und Turbo-Lag reduziert

1. 2. 3. Installationsanforderungen

Die Installation eines Turbo-Systems erfordert sorgfältige Planung und präzise Ausführung. Vor Beginn der eigentlichen Montagearbeiten muss der Motorraum vorbereitet werden, was das Entfernen des Frontstoßfängers, des serienmäßigen Ansaugsystems und gegebenenfalls des vorhandenen Turboladers samt aller zugehörigen Leitungen umfasst [s30]. Eine gründliche Bestandsaufnahme und Dokumentation der Ausgangssituation ist dabei unerlässlich. Die Qualität der Installationsanleitungen variiert stark zwischen verschiedenen Anbietern [s31]. Während einige Hersteller umfassende Support-Pakete inklusive Tuning anbieten, überlassen andere diese wichtige Aufgabe dem Installateur. Ein praktischer Tipp: Informieren Sie sich vor dem Kauf eines Turbo-Kits ausführlich über den verfügbaren Support und die Qualität der Dokumentation.

Turbolader [i5]

Turbo-System [i6]

Krümmer [i7]

Die mechanische Installation beginnt idealerweise mit einer "Trockenübung" - alle Komponenten werden zunächst ohne finale Befestigung positioniert, um potenzielle Probleme frühzeitig zu erkennen [s32]. Die Verwendung von <u>V-Bändern</u> erleichtert dabei die präzise Ausrichtung der Komponenten. Besonders die Kombination aus Turbolader und Krümmer erfordert aufgrund der beengten Platzverhältnisse besondere Aufmerksamkeit. Ein kritischer Aspekt ist die Verlegung der verschiedenen Leitungen. Hochwertige, korrosionsbeständige Materialien sind hier unerlässlich [s33]. Bei der Installation sollte man besonders auf ausreichenden Abstand zu heißen Bauteilen und beweglichen Teilen achten. Die Batterie kann bei Platzmangel in den Kofferraum verlegt werden, wobei entsprechende Montagesätze verfügbar sind. Die Befestigung des Turboladers erfolgt typischerweise mit vier Bolzen und einer Wärmeschutzabdeckung [s34]. Bei der Montage ist auf korrekte Drehmomente und thermische Ausdehnung zu achten. Ein praktischer Hinweis: Markieren Sie die Position aller Sensoren und Anschlüsse vor der Demontage, um die spätere Wiedermontage zu erleichtern. Besondere Aufmerksamkeit erfordert die Installation zusätzlicher Halterungen und Befestigungspunkte. Hier haben sich gebohrte Winkelhalterungen bewährt [s32]. Bei Bohrarbeiten im Motorraum ist äußerste Vorsicht geboten - verwenden Sie geeignetes Werkzeug und schützen Sie empfindliche Komponenten vor Bohrspänen. Die Endabstimmung des Systems ist ein kritischer Schritt, der oft unterschätzt wird [s35]. Änderungen am Übersetzungsverhältnis erfordern eine Neuprogrammierung des Motorsteuergeräts. Dabei sollten alle Parameter schrittweise optimiert und ausgiebig getestet werden, um Probleme bei bestimmten Betriebszuständen zu vermeiden. Ein systematischer Ansatz bei der Installation ist entscheidend für den Erfolg. Führen Sie jeden Arbeitsschritt sorgfältig aus und dokumentieren Sie Änderungen. Überprüfen Sie alle Verbindungen auf Dichtheit und korrekten Sitz, bevor Sie zum nächsten Schritt übergehen. Die Erstinbetriebnahme sollte unter kontrollierten Bedingungen erfolgen, wobei alle relevanten Parameter überwacht werden. Die räumliche Planung im Motorraum verdient besondere Beachtung. Komponenten wie der Ausgleichsbehälter müssen möglicherweise an alternative Positionen verlegt werden [s32]. Dabei sind Faktoren wie Zugänglichkeit für Wartungsarbeiten und thermische Belastung zu berücksichtigen.

Glossar

V-Band

Spezielle Klemmverbindungen aus zwei Metallringen mit V-förmigem Profil, die besonders bei hohen Temperaturen und Drücken eine zuverlässige und lösbare Verbindung ermöglichen

1. 2. 4. Abstimmung

Die Abstimmung eines Turbomotors erfordert ein systematisches Vorgehen und tiefgreifendes Verständnis der Zusammenhänge zwischen verschiedenen Parametern. Der erste kritische Schritt ist die korrekte Einrichtung des MAP-Sensors, der auf maximal 200 kPa (29 psi) kalibriert werden sollte, abhängig vom geplanten Ladedruck [s36]. Die Sensor-Kalibrierung erfolgt über ein 0-5 Volt Signal, wobei 5 Volt dem maximalen Boost entsprechen. Die Steuerung des Ladedrucks erfolgt über verschiedene Kennfelder im Motorsteuergerät. Besonders wichtig sind die Ziel-Boost-Karte und die Wastegate-Duty-Cycle-Karte (WGDC) [s37]. Die WGDC-Werte müssen sorgfältig angepasst werden, um den gewünschten Ladedruck zu erreichen. Ein praktischer Tipp: Beginnen Sie mit konservativen WGDC-Werten und erhöhen Sie diese schrittweise, während Sie das tatsächliche Boost-Verhalten überwachen. Bei der Verwendung eines VNT-Turbos (Variable Nozzle Turbine) erfolgt die Druckregelung über verstellbare Leitschaufeln. Vollständig geöffnete Schaufeln erzeugen den geringsten, geschlossene den höchsten Druck [s38]. Die Einspritzzeit hat dabei erheblichen Einfluss auf die erforderliche Schaufelstellung. Die Drucksensorik spielt eine zentrale Rolle. Moderne Systeme verwenden oft zwei Sensoren mit unterschiedlichen Messbereichen - beispielsweise 2,5 bar und 3,5 bar [s39]. Während ein Sensor die aktive Boost-Regelung übernimmt, dient der zweite als Sicherheitssystem. Ein häufiges Problem bei der Abstimmung sind Turbolader-Oszillationen. Diese können durch Anpassungen in der Boost-Fehlerkorrekturtabelle minimiert werden [s40]. Die Tabelle enthält Prozentsätze für die Anpassung des Wastegate-Duty-Cycles basierend auf der Differenz zwischen Soll- und Ist-MAP. Ein praktischer Ansatz ist die schrittweise Reduzierung der Korrekturwerte für eine stabilere Regelung. Bei der Abstimmung sollte man zunächst mit einer MAF-basierten Kalibrierung beginnen, bevor man zu einer Speed-Density (SD) Abstimmung übergeht [s41]. Die Lastwerte in der SD-Abstimmung werden durch den VE-Tabellenwert (volumetrische Effizienz) bestimmt. Eine präzise VE-Tabelle ist essentiell für die korrekte Berechnung der Luftmenge und damit der Einspritzzeiten. Für die Feinabstimmung gibt es verschiedene Strategien. Eine Möglichkeit ist, bei hohem Ladedruck etwas magerer zu fahren und die Zündung konservativ zu halten [s42]. Dies kann zwar zu einer geringeren Maximalleistung führen, erhöht aber die Betriebssicherheit. Die Wahl der richtigen

Abstimmungssoftware ist entscheidend. Moderne Programme bieten umfangreiche Sicherheitsparameter und unterstützen externe Module [s43]. Bei der Auswahl eines Tuners sollte man auf dessen Erfahrung mit der spezifischen Motorkonfiguration achten. Die Kalibrierung sollte idealerweise auf einem Prüfstand erfolgen [s44]. Dabei ist es wichtig, sowohl den Luftmassendurchsatz (CFM) als auch den Ladedruck (PSI) zu berücksichtigen. Die Abstimmung sollte in kleinen Schritten erfolgen, wobei jede Änderung sorgfältig dokumentiert und deren Auswirkungen analysiert werden. Ein oft übersehener Aspekt ist die Bedeutung der Dynamik-Karten [s37]. Diese ermöglichen eine schnellere Reaktion auf Gaspedalbewegungen durch Anpassung der WGDC basierend auf dem Boost-Fehler. Die Verwendung eines 3-Port-Ventils kann die Präzision der Boost-Kontrolle zusätzlich verbessern.

Glossar

CFM
Cubic Feet per Minute - Maßeinheit für den Luftdurchsatz, besonders wichtig bei der Bewertung der Motoratmung

MAF
Mass Air Flow - Ein Sensor zur direkten Messung des Luftmassenstroms, der in den Motor einströmt

MAP-Sensor
Ein Drucksensor im Ansaugtrakt des Motors, der den absoluten Druck misst und diese Information an das Motorsteuergerät weiterleitet

PSI
Pounds per Square Inch - Amerikanische Maßeinheit für Druck, häufig verwendet bei der Angabe von Ladedrücken

Speed-Density
Eine Methode zur Berechnung der Luftmasse im Motor, die auf Drehzahl, Luftdruck und Temperatur basiert, statt sie direkt zu messen

VNT-Turbo
Ein fortschrittlicher Turbolader mit verstellbaren Leitschaufeln, der eine präzisere Steuerung des Ladedrucks über den gesamten Drehzahlbereich ermöglicht

Zusammenfassung - 1. 2. Turbo-Tuning

- Ein Turbolader erreicht Temperaturen bis 900°C bei 100.000-150.000 U/min
- Das optimale AFR für Benzinmotoren liegt zwischen 13,0-13,5:1 (Lambda 0,9)
- Der initiale Ladedruck sollte zwischen 0,55-1,5 bar liegen und schrittweise gesteigert werden
- Die Effizienz eines optimal ausgelegten Turboladers beträgt etwa 55%
- Der Ladelufttemperatur sollte maximal 50°C über Umgebungstemperatur liegen
- Twin-Scroll-Turbolader ermöglichen bereits bei niedrigen Drehzahlen hohes Drehmoment
- Ladedrücke über 1,65 bar (24 psi) verkürzen die Lebensdauer drastisch
- Eine Verdichtung von 9,5:1 hat sich bei aufgeladenen Motoren als optimal erwiesen
- Der MAP-Sensor sollte auf maximal 200 kPa (29 psi) kalibriert werden
- Moderne Systeme nutzen zwei Drucksensoren (2,5 bar und 3,5 bar) für Regelung und Sicherheit
- Die Boost-Regelung erfolgt über Wastegate-Duty-Cycle (WGDC) und Ziel-Boost-Karten
- Bei VNT-Turbos steuern verstellbare Leitschaufeln den Ladedruck
- Die Abstimmung sollte von MAF-basierter zu Speed-Density Kalibrierung übergehen
- 3-Port-Ventile ermöglichen eine präzisere Boost-Kontrolle

1. 3. Chip-Tuning

Die Optimierung der Motorsteuerung durch Chip-Tuning gehört zu den effektivsten Methoden der Fahrzeugverbesserung - doch was steckt technisch dahinter? Wie lässt sich das volle Potenzial eines Motors durch digitale Anpassungen erschließen, ohne dabei die Betriebssicherheit zu gefährden? Und welche Rolle spielen dabei die werksseitigen Einstellungen der Hersteller? Die Komplexität moderner Motorsteuergeräte eröffnet vielfältige Möglichkeiten zur Leistungssteigerung. Während einige Parameter wie Einspritzmenge und Zündzeitpunkt direkt die Motorleistung beeinflussen, haben andere wie das Ansprechverhalten des Gaspedals Auswirkungen auf das Fahrgefühl. Die systematische Optimierung dieser Kennfelder erfordert fundiertes technisches Verständnis und präzise Abstimmung. Die folgenden Abschnitte beleuchten detailliert die verschiedenen Aspekte des Chip-Tunings - von den technischen Grundlagen über die notwendigen Hardware-Voraussetzungen bis hin zu den damit verbundenen Chancen und Risiken. Dabei wird deutlich, dass professionelles Chip-Tuning weit mehr ist als das simple "Hochdrehen" von Motorparametern.

„Bei Turbodieselmotoren können durch Chip-Tuning Leistungssteigerungen von 20-30% erreicht werden, während gleichzeitig der Kraftstoffverbrauch durch optimierte Einspritzung sogar sinken kann."

1. 3. 1. Software-Optimierung

Die Software-Optimierung, auch bekannt als ECU-Tuning oder Motorsteuergeräte-Optimierung, hat sich zu einer der effektivsten Methoden entwickelt, um die Leistung und Effizienz moderner Fahrzeuge zu verbessern [s45]. Im Kern geht es dabei um die gezielte Anpassung der Steuerungssoftware, die sämtliche Motorfunktionen reguliert. Der Prozess beginnt typischerweise mit dem Auslesen der werksseitigen Einstellungen des Motorsteuergeräts (ECU). Dies ist ein essentieller Schritt, da die Originaldaten als Backup gesichert werden sollten, um bei Bedarf einen Reset durchführen zu können [s45]. Dabei zeigt sich häufig, dass Fahrzeughersteller bewusst konservative Einstellungen wählen, um Variationen in der Motorproduktion, unterschiedliche Kraftstoffqualitäten und mangelnde Wartung zu kompensieren [s46]. Die eigentliche Optimierung erfolgt durch verschiedene Methoden. Beim klassischen Chip-Tuning wird der physische Chip im Steuergerät modifiziert oder ausgetauscht [s47]. Moderne Fahrzeuge werden hingegen meist per "Remapping" optimiert, wobei die Software über die OBD-II-Schnittstelle neu programmiert wird [s45]. Eine weitere Option sind Piggyback-Module, die als externe Zusatzgeräte die Sensorsignale des Motors modifizieren [s47].

Bei der Programmierung werden zahlreiche Parameter angepasst. Dazu gehören:
- Kraftstoffeinspritzung und Einspritzzeitpunkt
- Ladedruck bei Turbomotoren
- Zündzeitpunkt
- Gaspedalansprechverhalten
- Drosselklappensteuerung
- Luft-Kraftstoff-Verhältnis [s48]

Besonders interessant ist die Optimierung bei Turbodieselmotoren, die oft erhebliches Potenzial bieten. Hier können Leistungssteigerungen von 20-30% erreicht werden, während gleichzeitig der Kraftstoffverbrauch durch optimierte Einspritzung und angepasstes Lastverhalten sogar sinken kann [s49]. Bei Turbobenzinern sind Leistungssteigerungen von 15-25% realistisch, selbst Saugmotoren lassen sich um 8-15% optimieren [s48]. Eine moderne Entwicklung ist das sogenannte "Re-Flash-Tuning", das besonders bei neueren Fahrzeugen zum Einsatz kommt. Diese Methode ermöglicht es, zusätzliche Funktionen wie verschiedene Kennfelder für unterschiedliche Kraftstoffarten zu implementieren [s50]. Der Nachteil ist allerdings, dass Änderungen nicht in Echtzeit vorgenommen werden können, was den Abstimmungsprozess zeitaufwändiger macht. Für die praktische Umsetzung empfiehlt sich folgende Vorgehensweise: 1. Gründliche Fahrzeuganalyse und Dokumentation des Ist-Zustands 2. Backup der Original-ECU-Daten 3. Schrittweise Anpassung der Parameter 4. Ausgiebige Testfahrten zur Feinabstimmung 5. Dokumentation aller Änderungen [s45] Wichtig zu beachten ist, dass eine Software-Optimierung Auswirkungen auf die Fahrzeuggarantie haben kann [s49]. Seriöse Tuner bieten daher oft eigene Garantien an und können die Optimierung bei Bedarf rückgängig machen. Die gesamte Prozedur dauert normalerweise weniger als eine Stunde, kann sich aber bei älteren Fahrzeugen, bei denen das Steuergerät ausgebaut werden muss, auch länger hinziehen [s49]. Ein oft übersehener Vorteil der Software-Optimierung ist die verbesserte Fahrbarkeit im Alltag. Durch das höhere Drehmoment im mittleren Drehzahlbereich sind weniger Schaltvorgänge nötig, und das Fahrzeug reagiert spontaner auf Gaseingaben [s48]. Dies macht sich besonders bei Überholmanövern oder Bergauffahrten positiv bemerkbar. Für die Zukunft zeichnet sich ein Trend zu immer komplexeren Optimierungsmöglichkeiten ab. Moderne Steuergeräte erlauben beispielsweise die Integration von Motorsportfunktionen wie Startautomatik oder Anti-Lag-Systemen [s50]. Auch die Vernetzung verschiedener Fahrzeugsysteme ermöglicht ganzheitliche Optimierungsansätze, bei denen neben dem Motor auch Getriebe, Fahrwerk und andere Komponenten aufeinander abgestimmt werden können [s46].

Glossar

Anti-Lag-System
Eine spezielle Motorsport-Technologie, die den Turbolader auch bei geschlossener Drosselklappe auf Drehzahl hält, um Turbolöcher zu vermeiden.

ECU
Electronic Control Unit - Die zentrale Computereinheit im Fahrzeug, die als elektronisches Gehirn alle wichtigen Motorfunktionen steuert und überwacht.

OBD-II
On-Board-Diagnostics II - Eine standardisierte Fahrzeugschnittstelle der zweiten Generation, die seit 1996 verpflichtend ist und direkten Zugriff auf Fahrzeugdaten ermöglicht.

Piggyback
Ein zusätzliches elektronisches Modul, das zwischen die originalen Sensoren und das Steuergerät geschaltet wird und Signale manipuliert.

Re-Flash-Tuning
Eine Tuning-Methode, bei der der komplette Speicherinhalt des Steuergeräts neu beschrieben wird, was besonders bei verschlüsselten Systemen zum Einsatz kommt.

Remapping
Eine moderne Methode der Motoroptimierung, bei der die bestehende Software durch eine neue Version ersetzt wird, ohne Hardware-Komponenten zu verändern.

1. 3. 2. Hardware-Voraussetzungen

Die Hardware-Voraussetzungen für erfolgreiches Chip-Tuning variieren je nach angestrebter Leistungssteigerung und lassen sich in verschiedene Ausbaustufen unterteilen. Bei der Grundabstimmung (Stufe 1) sind zunächst keine zusätzlichen Hardware-Modifikationen erforderlich, da diese auf eine sichere Leistungssteigerung mit Serienkomponenten ausgelegt ist [s51]. Für ambitioniertere Leistungssteigerungen (Stufe 2) wird jedoch eine Reihe von Hardware-Anpassungen unerlässlich. Ein zentraler Aspekt ist dabei das Abgassystem: Die erhöhten Boost-Einstellungen erfordern einen verbesserten Durchsatz in der Abgasanlage, da der Gegendruck der Serienkomponenten zu hoch wäre und den Turbolader schädigen könnte [s51]. In der Praxis hat sich gezeigt, dass bereits ein hochwertiger Sportkat in Verbindung mit einer downpipe deutliche Verbesserungen bringen kann. Die Kühlungsinfrastruktur spielt ebenfalls eine entscheidende Rolle. Bei vielen Fahrzeugen stößt der serienmäßige Ladeluftkühler bei erhöhter Leistung an seine Grenzen. Ein Upgrade auf einen frontmontierten Ladeluftkühler (FMIC) wird dann notwendig [s51]. Bei der Auswahl des FMIC ist besondere Sorgfalt geboten - er sollte weder zu groß noch zu klein dimensioniert sein, da dies zu unerwünschter Turbo-Verzögerung oder unzureichender Kühlung führen kann. Für die Luftansaugung gilt: Ein individueller Lufteinlass und entsprechend dimensionierte Ladedruckrohre sind Grundvoraussetzungen für höhere Leistungsstufen [s52]. Der Serienturbo erreicht typischerweise bei etwa 5000 U/min seine Leistungsgrenze, was sich in einem Abfall des Ladedrucks bemerkbar macht [s53]. Um dies zu optimieren, können verbesserte Wastegate-Optionen und strömungsoptimierte Ansaugkomponenten implementiert werden. Bei der Steuerungstechnik bieten sich verschiedene Optionen an. Eigenständige Steuerungseinheiten ermöglichen die vollständige Kontrolle über das Motor-Management und sind entweder als Plug-in-Ersatz oder als separate Systeme erhältlich [s54]. Moderne Plug-in-Upgrades sind speziell für bestimmte Fahrzeugmodelle programmiert und gewährleisten dabei die Sicherheit der Motorsteuerung, ohne dass aufwendige Kabelmodifikationen nötig sind [s55]. Besondere Aufmerksamkeit verdient die Kraftstoffversorgung. Spezielle Kraftstoffmodule können die Einspritzcharakteristik optimieren [s56]. Bei Gruppenbestellungen ergeben sich hier oft kostengünstige Beschaffungsmöglichkeiten [s57]. In der Praxis hat sich gezeigt, dass eine Kombination aus verbesserter Kraftstoffversorgung und angepasster Boost-Kontrolle die besten Ergebnisse liefert. Für die Langlebigkeit des getunten Motors ist es essentiell, alle Komponenten aufeinander abzustimmen. Die Erfahrung zeigt, dass übermäßige Leistungssteigerungen ohne entsprechende Hardware-Anpassungen zu erhöhtem Verschleiß im Antriebsstrang führen können [s58]. Daher empfiehlt es sich, schrittweise vorzugehen und bei jedem Upgrade-Schritt die Systemgrenzen zu respektieren. Ein oft unterschätzter Aspekt ist die Qualität der verbauten Komponenten. Die Verwendung hochwertiger Teile von renommierten Herstellern und die Installation durch erfahrene Fachbetriebe sind entscheidend für den langfristigen Erfolg der Tuningmaßnahmen. Dabei sollten alle Modifikationen sorgfältig dokumentiert werden, um bei eventuellen Problemen eine systematische Fehlersuche zu ermöglichen.

1. 3. 3. Risiken und Chancen

Die Entscheidung für Chip-Tuning bringt sowohl erhebliche Chancen als auch ernst zu nehmende Risiken mit sich. Eine sorgfältige Abwägung dieser Aspekte ist für jeden Fahrzeughalter unerlässlich, bevor Modifikationen vorgenommen werden. Zu den wichtigsten Chancen zählt die potenzielle Verbesserung der Kraftstoffeffizienz. Nutzer berichten häufig von einem reduzierten Verbrauch, besonders wenn hochwertiger Kraftstoff mit höherer Oktanzahl verwendet wird [s59]. Die Integration moderner Tuning-Systeme kann zusätzliche Sicherheitsfunktionen bieten und teure Einzelanpassungen vermeiden [s60]. Besonders interessant ist die Option, E85-Kraftstoff zu verwenden, der nicht nur eine höhere Klopffestigkeit bietet, sondern auch die Betriebstemperaturen senken kann [s61]. Die Risikoseite präsentiert sich jedoch vielschichtig. Ein zentraler Punkt ist der mögliche Garantieverlust, der besonders bei Elektrofahrzeugen mit teuren Batterien schwerwiegende finanzielle Folgen haben kann [s62]. Bei Leasingfahrzeugen drohen zusätzliche Komplikationen, da der Leasingnehmer für Reparaturen und laufende Kosten während Standzeiten aufkommen muss [s63].

Technische Risiken manifestieren sich auf verschiedenen Ebenen:
- Erhöhte NOx-Emissionen durch unkontrollierte Veränderungen
- Mögliche EGR-bezogene Fehler
- Gesteigerte Motortemperaturen
- Verstärkte Ölablagerungen
- Potenziell gefährliche Druckerhöhungen im Motor [s64]

Ein praktisches Beispiel verdeutlicht die Komplexität: Bei einem 2.0 TDI Motor kann eine unsachgemäße Leistungssteigerung von 150 PS auf 200 PS ohne entsprechende Hardwareanpassungen zu erheblichen Motorschäden führen. Professionelle Tuner empfehlen daher einen stufenweisen Ansatz mit regelmäßigen Kontrollen der Motorparameter. Die Wahl der Kompression spielt eine entscheidende Rolle für die Sicherheit. Während niedrigere Kompressionsraten (8.5:1-9.5:1) mehr Spielraum für Tuning-Fehler lassen, können höhere Raten (10.5:1 oder 11.0:1) zwar effizienter sein, bergen aber größere Risiken bei mangelhafter Abstimmung [s61]. Für die praktische Umsetzung empfiehlt sich folgende Vorgehensweise: 1. Umfassende Fahrzeuganalyse durch einen zertifizierten Tuning-Spezialisten 2.

Dokumentation des Ausgangszustands aller relevanten Parameter 3. Schrittweise Leistungssteigerung mit Zwischentests 4. Regelmäßige Überprüfung der Motorwerte 5. Verwendung hochwertiger Kraftstoffe entsprechend der Tuning-Stufe Die Integration von Tuning-Systemen in die Motorsteuerung kann problematisch sein, besonders bei Direkteinspritzern. Hier können Signalstörungen die korrekte Funktion des Motorsteuergeräts beeinträchtigen [s65]. Ein weiterer kritischer Aspekt ist die Abgasanlage: Während eine katlose Ausführung zwar besseren Durchfluss und weniger Turboloch verspricht, führt sie zu erhöhter Umweltbelastung und rechtlichen Problemen [s66].

Für die Zukunftssicherheit der Investition sollten potenzielle Tuning-Kunden beachten:
- Wahl eines renommierten Tuning-Unternehmens mit nachweisbarer Expertise
- Dokumentation aller Modifikationen
- Regelmäßige Wartungsintervalle
- Verwendung qualitativ hochwertiger Komponenten
- Beachtung rechtlicher Rahmenbedingungen

Die Entscheidung für oder gegen Chip-Tuning sollte nie leichtfertig getroffen werden. Während die Aussicht auf Leistungssteigerung und verbesserte Effizienz verlockend sein mag, müssen die potenziellen Risiken für Motor, Garantie und Rechtssicherheit sorgfältig abgewogen werden. Unprofessionelles Tuning kann nicht nur zu erheblichen Schäden am Fahrzeug führen, sondern auch ernsthafte Sicherheitsrisiken bergen [s67].

Glossar

EGR

Abkürzung für Exhaust Gas Recirculation (Abgasrückführung), ein System zur Reduzierung von Schadstoffemissionen durch Rückführung eines Teils der Abgase in den Ansaugtrakt

NOx

Chemische Bezeichnung für Stickoxide, eine Gruppe von Schadstoffen die bei Verbrennungsprozessen entstehen und für die Umwelt und Gesundheit schädlich sind

TDI

Abkürzung für Turbodiesel Direct Injection, bezeichnet einen Dieselmotor mit Turboaufladung und Direkteinspritzung

1. 3. 4. Leistungssteigerung

Die Leistungssteigerung moderner Fahrzeuge lässt sich in verschiedene Ausbaustufen unterteilen, die jeweils spezifische Anforderungen und Potenziale mit sich bringen. Bei der höchsten Stufe (Stufe 3) werden umfassende Teile-Upgrades vorgenommen, die Einspritzdüsen, Turbolader und weitere kritische Komponenten umfassen [s68]. Die Wahl der passenden Modifikationsstufe hängt dabei maßgeblich von den individuellen Leistungszielen und den technischen Möglichkeiten des Motors ab. Eine interessante und oft übersehene Möglichkeit zur Leistungsoptimierung bietet das gezielte Anlernen der Motorsteuerung. Durch das Zurücksetzen der Steuerungseinheit und anschließendes Fahren mit einem speziellen Fahrstil können die gespeicherten Adaptionswerte neu "gelernt" werden [s69]. Diese Methode kann besonders dann sinnvoll sein, wenn die ursprünglichen Daten durch intensive Nutzung nicht mehr optimal sind. Bei der Leistungssteigerung spielt die Motortemperatur eine entscheidende Rolle. Besonders Motoren mit hohen Ansauglufttemperaturen erfordern eine durchdachte Herangehensweise [s70]. In der Praxis hat sich gezeigt, dass eine stufenweise Optimierung mit regelmäßiger Temperaturüberwachung die besten Ergebnisse liefert. Moderne Fahrzeuge nutzen werksseitig oft nur 60-70% ihres tatsächlichen Potenzials [s71]. Ein wichtiger Aspekt bei der Leistungssteigerung ist die Anpassung der Zündzeitpunkt-Vorverstellung, die jedoch qualitativ hochwertigen Kraftstoff erfordert, um schädliche Vorzündungen zu vermeiden. Beispielsweise kann bei einem 2.0-Liter-Motor durch optimierte Zündeinstellung und entsprechenden Kraftstoff eine Leistungssteigerung von 180 PS auf bis zu 238 PS erreicht werden [s72]. Besonders interessant ist die Entwicklung im Bereich der Marine-Diesel-Motoren, wo spezielle Chip-Tuning-Systeme zum Einsatz kommen. Diese interceptieren und optimieren die Signale zwischen ecu und Einspritzsystem, wobei sie gleichzeitig die Emissionsstandards einhalten und die Verbrennungseffizienz verbessern [s73]. Diese Technologie lässt sich teilweise auch auf Straßenfahrzeuge übertragen. Für die praktische Umsetzung einer Leistungssteigerung empfiehlt sich folgende Vorgehensweise: 1. Analyse des aktuellen Motorstatus und der Leistungsreserven 2. Festlegung realistischer Leistungsziele 3. Schrittweise Implementation der Modifikationen 4. Regelmäßige Überprüfung der Motorparameter 5. Dokumentation aller Änderungen und deren Auswirkungen Eine kostengünstige Option stellt das reflashtuning dar, das bei vielen Fahrzeugen ab Baujahr 2000 möglich ist [s74]. Diese Methode erfordert keine Änderungen an der Verkabelung und kann bei korrekter Durchführung zu signifikanten Leistungssteigerungen führen. Bei der Verwendung von Tuning-Boxen ist besondere Vorsicht geboten. Während sie einfach zu installieren sind und beeindruckende Leistungssteigerungen versprechen, gibt es berechtigte Bedenken hinsichtlich der Langlebigkeit des Motors, besonders wenn die verwendeten Komponenten nicht den OEM-Standards entsprechen [s72]. Für die erfolgreiche Umsetzung einer Leistungssteigerung ist es essentiell, dass alle Modifikationen aufeinander abgestimmt sind. Die Erfahrung zeigt, dass eine ganzheitliche Betrachtung des Systems - von der Luftansaugung über die Kraftstoffversorgung bis hin zur Abgasanlage - entscheidend für den langfristigen Erfolg ist.

Zusammenfassung - 1. 3. Chip-Tuning

- Chip-Tuning entwickelte sich zur effektivsten Methode der Leistungsoptimierung bei modernen Fahrzeugen
- Fahrzeughersteller wählen bewusst konservative Einstellungen, um Produktionsvariationen und unterschiedliche Kraftstoffqualitäten zu kompensieren
- Bei Turbodieselmotoren sind Leistungssteigerungen von 20-30% möglich, während der Kraftstoffverbrauch durch optimierte Einspritzung sogar sinken kann
- Re-Flash-Tuning ermöglicht die Implementation verschiedener Kennfelder für unterschiedliche Kraftstoffarten
- Moderne Steuergeräte erlauben die Integration von Motorsportfunktionen wie Startautomatik und Anti-Lag-Systemen
- Der Serienturbo erreicht typischerweise bei etwa 5000 U/min seine Leistungsgrenze mit erkennbarem Ladedruckabfall
- Die Integration von E85-Kraftstoff bietet höhere Klopffestigkeit und kann Betriebstemperaturen senken
- Niedrigere Kompressionsraten (8.5:1-9.5:1) lassen mehr Spielraum für Tuning-Fehler als höhere Raten (10.5:1 oder 11.0:1)
- Moderne Fahrzeuge nutzen werksseitig oft nur 60-70% ihres tatsächlichen Potenzials
- Marine-Diesel-Motoren verwenden spezielle Chip-Tuning-Systeme zur Signaloptimierung zwischen ECU und Einspritzsystem
- Bei einem 2.0-Liter-Motor kann durch optimierte Zündeinstellung eine Leistungssteigerung von 180 PS auf bis zu 238 PS erreicht werden

1. 4. Motor-Tuning

Die Optimierung des Motors stellt für viele Tuning-Enthusiasten den Kern der Fahrzeugveredelung dar. Doch welche Faktoren müssen bei der mechanischen Bearbeitung beachtet werden? Wie lassen sich thermodynamische Prinzipien nutzen, um die Motorleistung zu steigern? Und welche Rolle spielt dabei die Verschleißminimierung? Die Komplexität moderner Motoren erfordert ein tiefgreifendes Verständnis der Zusammenhänge zwischen mechanischen Komponenten, Thermodynamik und elektronischer Steuerung. Während einige Tuning-Maßnahmen relativ einfach umzusetzen sind, bergen andere erhebliche Risiken für die Langlebigkeit des Motors. Besonders bei aufgeladenen Motoren ist die richtige Balance zwischen Leistungssteigerung und Haltbarkeit entscheidend. Die folgenden Abschnitte beleuchten systematisch die verschiedenen Aspekte des Motor-Tunings und zeigen auf, wie sich durch fachgerechte Optimierung das volle Potenzial eines Motors erschließen lässt - bei gleichzeitiger Wahrung der Betriebssicherheit.

„Die Optimierung der Motorsteuerung ermöglicht Leistungssteigerungen von bis zu 25% bei Leistung und Drehmoment.“

1. 4. 1. Mechanische Optimierung

Die mechanische Optimierung im Bereich des Motortunings umfasst verschiedene Aspekte, die systematisch aufeinander abgestimmt werden müssen, um maximale Leistung bei gleichzeitiger Haltbarkeit zu gewährleisten. Ein zentraler Punkt ist dabei die Materialauswahl und strukturelle Integrität der Komponenten [s75]. Besonders bei der Verwendung von Aluminium für Motorblock und Zylinderkopf, wie es bei vielen modernen Motoren der Fall ist, muss auf die thermische Belastbarkeit geachtet werden [s76]. Die Optimierung beginnt häufig bei der Kompression des Motors, die maßgeblich die Leistungsausbeute beeinflusst. Dabei gilt es zu beachten, dass eine Erhöhung des Kompressionsverhältnisses zu höheren Temperaturen im Brennraum und Kühlsystem führt [s77]. In der Praxis bedeutet dies, dass bei einer Verdichtungserhöhung auch das Kühlsystem entsprechend angepasst werden muss. Ein bewährter Ansatz ist hier die Installation eines größeren Kühlers oder die Verwendung von Hochleistungskühlmitteln. Die Abstimmung des Ansaug- und Abgassystems spielt eine entscheidende Rolle für die Effizienz des Motors. Dabei muss der Druckwellenverlauf optimal auf das gewählte Kompressionsverhältnis abgestimmt werden [s77]. Ein praktisches Beispiel hierfür ist die Installation von Nockenwellen mit angepassten Steuerzeiten, die den Gaswechsel im Zylinder optimieren. Bei der Umrüstung auf Turboaufladung muss besonders auf die Dimensionierung der Öl- und Kühlmittelleitungen geachtet werden [s76]. Die elektronische Motorsteuerung (ecu) ist ein weiterer wichtiger Baustein der mechanischen Optimierung. Eine Anpassung kann zu spürbaren Leistungssteigerungen führen, birgt aber auch Risiken [s78]. Für eine professionelle Abstimmung empfiehlt sich die Verwendung eines aftermarket-Motorsteuergeräts [s76]. Dies ermöglicht eine präzise Kontrolle über Einspritzung und Zündung, besonders wenn höheroktaniger Kraftstoff verwendet wird [s78]. Im Fahrwerksbereich konzentriert sich die mechanische Optimierung auf die Verfeinerung von Federn und Dämpfern [s79]. Eine sorgfältige Abstimmung des Zentraldifferentials kann die Handhabungsdynamik deutlich verbessern. In der Praxis zeigt sich dies durch ein präziseres Einlenkverhalten und bessere Traktion, besonders bei Fahrzeugen mit Schaltgetriebe [s79]. Die Gewichtsoptimierung ist ein weiterer wichtiger Aspekt. Schon der Wechsel auf leichtere Räder kann die Fahrzeugdynamik spürbar verbessern [s78]. Bei der Materialauswahl für

Tuningteile muss stets ein Kompromiss zwischen Gewichtsreduktion und struktureller Integrität gefunden werden [s75]. Ein praktischer Tipp ist hier, mit der Gewichtsreduktion an den rotierenden Massen zu beginnen, da dies den größten Effekt auf das Fahrverhalten hat. Bei allen Optimierungsmaßnahmen muss beachtet werden, dass Leistungssteigerungen oft zu Lasten des Kraftstoffverbrauchs und der Emissionen gehen [s78]. Eine professionelle Abstimmung aller Komponenten ist daher unerlässlich [s80]. Dies umfasst nicht nur die mechanischen Bauteile, sondern auch die Steuerungssysteme, die auf Leistung und Kosteneffizienz optimiert werden müssen. Die Herstellbarkeit und Wartungsfreundlichkeit der optimierten Komponenten darf nicht vernachlässigt werden [s75]. Bei der Planung von Modifikationen sollte daher immer auch die spätere Wartung und mögliche Reparaturen berücksichtigt werden. Ein praktischer Ansatz ist es, zunächst die N/A-Leistung (Saugmotor) des Motors zu testen und zu optimieren, bevor größere Umbauten wie eine Turboaufladung in Angriff genommen werden [s76].

1. 4. 2. Thermodynamik

Die Thermodynamik spielt eine zentrale Rolle bei der Leistungsoptimierung von Motoren, besonders im Bereich des Turboladens. Die Effizienz eines aufgeladenen Motors hängt maßgeblich von der Kontrolle der Temperaturen und Druckverhältnisse ab [s81]. Bei der Kompression der Ansaugluft durch den Turbolader entstehen unvermeidlich Temperaturerhöhungen, die die Leistungsausbeute direkt beeinflussen. Ein effizienter Kompressor mit 75% Wirkungsgrad erzeugt beispielsweise Austrittstemperaturen von über 105°C, während bei nur 65% Effizienz bereits 119°C erreicht werden [s81]. Die Wahl des richtigen Turboladerformats ist entscheidend für die thermodynamische Effizienz. Ein größerer Turbolader kann bei gleichem Ladedruck mehr Luft fördern und arbeitet dabei effizienter, was zu niedrigeren Ladelufttemperaturen führt [s82]. In der Praxis bedeutet dies, dass bei der Auswahl eines Turboladers nicht nur der gewünschte Ladedruck, sondern auch der Effizienzbereich berücksichtigt werden muss. Ein zu klein dimensionierter Turbo wird außerhalb seines optimalen Arbeitsbereichs deutlich heißere Luft produzieren, was die Motorleistung mindert. Das Kompressionsverhältnis spielt eine wichtige Rolle im thermodynamischen Gesamtkonzept. Bei aufgeladenen Motoren ist ein niedrigeres Kompressionsverhältnis oft vorteilhaft, da es mehr Spielraum für höhere Ladedrücke ohne Detonationsgefahr bietet [s83]. Moderne Motoren nutzen zunehmend variable Kompressionsverhältnisse, die sich der Lastanforderung anpassen können [s84]. Bei niedrigen Lasten ermöglicht ein hohes Kompressionsverhältnis bessere Effizienz, während bei hohen Lasten ein niedrigeres Verhältnis die Leistungsausbeute optimiert. Die Luftdichte spielt eine entscheidende Rolle für die Motorleistung. Das Druckverhältnis (PR) eines Turboladers bestimmt direkt die verfügbare Luftmenge. Ein PR von 2,156 bedeutet beispielsweise eine Steigerung der Luftmenge um 110,5% gegenüber dem Saugbetrieb [s85]. Bei der Abstimmung muss jedoch beachtet werden, dass die Umgebungsbedingungen einen erheblichen Einfluss haben. In größeren Höhenlagen muss der Kompressor härter arbeiten, um die gewünschte Luftdichte zu erreichen [s86]. Der Druckabfall im System ist ein oft unterschätzter Faktor. Eine Reduzierung des Druckabfalls, besonders nach dem Turbolader, kann die Ladelufttemperatur senken, ohne den Ladedruck zu beeinträchtigen [s87]. In der Praxis bedeutet dies, dass großzügig dimensionierte Ladeluftkühler und Rohrleitungen mit möglichst wenigen Krümmungen verwendet werden sollten.

Die Zylinderanzahl beeinflusst die thermodynamische Effizienz des Turboladersystems erheblich. Motoren mit weniger als vier Zylindern weisen grundsätzlich höhere Pumpverluste auf [s88]. Dies muss bei der Auslegung des Turboladersystems berücksichtigt werden, beispielsweise durch die Verwendung von Twin-Scroll-Turboladern oder variablen Turbinengeometrien. Moderne Technologien wie der Miller-Zyklus nutzen thermodynamische Prinzipien zur Effizienzsteigerung. Durch ein größeres Expansions- als Kompressionsverhältnis wird nicht nur die Effizienz gesteigert, sondern auch das Klopfrisiko reduziert [s84]. Die Direkteinspritzung unterstützt dies zusätzlich durch ihre kühlende Wirkung im Brennraum. Ein weiterer wichtiger Aspekt ist die Integration von E-Boost-Systemen, die auf 48V-Batterien basieren. Diese können die thermodynamischen Nachteile konventioneller Turbolader, wie das Turboloch, kompensieren und ermöglichen eine effizientere Nutzung der Aufladung [s84]. Die Verwendung leichterer Materialien in modernen Turboladern reduziert zudem die Trägheit und verbessert das Ansprechverhalten.

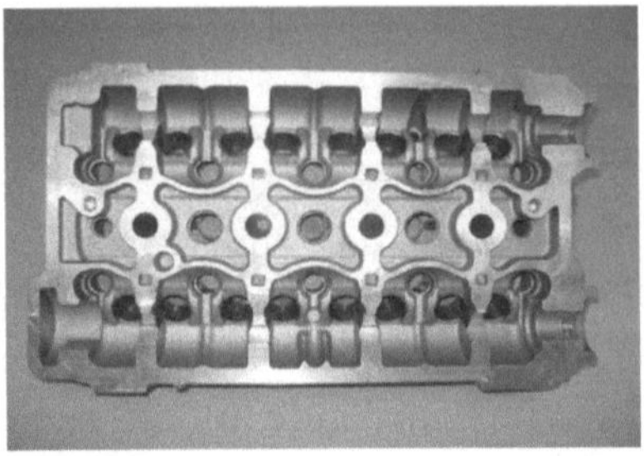

Zylinderanzahl [i8]

Glossar

E-Boost

Elektrisch unterstütztes Aufladesystem, das einen zusätzlichen Elektromotor verwendet, um die Verzögerung des konventionellen Turboladers zu kompensieren.

Kompressionsverhältnis

Verhältnis zwischen dem maximalen und minimalen Volumen im Zylinder während eines Arbeitstakts. Bestimmt maßgeblich die theoretische Effizienz eines Motors.

Miller-Zyklus

Spezieller Motorprozess, bei dem das Einlassventil später als üblich schließt, um die effektive Kompression zu reduzieren und die Effizienz zu steigern.

Thermodynamik

Wissenschaft, die sich mit der Umwandlung von Wärme in mechanische Arbeit und umgekehrt beschäftigt. Grundlegend für das Verständnis von Energieflüssen in Motoren.

1. 4. 3. Verschleißminimierung

Die Verschleißminimierung ist ein zentraler Aspekt beim Motortuning, der maßgeblich über die Langlebigkeit und Zuverlässigkeit des modifizierten Fahrzeugs entscheidet. Ein durchdachtes Wartungskonzept und die richtige Komponentenauswahl sind dabei entscheidend für den langfristigen Erfolg der Tuningmaßnahmen. Das Ölmanagement spielt eine Schlüsselrolle bei der Verschleißminimierung. Die optimale Öltemperatur sollte zwischen 100 und 115°C liegen, da zu hohe Temperaturen die Lebensdauer der Lager stark beeinträchtigen können [s89]. Ein praktischer Ansatz ist hier die Installation eines Ölkühlers mit Thermostat, der die Temperatur zuverlässig im optimalen Bereich hält [s90]. Die Wahl der richtigen Ölviskosität ist ebenfalls entscheidend - besonders bei getunten Motoren empfiehlt sich oft ein etwas dickeres Öl, um unter hoher Last ausreichenden Lagerschutz zu gewährleisten [s89]. Regelmäßige Wartungsintervalle sind unerlässlich. Ölwechsel sollten alle 8.000-12.000 Kilometer durchgeführt werden, um eine optimale Schmierung der Turbos sicherzustellen [s91]. Bei dieser Gelegenheit sollte auch der Ölauffangbehälter gereinigt werden. Die Luftfilter benötigen alle 16.000-24.000 Kilometer Aufmerksamkeit, um maximalen Luftdurchsatz zu gewährleisten und die Turbos zu schützen [s91]. Ein oft übersehener Aspekt ist die Kühlung der Turbos nach intensiven Fahrten. Um Schäden durch Ölverkokung zu vermeiden, sollte der Motor nach starker Belastung noch einige Minuten im Leerlauf nachlaufen [s92]. Bei der Auslegung des Abgassystems gilt es zu beachten, dass die Serienkomponenten bis etwa 400-440 PS ausreichend sind - darüber hinaus werden sie zum limitierenden Faktor [s92]. Die Installation eines Druckregelventils kann den Verschleiß des Turboladers deutlich reduzieren. Es verhindert Kompressorschwankungen und potenzielle Druckspitzen, die zu Schäden führen können [s93]. Gleichzeitig verbessert es die Ansprechzeit des Motors um bis zu 30% durch Aufrechterhaltung des Ladedrucks im Intercooler [s93]. Bei der Lagerauswahl sollte man vorsichtig sein - entgegen der intuitiven Annahme können übergroße Lager problematisch sein, da sie zu erhöhtem Lagerspiel führen und die Ölversorgung beeinträchtigen können [s89]. Die Optimierung der Ölkanäle durch Glättung kann hingegen die Ölversorgung verbessern und den Verschleiß reduzieren [s89]. Ein selektives Tuningkonzept kann die Motorbelastung deutlich reduzieren. Die Verwendung einer Serien-Kennfeld-

Option für den normalen Fahrbetrieb, mit der Möglichkeit bei Bedarf auf eine Hochleistungsabstimmung umzuschalten, schont den Motor im Alltag [s94]. Einige Tuner erreichen ähnliche Leistungswerte mit niedrigerem Ladedruck, was die Langlebigkeit der Komponenten begünstigt [s95]. Die Reinigung der Einlassventile alle 8.000-16.000 Kilometer ist besonders bei Direkteinspritzern wichtig, um Kohlenstoffablagerungen zu vermeiden [s91]. Ein verbessertes Lufteinlasssystem kann die Belastung der Turbos reduzieren und sollte mit hochwertigen Diverterventilen kombiniert werden, die dem erhöhten Ladedruck standhalten [s91]. Bei steigender Leistung können schwache Komponenten wie Zündspulen oder Kraftstoffpumpen zum limitierenden Faktor werden [s95]. Eine vorausschauende Aufrüstung dieser Komponenten kann teure Folgeschäden vermeiden. Die OEM-Verrohrung ist bis etwa 500 WHP ausreichend - darüber sollte das komplette Luftführungssystem überarbeitet werden [s92].

Glossar

Diverterventil
Überdruckventil im Turbolader-System, das überschüssige Ladeluft zurück in den Ansaugtrakt leitet und den Turbolader vor Beschädigungen schützt

Intercooler
Wärmetauscher zur Kühlung der verdichteten Ansaugluft, wodurch eine höhere Luftdichte und bessere Motorleistung erreicht wird

Ölverkokung
Chemischer Prozess, bei dem sich Motoröl durch zu hohe Temperaturen zersetzt und harte, kohleartige Ablagerungen bildet

Ölviskosität
Maß für die innere Reibung und Zähflüssigkeit von Motoröl, die sich auf die Fließeigenschaften und Schmierfähigkeit auswirkt

WHP
Wheel Horse Power - Maßeinheit für die tatsächlich an den Rädern ankommende Motorleistung, die niedriger ist als die Motorleistung aufgrund von Antriebsverlusten

1. 4. 4. Leistungsausbeute

Die Leistungsausbeute eines Motors ist das Ergebnis eines komplexen Zusammenspiels verschiedener Faktoren und kann durch gezielte Optimierungen deutlich gesteigert werden. Ein entscheidender Faktor ist dabei das Luft-Kraftstoff-Verhältnis (AFR), das für maximale Leistung typischerweise bei etwa 13:1 liegt [s96]. Dies bedeutet, dass für optimale Leistung mehr Kraftstoff pro Luftmenge zugeführt wird als im normalen Betrieb. Die Anpassung der Motorsteuerung ermöglicht Leistungssteigerungen von bis zu 25% bei Leistung und Drehmoment [s97]. Dies wird durch die präzise Abstimmung verschiedener Parameter wie Einspritzzeitpunkt, Luft-Kraftstoff-Verhältnis und Ladedruck erreicht [s98]. In der Praxis hat sich gezeigt, dass eine professionelle Optimierung der Motorsteuerung effizienter ist als der Einbau zusätzlicher Systeme, da hierbei alle relevanten Parameter aufeinander abgestimmt werden können [s99].
Ein oft unterschätzter Aspekt ist die Luftversorgung des Motors. Die maximal mögliche Leistung wird maßgeblich durch die Menge der verfügbaren Luft bestimmt [s96]. Daher sollte bei der Optimierung besonderes Augenmerk auf das Luftansaugsystem gelegt werden. Ein praktischer Ansatz ist die Installation eines Hochleistungsluftfilters kombiniert mit einem optimierten Ansaugtrakt, was den Luftdurchsatz deutlich verbessern kann. Die Abstimmung des Antriebsstrangs spielt ebenfalls eine wichtige Rolle für die Leistungsausbeute. Ein gut abgestimmter Antriebsstrang kann nicht nur mehr Leistung übertragen, sondern auch das Ansprechverhalten deutlich verbessern [s100]. In der Praxis bedeutet dies, dass neben der Motoroptimierung auch Komponenten wie Zündanlage und Kraftstoffsystem überprüft und gegebenenfalls aufgerüstet werden müssen. Besonders im Bereich der Hochleistungsdieselmotoren ist die Optimierung der Motoreffizienz von entscheidender Bedeutung [s101]. Regelmäßige Leistungsprüfungen und Feinabstimmungen können nicht nur die Leistung steigern, sondern auch die Kraftstoffeffizienz verbessern. Probleme wie raues Leerlaufverhalten oder verzögertes Ansprechen können durch gezielte Abstimmung behoben werden. Die Erfahrung zeigt, dass eine professionelle Abstimmung die Verzögerung beim Beschleunigen um bis zu 90% reduzieren kann [s102]. Dabei ist es wichtig, einen konservativen Ansatz zu wählen - die meisten schwerwiegenden Probleme entstehen durch zu aggressive Abstimmungen

oder unsachgemäße Nutzung. Standardabstimmungen bieten hier oft einen guten Kompromiss zwischen Leistungssteigerung und Zuverlässigkeit. Bei der Leistungsoptimierung sollte immer ein ganzheitlicher Ansatz verfolgt werden. Einzelne Modifikationen wie neue Abgasanlagen oder Luftansaugungen müssen durch entsprechende Abstimmungen der Motorsteuerung optimiert werden [s101]. Ein praktisches Beispiel ist die Installation einer Hochleistungsabgasanlage, die erst durch eine angepasste Motorsteuerung ihr volles Potenzial entfalten kann. Die Erfahrung zeigt, dass Leistungssteigerungen von 450 auf 580 PS möglich sind [s99], wobei solche extremen Steigerungen eine umfassende Überarbeitung aller relevanten Systeme erfordern. In der Praxis empfiehlt sich oft ein stufenweises Vorgehen, bei dem nach jeder Modifikation eine sorgfältige Abstimmung und Prüfung erfolgt.

Hochleistungsluftfilter [i9]

Glossar

AFR

Air Fuel Ratio - Eine Kennzahl, die das Mischungsverhältnis zwischen Luft und Kraftstoff im Motor angibt. Wird zur Berechnung der optimalen Verbrennungseffizienz verwendet.

Zusammenfassung - 1. 4. Motor-Tuning

- Ein Kompressor mit 75% Wirkungsgrad erzeugt Austrittstemperaturen von über 105°C, während bei 65% Effizienz bereits 119°C erreicht werden
- Ein Druckverhältnis (PR) von 2,156 bedeutet eine Steigerung der Luftmenge um 110,5% gegenüber dem Saugbetrieb
- Die optimale Öltemperatur sollte zwischen 100 und 115°C liegen, da zu hohe Temperaturen die Lebensdauer der Lager stark beeinträchtigen
- Ölwechsel sollten alle 8.000-12.000 Kilometer durchgeführt werden, Luftfilter benötigen alle 16.000-24.000 Kilometer Wartung
- Die Serienkomponenten des Abgassystems sind bis etwa 400-440 PS ausreichend
- Ein Druckregelventil kann die Ansprechzeit des Motors um bis zu 30% durch Aufrechterhaltung des Ladedrucks im Intercooler verbessern
- Die OEM-Verrohrung ist bis etwa 500 WHP ausreichend
- Das optimale Luft-Kraftstoff-Verhältnis (AFR) für maximale Leistung liegt bei etwa 13:1
- Professionelle Motorsteuerungsoptimierung ermöglicht Leistungssteigerungen von bis zu 25% bei Leistung und Drehmoment
- Eine professionelle Abstimmung kann die Verzögerung beim Beschleunigen um bis zu 90% reduzieren
- Leistungssteigerungen von 450 auf 580 PS sind mit umfassender Systemüberarbeitung möglich

Rückblick - 1. Tuning-Grundlagen

- Die volumetrische Effizienz ist ein wichtiger Leistungsindikator und gibt an, wie effektiv der Motor seine Zylinder mit Luft füllt.
- PID-Tuning und Auto-Tuning-Algorithmen bieten systematische Ansätze zur Optimierung von Regelungssystemen.
- Bei der Kraftstoffabstimmung ist besonders bei DI-Motoren Vorsicht geboten, da diese empfindlicher auf Änderungen des Luft-Kraftstoff-Verhältnisses reagieren.
- Stage 1 Tuning gilt als vergleichsweise sicherer Einstieg in die Leistungsoptimierung, da hier keine Hardware-Modifikationen erforderlich sind.
- Die Installation zusätzlicher Komponenten wie Ladeluftkühler erfordert besondere Sorgfalt und scharfe Kanten oder hervorstehende Teile sind zu vermeiden.
- Twin-Scroll-Turbolader haben sich als besonders effektive Lösung etabliert, da sie bereits bei niedrigen Drehzahlen ein hohes Drehmoment bereitstellen.
- Die Wahl des richtigen Turboladerformats ist entscheidend für die thermodynamische Effizienz - ein größerer Turbolader kann bei gleichem Ladedruck mehr Luft fördern.
- Das A/R-Verhältnis der Turbine spielt eine entscheidende Rolle - ein niedriges optimiert das Ansprechverhalten, ein höheres die Höchstleistung.
- Die optimale Öltemperatur sollte zwischen 100 und 115°C liegen, da zu hohe Temperaturen die Lebensdauer der Lager stark beeinträchtigen.
- Moderne Tuning-Software basiert auf standardisierten Entwicklungstools und muss besonders bei sicherheitskritischen Systemen höchste Anforderungen erfüllen.
- Die Leistungsausbeute eines Motors ist das Ergebnis eines komplexen Zusammenspiels - für maximale Leistung liegt das AFR typischerweise bei etwa 13:1.

- Nun stellt sich die spannende Frage: Wie lässt sich diese theoretische Basis in der Praxis für maximale Leistungssteigerungen nutzen?

2. Leistungsoptimierung

Die Leistungsoptimierung moderner Fahrzeuge ist ein faszinierendes Zusammenspiel aus Mechanik, Elektronik und präziser Abstimmung. Doch welche Komponenten müssen für eine nachhaltige Leistungssteigerung wirklich optimiert werden? Und wie lassen sich die verschiedenen Systeme optimal aufeinander abstimmen? Von der elektronischen Steuerung über die Turboaufladung bis hin zur Kraftstoffversorgung - jedes Element spielt eine entscheidende Rolle für das Gesamtergebnis. Dabei geht es längst nicht mehr nur um reine PS-Zahlen, sondern um eine ausgewogene Abstimmung aller Komponenten. Wie lässt sich beispielsweise die Elektronik so programmieren, dass sie perfekt mit einem größeren Turbolader harmoniert? Und welche Rolle spielt die Kraftstoffversorgung bei der Leistungsoptimierung? Die Komplexität moderner Motorsteuerungen eröffnet dabei völlig neue Möglichkeiten der Leistungssteigerung. Gleichzeitig erfordert jeder Eingriff fundiertes Fachwissen und systematisches Vorgehen. Dieses Kapitel zeigt Ihnen Schritt für Schritt, worauf es bei der professionellen Leistungsoptimierung wirklich ankommt.

2. 1. Motormanagement

Wie funktioniert eigentlich das komplexe Zusammenspiel zwischen Motor, Elektronik und mechanischen Komponenten in modernen Fahrzeugen? Was passiert genau, wenn wir den Zündschlüssel drehen oder den Startknopf betätigen? Diese Fragen führen uns direkt zum Herzstück der Fahrzeugtechnik: dem Motormanagement. Das Motormanagement ist weit mehr als nur die elektronische Steuerung von Einspritzung und Zündung. Es umfasst ein ausgeklügeltes System aus Sensoren, Steuergeräten und Aktoren, die kontinuierlich miteinander kommunizieren. Von der präzisen Kraftstoffzumessung über die optimale Luftversorgung bis hin zur effizienten Abgasnachbehandlung – jeder Parameter muss perfekt abgestimmt sein, um maximale Leistung bei minimalen Emissionen zu erreichen. Die Optimierung des Motormanagements bietet enormes Potenzial zur Leistungssteigerung, erfordert jedoch fundiertes technisches Verständnis. Fehlerhafte Eingriffe können schnell zu kostspieligen Motorschäden führen. Wie Sie diese Systeme sicher und effektiv optimieren können, welche Komponenten dabei eine Rolle spielen und worauf besonders zu achten ist, erfahren Sie in den folgenden Abschnitten.

„Bei einem 1,4-Liter TSI Motor kann durch feinjustierte Ladedruckkurven der Verbrauch im Teillastbereich um bis zu 8% reduziert werden, ohne Einbußen bei der Fahrbarkeit.“

2. 1. 1. Elektronische Steuergeräte und ihre Funktionen

Elektronische Steuergeräte (ECUs) bilden das zentrale Nervensystem moderner Fahrzeuge und sind für die präzise Steuerung sämtlicher Motorfunktionen verantwortlich [s103]. Ein modernes Auto verfügt über mehrere spezialisierte Steuergeräte, die unterschiedliche Aufgaben erfüllen und miteinander kommunizieren [s104]. Das Motorsteuergerät (ECM) übernimmt dabei die wichtigste Rolle, indem es kontinuierlich Sensordaten auswertet und darauf basierend die optimale Kraftstoffeinspritzung und Zündung regelt [s105]. Besonders bei der Vermeidung von Motorschäden spielt der integrierte Klopfsensor eine zentrale Rolle. Wird beispielsweise Kraftstoff mit zu niedriger Oktanzahl getankt, erkennt das System beginnende Klopfgeräusche und passt die Zündung präventiv an, um Schäden zu vermeiden. Allerdings kann selbst die intelligenteste Steuerung keinen dauerhaften Betrieb mit ungeeignetem Kraftstoff kompensieren [s105]. Das Getriebesteuergerät (TCM) koordiniert die Schaltvorgänge und optimiert die Schaltpunkte basierend auf Fahrweise und Betriebszustand. In manchen Fahrzeugen sind Motor- und Getriebesteuerung in einem kombinierten Steuergerät (PCM) zusammengefasst [s106]. Dies ermöglicht eine noch bessere Abstimmung zwischen Motor und Getriebe. Moderne Steuergeräte überwachen auch das Abgasverhalten und passen die Motorparameter kontinuierlich an die jeweiligen Emissionsvorschriften an [s103]. Über die standardisierte obdii-Schnittstelle können Werkstätten und versierte Hobbyschrauber Fehler auslesen und diagnostizieren. Mit entsprechender Software lassen sich sogar Anpassungen an den Steuergeräteparametern vornehmen [s107]. Ein wichtiger Aspekt ist das Batteriemanagement, das besonders bei Hybridfahrzeugen eine zentrale Rolle spielt. Das entsprechende Steuergerät überwacht Lade- und Entladevorgänge und sorgt für einen optimalen Zellenausgleich [s108]. Bei Problemen mit dem Motorlauf kann ein Reset des Steuergeräts durch kurzzeitiges Abklemmen der Batterie manchmal Abhilfe schaffen. Dabei gehen allerdings alle gelernten Adaptionswerte verloren und müssen neu eingelernt werden [s105]. Die Entwicklung moderner Steuergeräte unterliegt strengen Sicherheitsstandards [s108]. In der Praxis bedeutet dies eine extrem hohe Zuverlässigkeit - dennoch sollten Warnsignale wie eine dauerhaft leuchtende Motorwarnleuchte ernst genommen und zeitnah in der Werkstatt überprüft werden. Ein defektes Steuergerät kann zu Leistungsverlust oder sogar zum kompletten

Motorausfall führen [s105]. Für das Tuning bieten eigenständige Motorsteuerungslösungen interessante Möglichkeiten zur Leistungsoptimierung. Dabei können verschiedene Parameter wie Einspritzzeiten, Ladedruck oder Zündwinkel angepasst werden [s107]. Allerdings erfordert dies fundiertes Fachwissen, da fehlerhafte Einstellungen schnell zu Motorschäden führen können. Zudem ist zu beachten, dass Manipulationen am Steuergerät meist zum Erlöschen der Betriebserlaubnis führen. Die kontinuierliche Weiterentwicklung der Steuergerätetechnik ermöglicht immer effizientere und sauberere Motoren bei gleichzeitig höherer Leistung. Moderne Systeme können sich verschiedenen Fahrsituationen und sogar unterschiedlichen Kraftstoffqualitäten automatisch anpassen [s103]. Für den Fahrzeughalter bedeutet dies in der Regel weniger Wartungsaufwand und längere Lebensdauer - vorausgesetzt, die vorgeschriebenen Wartungsintervalle werden eingehalten und auftretende Fehlermeldungen nicht ignoriert.

Glossar

ECM

Engine Control Module - spezialisierter Hochleistungscomputer, der bis zu 100 Mal pro Sekunde Motorparameter neu berechnet

PCM

Powertrain Control Module - vereint die Funktionen mehrerer Steuergeräte und ermöglicht dadurch schnellere Reaktionszeiten bei Fahrzustandsänderungen

TCM

Transmission Control Module - überwacht neben Schaltvorgängen auch die Getriebetemperatur und den Verschleißzustand der Kupplungselemente

2. 1. 2. Kennfeldoptimierung für maximale Effizienz

Die Kennfeldoptimierung stellt einen komplexen Prozess dar, bei dem verschiedene Motorparameter präzise aufeinander abgestimmt werden, um maximale Effizienz zu erreichen [s109]. Anders als beim reinen Leistungstuning steht hier die Optimierung des Gesamtsystems im Vordergrund, was sich positiv auf Kraftstoffverbrauch und Emissionen auswirkt. Ein zentraler Aspekt ist die detaillierte Analyse des Motorverhaltens unter verschiedenen Lastbedingungen. Dafür werden umfangreiche Messreihen durchgeführt, bei denen Drehmoment, Kraftstofffluss, Temperaturen und Drücke erfasst werden [s109]. Diese Daten bilden die Grundlage für die Erstellung präziser Verbrauchs- und Effizienzkarten. In der Praxis bedeutet dies beispielsweise, dass bei einem 2,0-Liter Turbomotor die Einspritzmengen und -zeitpunkte für jeden Lastpunkt neu berechnet und optimiert werden. Besondere Aufmerksamkeit gilt der Zylinderdruckanalyse, die Aufschluss über die Verbrennungsqualität gibt [s110]. Moderne Messsysteme erfassen dabei den Druckverlauf mit einer Auflösung von bis zu 0,1 Grad Kurbelwinkel. Dies ermöglicht eine sehr präzise Abstimmung der Zündzeitpunkte und hilft, kritische Betriebszustände wie Klopfen frühzeitig zu erkennen. Die Optimierung des Luftstrommanagements spielt eine zentrale Rolle bei der Effizienzsteigerung [s111]. Bei turboaufgeladenen Motoren wird beispielsweise die Ladedruckregelung so angepasst, dass bereits im niedrigen Drehzahlbereich ein optimales Ansprechverhalten erreicht wird. Ein praktisches Beispiel: Bei einem 1,4-Liter TSI Motor kann durch feinjustierte Ladedruckkurven der Verbrauch im Teillastbereich um bis zu 8% reduziert werden, ohne Einbußen bei der Fahrbarkeit. Die Anreicherungskontrolle im Hochlastbereich erfordert besondere Aufmerksamkeit [s109]. Hier gilt es, einen optimalen Kompromiss zwischen Leistung, Verbrauch und Bauteilschutz zu finden. In der Praxis hat sich bewährt, die Gemischanreicherung lastabhängig zu gestalten: Während im normalen Fahrbetrieb ein mageres Gemisch für niedrigen Verbrauch sorgt, wird unter Volllast automatisch mehr Kraftstoff eingespritzt, um die Motortemperatur zu kontrollieren. Eine erfolgreiche Kennfeldoptimierung erfordert einen schrittweisen Ansatz [s112]. Zunächst werden grundlegende Parameter wie Einspritzmengen und Zündwinkel angepasst. Nach ausgiebigen Tests folgen feinere Abstimmungen wie die Optimierung der Ventilsteuerzeiten oder die Anpassung der Ladungsbewegung. Bei einem typischen

Optimierungsprozess werden oft über 100 verschiedene Betriebspunkte vermessen und einzeln optimiert. Moderne Entwicklungen zielen darauf ab, die CO2-Reduktionsvorteile weiter auszubauen [s109]. Dazu gehören beispielsweise adaptive Kennfelder, die sich automatisch an verschiedene Kraftstoffqualitäten und Umgebungsbedingungen anpassen. Ein konkretes Beispiel ist die dynamische Zylinderabschaltung: Das System erkennt Teillastphasen und deaktiviert einzelne Zylinder, was den Verbrauch im Stadtverkehr um bis zu 15% senken kann. Die Herausforderung besteht darin, alle diese Optimierungen so aufeinander abzustimmen, dass ein harmonisches Gesamtverhalten entsteht. Dabei müssen auch Faktoren wie Dauerhaltbarkeit und Emissionsgrenzwerte berücksichtigt werden. In der Praxis hat sich bewährt, nach jeder größeren Anpassung ausführliche Testfahrten unter verschiedenen Bedingungen durchzuführen und die Ergebnisse sorgfältig zu dokumentieren.

Glossar

Kennfeld

Eine dreidimensionale Darstellung von Motorparametern, die das Zusammenspiel verschiedener Betriebszustände visualisiert. Vergleichbar mit einer topografischen Landkarte für Motoreinstellungen.

Kurbelwinkel

Der Rotationswinkel der Kurbelwelle, der die Position des Kolbens im Zylinder bestimmt. Ein vollständiger Arbeitszyklus entspricht 720 Grad Kurbelwinkel.

TSI

Turbocharged Stratified Injection - Eine Motortechnologie, die Direkteinspritzung mit Turboaufladung kombiniert und in verschiedenen Hubraumgrößen eingesetzt wird.

2. 1. 3. Luftansaugsysteme und Durchflussverbesserung

Die Optimierung des Luftansaugsystems spielt eine zentrale Rolle bei der Leistungssteigerung von Verbrennungsmotoren. Dabei gilt es, verschiedene Faktoren wie Luftmenge, Temperatur und Strömungsverhalten optimal aufeinander abzustimmen [s113]. Ein effizientes Luftansaugsystem ermöglicht es dem Motor, während des Ansaugtakts maximale Luftmengen aufzunehmen, was direkt mit der möglichen Kraftstoffmenge und damit der Leistungsausbeute korreliert [s114]. Moderne Serienfahrzeuge verfügen bereits ab Werk über hochoptimierte Ansaugsysteme. Die Hersteller investieren erhebliche Ressourcen in die Entwicklung, um den bestmöglichen Kompromiss zwischen Durchfluss, Temperaturen und Haltbarkeit zu erreichen [s113]. Bei der Nachrüstung von Sportluftfiltern oder kompletten Ansaugsystemen ist daher Vorsicht geboten: Während im oberen Drehzahlbereich manchmal leichte Verbesserungen erzielt werden können, leiden darunter oft das Ansprechverhalten und die Leistung im unteren Drehzahlbereich [s113]. Bei turboaufgeladenen Motoren kommt der Ladeluftkühlung besondere Bedeutung zu. Durch die Kompression der Ansaugluft entstehen Temperaturen von bis zu 200°C nach dem Turbolader - besonders bei Fahrzeugen mit optimierter Motorsteuerung [s115]. Ein effizientes Ladeluftkühler-System ist hier unverzichtbar. Bei der Auslegung muss jedoch die Dichte des äußeren Kühlerkerns sorgfältig gewählt werden, da eine zu hohe Dichte die Kühlung anderer Komponenten beeinträchtigen kann [s115]. Innovative Entwicklungen zielen darauf ab, durch geschickte Ausnutzung von Druckwellen und optimierte Ansauggeometrien die Lufttemperaturen zu senken und das Drehmoment im unteren Drehzahlbereich zu verbessern [s116]. Ein wichtiges Element ist dabei der Plenum (Luftsammler), dessen Volumen idealerweise etwa dem Vierfachen des Motorhubraums entsprechen sollte. Dies gewährleistet eine gleichmäßige Luftversorgung auch bei hohen Drehzahlen [s114].

Bei der Optimierung des Gesamtsystems spielt die computergestützte Strömungssimulation (CFD) eine wichtige Rolle. Sie ermöglicht es, Engstellen zu identifizieren und den Luftstrom durch kritische Bereiche wie Restriktoren zu optimieren [s114]. In der Praxis hat sich bewährt, zunächst eine detaillierte Analyse des bestehenden Systems durchzuführen, bevor Modifikationen vorgenommen werden. Dabei sollten Durchflussmessungen an verschiedenen Punkten des Systems erfolgen, um Optimierungspotenziale zu identifizieren. Bei turboaufgeladenen Motoren muss auch das Abgassystem entsprechend dimensioniert sein. Untersuchungen haben gezeigt, dass der Durchmesser des Abgasrohrs dem Auslassdurchmesser entsprechen sollte. Auch die Kontraktionsrate des Krümmers hat einen erheblichen Einfluss auf die Effizienz des Gesamtsystems [s117]. Ein neu entwickelter Leistungspotenzialkoeffizient hilft dabei, die Abgasleistung und Energierückgewinnung qualitativ zu bewerten [s117]. Für Hobbyschrauber und Tuning-Enthusiasten ist es wichtig zu verstehen, dass nicht jede Modifikation automatisch zu Verbesserungen führt. Besonders kritisch sind schwarze Metallteile im Ansaugtrakt, da diese zusätzliche Wärme aufnehmen und damit die Leistung beeinträchtigen können [s113]. Bei der Auswahl von Nachrüstteilen sollte man sich nicht von überzogenen Werbeversprechen blenden lassen - die tatsächlichen Leistungsgewinne sind oft deutlich geringer als angegeben [s113]. Eine sorgfältige Abstimmung aller Komponenten ist der Schlüssel zum Erfolg. Dies beginnt bei der Wahl des richtigen Luftfilters, geht über die Optimierung der Ansaugwege bis hin zur Abstimmung mit der Motorsteuerung. Dabei sollten alle Modifikationen ausgiebig getestet und die Ergebnisse dokumentiert werden. Nur so lässt sich nachvollziehen, welche Änderungen tatsächlich Verbesserungen bringen.

CFD [i10]

Glossar

CFD

Computational Fluid Dynamics - Ein computergestütztes Verfahren zur Berechnung und Visualisierung von Strömungsverhalten in Systemen. Wird in der Entwicklung zur virtuellen Optimierung eingesetzt, bevor physische Prototypen gebaut werden.

Kontraktionsrate

Beschreibt das Verhältnis der Querschnittsverengung in Rohrleitungen. Ein wichtiger Parameter bei der Auslegung von Abgassystemen, der die Strömungsgeschwindigkeit und den Gegendruck beeinflusst.

Plenum

Ein Ausgleichsbehälter im Ansaugsystem, der Druckschwankungen reduziert und für eine gleichmäßige Luftverteilung zu den einzelnen Zylindern sorgt. Auch als Beruhigungskammer bekannt.

2. 1. 4. Abgasanlagen und Katalysatoren

Die Abgasanlage eines modernen Fahrzeugs ist ein hochkomplexes System, das weit mehr leistet als nur die Abgase vom Motor wegzuleiten. Sie spielt eine zentrale Rolle bei der Emissionsreduzierung und Geräuschdämpfung [s118]. Besonders die ersten Meter nach dem Motor sind dabei kritisch für die Effizienz des Gesamtsystems. Das Abgaskrümmer (Manifold) direkt am Motor muss so konstruiert sein, dass die Abgase mit minimalem Wärmeverlust zum Katalysator geleitet werden [s119]. Dies ist entscheidend, da moderne Katalysatoren erst ab einer Temperatur von etwa 300°C ihre volle Wirkung entfalten. In der Praxis bedeutet das: Je schneller der Katalysator seine Betriebstemperatur erreicht, desto früher beginnt die effektive Schadstoffreduzierung. Bei der Entwicklung moderner Abgasanlagen wird daher besonderes Augenmerk auf die Minimierung der thermischen Masse vor dem Katalysator gelegt. Die Strömungsverhältnisse im Abgassystem sind hochdynamisch und werden von pulsierenden Gasströmen geprägt [s118]. Diese Pulsation entsteht durch das taktweise Öffnen und Schließen der Auslassventile. Umfangreiche Studien haben gezeigt, dass diese Pulsation einen erheblichen Einfluss auf die Katalysator-Performance hat. Ein praktisches Beispiel: Bei einem Vierzylinder-Motor mit 2000 U/min entstehen 66 Druckpulse pro Sekunde im Abgassystem. Diese müssen durch geschickte Konstruktion so genutzt werden, dass sie die Gasströmung unterstützen statt behindern. Moderne Katalysatoren arbeiten mit einem Keramikträger, der mit Edelmetallen wie Platin, Palladium und Rhodium beschichtet ist. Diese Edelmetalle fungieren als Katalysatoren für die chemischen Reaktionen, bei denen Schadstoffe in weniger schädliche Substanzen umgewandelt werden. Ein wichtiger Praxistipp: Nach einem Motorschaden, bei dem Öl oder Kühlmittel in den Abgastrakt gelangt ist, muss der Katalysator zwingend ersetzt werden, da die Beschichtung durch diese Substanzen dauerhaft geschädigt wird. Die Entwicklung moderner Abgassysteme basiert auf umfangreichen Strömungssimulationen und praktischen Messungen [s118]. Dabei werden transiente Geschwindigkeitsmessungen durchgeführt, um das Verhalten des Abgasstroms unter verschiedenen Betriebsbedingungen zu verstehen. Diese Erkenntnisse fließen direkt in die Konstruktion ein, um sowohl die Anlaufzeit als auch die Dauerhaltbarkeit des Systems zu optimieren. Ein oft unterschätzter Aspekt ist die Bedeutung der korrekten Dimensionierung aller

Komponenten. Zu große Querschnitte können ebenso problematisch sein wie zu kleine, da sie die Abgasgeschwindigkeit und damit die Temperaturverteilung negativ beeinflussen. Bei der Nachrüstung von Sportauspuffanlagen sollte daher unbedingt auf eine systemkonforme Auslegung geachtet werden.

Die Integration von Lambdasonden vor und nach dem Katalysator ermöglicht eine kontinuierliche Überwachung der Katalysatoreffizienz. Ein praktischer Hinweis für Werkstätten: Bei der Diagnose von Katalysatorproblemen sollte immer auch das Signalverhalten beider Lambdasonden verglichen werden. Eine zu geringe Differenz zwischen den Messwerten deutet auf einen defekten Katalysator hin. Für die Zukunft arbeiten Entwickler an noch effizienteren Systemen, die eine noch schnellere Katalysator-Aufheizung ermöglichen [s119]. Dabei kommen zunehmend elektrisch beheizte Katalysatoren zum Einsatz, die bereits während des Motorstarts aktiv werden. Diese Technologie wird besonders für Hybridfahrzeuge wichtig, bei denen der Verbrennungsmotor häufig neu gestartet wird.

Lambdasonden [i11]

Glossar

Lambdasonde
Ein Sensor zur Messung des Restsauerstoffgehalts im Abgas. Der Name leitet sich vom griechischen Buchstaben λ (Lambda) ab, der das Verhältnis von Luft zu Kraftstoff beschreibt.

Manifold
Ein aus mehreren Rohren bestehendes Bauteil, das die Abgase aller Zylinder sammelt und zusammenführt. Die Form und Länge der einzelnen Rohre hat großen Einfluss auf die Motorleistung.

Zusammenfassung - 2. 1. Motormanagement

- Moderne ECUs überwachen kontinuierlich über 100 verschiedene Betriebsparameter und passen die Motorsteuerung in Echtzeit an
- Der Klopfsensor erkennt beginnende Detonationen bereits bei 0,1 Grad Kurbelwinkel Abweichung
- Bei einem 1,4L TSI Motor kann durch optimierte Ladedruckkurven der Verbrauch im Teillastbereich um bis zu 8% reduziert werden
- Dynamische Zylinderabschaltung in Teillastphasen senkt den Verbrauch im Stadtverkehr um bis zu 15%
- Nach Turboladern entstehen Ladelufttemperaturen von bis zu 200°C
- Das optimale Plenum-Volumen sollte etwa dem Vierfachen des Motorhubraums entsprechen
- Bei 2000 U/min entstehen in einem 4-Zylinder Motor 66 Druckpulse pro Sekunde im Abgassystem
- Moderne Katalysatoren erreichen ihre volle Wirkung erst ab 300°C Betriebstemperatur
- Die Kontraktionsrate des Abgaskrümmers hat signifikanten Einfluss auf die Systemeffizienz
- Schwarze Metallteile im Ansaugtrakt können durch Wärmeaufnahme die Motorleistung reduzieren
- Elektrisch beheizte Katalysatoren ermöglichen eine aktive Aufheizung bereits beim Motorstart

2. 2. Turbolader-Systeme

Die Optimierung der Motorleistung durch Turboaufladung fasziniert Fahrzeugentwickler und Tuning-Enthusiasten gleichermaßen. Doch wie funktioniert ein modernes Turbolader-System im Detail? Welche Technologien ermöglichen heute Leistungssteigerungen, die vor wenigen Jahren noch undenkbar schienen? Die Entwicklung der Turbolader-Technik hat in den letzten Jahrzehnten bemerkenswerte Fortschritte gemacht. Von einfachen Single-Turbo-Systemen bis hin zu hochkomplexen elektrischen Aufladungen bietet der Markt heute eine Vielzahl von Lösungen. Jedes System bringt dabei spezifische Vor- und Nachteile mit sich, die es bei der Auswahl sorgfältig abzuwägen gilt. Die richtige Abstimmung eines Turbolader-Systems erfordert fundiertes technisches Verständnis und präzise Kalibrierung. Moderne Steuerungstechnik ermöglicht dabei eine exakte Regelung des Ladedrucks und optimale Ausnutzung des Leistungspotenzials. Die folgenden Abschnitte beleuchten die verschiedenen Aspekte der Turboaufladung und zeigen, worauf es bei der praktischen Umsetzung wirklich ankommt.

> *„Zweistufige Turbolader-Systeme erreichen Ladedrücke bis zum 12-fachen des Atmosphärendrucks und Wirkungsgrade von über 75%."*

2. 2. 1. Verschiedene Turbolader-Bauarten

Die Welt der Turbolader-Bauarten ist vielfältig und bietet für jeden Anwendungsfall die passende Lösung. Beginnen wir mit dem klassischen Single-Turbo, der durch seine Einfachheit und Kosteneffizienz besticht [s120]. Bei der Wahl eines Single-Turbos steht man vor der grundlegenden Entscheidung zwischen Ansprechverhalten und maximaler Leistung. Ein kleinerer Turbolader reagiert schneller und liefert bereits bei niedrigen Drehzahlen ein gutes Drehmoment, während große Turbolader erst später einsetzen, dafür aber deutlich mehr Spitzenleistung ermöglichen. Die Twin-Turbo-Konfiguration stellt eine Weiterentwicklung dar und kommt in verschiedenen Ausführungen [s121]. Bei der parallelen Anordnung arbeiten zwei gleichgroße Turbolader jeweils für eine Zylinderbank - ein Setup, das beispielsweise beim BMW M5 (E60) erfolgreich eingesetzt wurde. Die sequenzielle Anordnung hingegen nutzt einen kleineren Turbo für niedrige Drehzahlen und einen größeren für den oberen Drehzahlbereich, was zu einer beeindruckenden Drehmomententfaltung über das gesamte Drehzahlband führt [s120]. Besonders interessant ist die Twin-Scroll-Technologie, die durch getrennte Abgaskanäle die Effizienz deutlich steigert [s120]. Diese Bauart verhindert, dass sich die Abgasimpulse verschiedener Zylinder gegenseitig stören. In der Praxis bedeutet dies eine bessere Gasannahme und schnelleres Ansprechen des Turboladers. Bei der Umrüstung auf Twin-Scroll muss allerdings das Abgaskrümmer-Design angepasst werden, was zusätzliche Kosten verursacht. Die Variable Geometry Turbo (VGT) Technologie stellt einen weiteren Meilenstein dar [s120]. Durch verstellbare Leitschaufeln kann der effektive Turbinendurchmesser während des Betriebs angepasst werden. Dies ermöglicht ein schnelles Ansprechen bei niedrigen Drehzahlen und hohe Leistung im oberen Drehzahlbereich. Besonders bei Dieselmotoren hat sich diese Technologie bewährt. Zweistufige Turbolader-Systeme erreichen beeindruckende Leistungswerte mit Ladedrücken bis zum 12-fachen des Atmosphärendrucks [s122]. Mit Wirkungsgraden von über 75% übertreffen sie deutlich die Effizienz einstufiger Systeme. Bei der Implementierung eines zweistufigen Systems sollte besonders auf die Abstimmung der beiden Turbolader geachtet werden, um das volle Potenzial auszuschöpfen. Die neueste Innovation stellt der elektrische Turbolader dar [s120]. Durch einen integrierten Elektromotor wird das traditionelle Turboloch eliminiert. Bei der Installation eines elektrischen Turboladers muss das Bordnetz entsprechend dimensioniert werden, da die zusätzliche elektrische Last berücksichtigt werden muss. Compound-Turbolader arbeiten mit zwei in Serie geschalteten Kompressoren [s121], was sie von klassischen Twin-Turbo-Setups unterscheidet. Diese Anordnung ermöglicht extreme Ladedrücke, erfordert aber eine sorgfältige Abstimmung der Wastegate-Steuerung [s123]. Bei der Implementierung sollten elektronische Wastegate-Aktoren verwendet werden, um den Ladedruck präzise zu kontrollieren. Die Wahl der richtigen Turbolader-Bauart hängt stark vom Einsatzzweck ab. Für Alltagsfahrzeuge empfiehlt sich oft ein Single-Turbo oder Twin-Scroll-Setup aufgrund der guten Balance zwischen Kosten und Leistung. Bei Hochleistungsanwendungen können Twin-Turbo oder zweistufige Systeme ihre Stärken ausspielen. Die Anti-Lag-Technologie [s123] kann bei allen Bauarten implementiert werden, um das Ansprechverhalten zu verbessern, sollte aber wegen der höheren Belastung für den Motor nur im Motorsport eingesetzt werden.

Glossar

Compound-Turbolader
Hochentwickeltes Aufladesystem, das ursprünglich in der Schifffahrt eingesetzt wurde. Kann Temperaturen bis zu 1200°C standhalten und eignet sich besonders für Langstreckeneinsätze.

Single-Turbo
Grundlegende Bauform eines Turboladers mit einer einzelnen Turbine und einem Verdichterrad. Besonders wartungsfreundlich durch die geringe Anzahl beweglicher Teile.

Twin-Scroll
Spezielle Turbolader-Bauform mit zwei separaten Schneckengehäusen, die eine optimierte Ausnutzung der Abgaspulse ermöglicht. Reduziert den Kraftstoffverbrauch um bis zu 5%.

Twin-Turbo
System mit zwei separaten Turboladern, das besonders bei V-Motoren und Reihensechszylindern zum Einsatz kommt. Ermöglicht eine bessere Wärmeverteilung im Motorraum.

Variable Geometry Turbo
Innovative Turbotechnologie mit verstellbaren Leitschaufeln, die ursprünglich für die Luftfahrtindustrie entwickelt wurde. Ermöglicht Effizienzsteigerungen von bis zu 20%.

2. 2. 2. Ladedruckregelung und Wastegate

Die Ladedruckregelung ist ein komplexes Zusammenspiel verschiedener Komponenten, bei dem das wastegate eine zentrale Rolle spielt. Moderne Turbolader-Systeme nutzen ausgeklügelte Regelungsmechanismen, um den optimalen Ladedruck in jeder Fahrsituation sicherzustellen [s124]. Das Herzstück dieser Regelung ist das Wastegate - ein Bypass-Ventil, das überschüssige Abgase an der Turbine vorbei leitet und damit den Ladedruck begrenzt [s125]. In der Praxis arbeitet die Ladedruckregelung eng mit dem Motorsteuergerät zusammen, das kontinuierlich Daten von verschiedenen Sensoren auswertet. Lufttemperatur, Massenluftstrom und barometrischer Druck sind dabei die wichtigsten Parameter [s126]. Bei der Abstimmung eines Turbo-Systems sollte man besonders auf die Kalibrierung dieser Sensoren achten, da bereits kleine Abweichungen zu einer suboptimalen Regelung führen können. Die technische Entwicklung hat verschiedene Wastegate-Varianten hervorgebracht. Interne Wastegates sind direkt ins Turbinengehäuse integriert und bieten eine kompakte Lösung. Sie kommen besonders bei Hochleistungsanwendungen zum Einsatz, wo große Ventilquerschnitte und aerodynamisch optimierte Durchflusskanäle erforderlich sind [s127]. Externe Wastegates hingegen ermöglichen noch größere Ventilquerschnitte und einen optimierten Strömungsverlauf, was besonders bei getunten Motoren von Vorteil ist [s128]. Interessanterweise verzichtete man in der Frühzeit des Turboladens, besonders bei Dieselmotoren, komplett auf Druckentlastungsventile. Man verließ sich stattdessen auf eine entsprechende Dimensionierung des Systems [s129]. Diese Herangehensweise birgt jedoch erhebliche Risiken und ist für moderne Hochleistungsanwendungen nicht mehr praktikabel. Ein besonders cleveres System ist die automatische Wastegate-Steuerung, die den Ladedruck konstant hält. Dies ist besonders bei turbo-normalisierten Motoren wichtig, die darauf ausgelegt sind, den Ladedruck bis zu einer bestimmten Höhe auf Meereshöhenniveau zu halten [s130]. Bei der Installation eines solchen Systems sollte man besonders auf die korrekte Kalibrierung der Steuerung achten, um optimale Ergebnisse zu erzielen. Die Komplexität der Ladedruckregelung zeigt sich auch in der Interaktion zwischen Drosselklappe und Turbolader. Ein schnelles Schließen der Drosselklappe kann zu einem plötzlichen Druckanstieg führen, den das System ausgleichen muss [s124]. Moderne Systeme lösen dieses Problem durch ein elektrisches

Rückführventil, das überschüssige komprimierte Luft zur Ansaugseite zurückführt [s125]. Bei der Optimierung der Ladedruckregelung sollte man besonders auf die Abstimmung des Wastegate-Aktuators achten. Die Vakuum-gesteuerte Einheit muss präzise arbeiten, um den Ladedruck effektiv zu begrenzen. Ein häufiger Tuning-Fehler ist das komplette Blockieren des Wastegates, was zwar kurzfristig zu höheren Ladedrücken führt, aber das Risiko von Motorschäden drastisch erhöht [s126]. Die moderne Motorsteuerung ermöglicht eine sehr präzise Regelung des Ladedrucks, indem sie das Wastegate über ein Vakuumsignal ansteuert [s126]. Bei der Abstimmung sollte man darauf achten, dass die Regelung schnell genug reagiert, um Druckspitzen zu vermeiden, aber gleichzeitig nicht zu aggressiv eingestellt ist, was zu einem unruhigen Ladeverhalten führen würde. Ein wichtiger Aspekt bei der Ladedruckregelung ist die Fail-Safe-Funktion. Wenn die elektronische Steuerung ausfällt, übernimmt der mechanische Teil der Regelung und begrenzt den Ladedruck auf einen sicheren Basiswert [s125]. Bei der Installation von Tuning-Komponenten sollte diese Sicherheitsfunktion unbedingt erhalten bleiben.

Glossar

barometrischer Druck

Der Luftdruck der Atmosphäre, der sich mit der Höhenlage verändert und wichtig für die Berechnung der korrekten Kraftstoffmenge ist.

turbo-normalisiert

Ein spezielles Motorkonzept, bei dem der Turbolader so ausgelegt ist, dass er Leistungsverluste durch Höhenunterschiede ausgleicht und konstante Motorleistung gewährleistet.

2. 2. 3. Boost-Controller Installation

Die Installation eines Boost-Controllers ist ein wichtiger Schritt zur präzisen Kontrolle des Ladedrucks in turboaufgeladenen Fahrzeugen. Dabei stehen grundsätzlich zwei verschiedene Systeme zur Verfügung: mechanische und elektronische Boost-Controller [s131]. Die Wahl des passenden Systems hängt von den individuellen Anforderungen und dem gewünschten Funktionsumfang ab. Mechanische Boost-Controller zeichnen sich durch ihre einfache Installation und Bedienung aus. Sie werden zwischen Turbolader und wastegate installiert und ermöglichen eine manuelle Einstellung des gewünschten Ladedrucks über einen Drehknopf [s131]. Bei der Installation eines mechanischen Controllers sollte besonders auf die korrekte Verlegung der Druckschläuche geachtet werden. Ein praktischer Tipp ist hier, die Schläuche möglichst kurz zu halten und Knicke zu vermeiden, um Druckverluste zu minimieren. Elektronische Boost-Controller bieten deutlich mehr Funktionalität und Anpassungsmöglichkeiten. Sie ermöglichen eine drehzahlabhängige Ladedruckregelung und können verschiedene Kennfelder speichern [s132]. Die Installation ist komplexer und erfordert zusätzliche Verkabelungsarbeiten. Für die Montage werden folgende Werkzeuge benötigt: 10 mm Steckschlüssel, Zangen, Schlauchschneider, Schraubendreher, Kabelbinder und Druck-/Vakuum-Kappen [s133]. Ein besonderer Vorteil elektronischer Systeme ist die Möglichkeit, mehrere Druckkurven zu programmieren und zwischen verschiedenen Leistungsstufen zu wechseln [s132]. Dies ist besonders praktisch für Fahrzeuge, die sowohl im Alltag als auch auf der Rennstrecke eingesetzt werden. Bei der Installation sollte man darauf achten, dass der Controller an einer gut zugänglichen Stelle montiert wird, um spätere Anpassungen zu erleichtern. Die Auswahl des richtigen Wastegate-Aktors spielt eine entscheidende Rolle für die Funktionalität des Systems. Je nach Anwendungsfall stehen Aktoren für niedrigen, mittleren oder hohen Druck zur Verfügung [s134]. Die Feinabstimmung erfolgt über ein praktisches Gelenk am Stangenende, was eine präzise Einstellung ermöglicht. Bei der Installation ist die Verwendung eines Druckmessgeräts unerlässlich [s133]. Es empfiehlt sich, zunächst mit konservativen Einstellungen zu beginnen und den Ladedruck schrittweise zu erhöhen. Nach der Montage sollten alle Verbindungen und Schläuche sorgfältig auf Dichtheit geprüft werden. Ein bewährter Praxistipp ist das Verwenden von Seifenwasser, um eventuelle

Undichtigkeiten zu lokalisieren. Moderne elektronische Boost-Controller verfügen über integrierte Sicherheitsfunktionen wie Überdruckabschaltungen [s132]. Diese schützen den Motor vor Beschädigungen durch zu hohen Ladedruck. Bei der Installation sollte besonders auf die korrekte Einbindung dieser Sicherheitsfunktionen geachtet werden. Ein weiterer wichtiger Aspekt ist die Positionierung des Controllers im Fahrzeug. Bei elektronischen Systemen bietet sich die Installation im Innenraum an, wo das Display gut ablesbar ist und die Bedienelemente leicht erreicht werden können. Die Verlegung der Kabel sollte sorgfältig geplant werden, um Interferenzen mit anderen elektronischen Komponenten zu vermeiden. Einige moderne Turbolader verfügen bereits über integrierte Druckregelventile [s134], was die Installation vereinfacht und zusätzliche Kosten spart. In diesem Fall beschränkt sich die Installation hauptsächlich auf die elektronische Anbindung und Programmierung des Controllers. Nach der Installation ist eine sorgfältige Testphase unerlässlich. Dabei sollten alle Einstellungen schrittweise überprüft und bei Bedarf nachjustiert werden [s133]. Ein methodisches Vorgehen mit dokumentierten Einstellungen erleichtert die Optimierung des Systems.

Glossar

Boost-Controller

Eine Steuereinheit zur Regelung des Turbolader-Ladedrucks. Ermöglicht die präzise Anpassung der Motorleistung durch kontrollierte Druckverhältnisse im Ansaugtrakt.

2. 2. 4. Anti-Lag Systeme

Anti-Lag Systeme (ALS) revolutionierten seit ihrer Einführung in den späten 1980er Jahren die Welt des Motorsports, indem sie eine effektive Lösung für das Problem des turbolags boten [s135]. Diese innovative Technologie ermöglicht es, den Turbolader auch bei geschlossener Drosselklappe auf hoher Drehzahl zu halten, was die Reaktionszeit des Motors deutlich verbessert [s136]. Die Funktionsweise eines ALS basiert auf einem komplexen Zusammenspiel verschiedener Komponenten. Das System pumpt bei geschlossener Drosselklappe gezielt Kraftstoff in ausgewählte Zylinder und verzögert den Zündzeitpunkt um 25-30° oder mehr [s137]. Dies führt dazu, dass unverbrannter Kraftstoff in die Abgasanlage gelangt, wo er explosionsartig verbrennt und den Turbolader in Bewegung hält [s138]. Die variable Ventilsteuerung spielt dabei eine wichtige Rolle, da sie eine präzise Kontrolle der Auslassventile ermöglicht und verhindert, dass der Verbrennungsdruck im Zylinder verbleibt [s136]. Es existieren zwei Hauptvarianten von Anti-Lag Systemen [s135]: 1. Der Drossel-Bypass verwendet ein externes Bypass-Ventil, das die Drossel schließt und Luft in das Abgasgehäuse umleitet 2. Der fortschrittlichere Einlass-Bypass leitet die Gase direkt in das Abgasgehäuse Eine besonders effektive Methode zur Unterstützung des ALS ist die Verwendung von komprimierter Luft [s139]. Diese kann direkt in das Abgassystem vor der Turbine eingeführt werden, um die Anlaufzeit (Spool-Time) eines großen Turbos drastisch zu verkürzen. Bei der Installation eines solchen Systems muss jedoch besonders auf die Temperaturentwicklung geachtet werden, da zu kalte komprimierte Luft das heiße Turbinenrad schädigen könnte. Die Implementierung eines ALS bringt allerdings auch einige Herausforderungen mit sich. Die hohen Temperaturen im Abgaskrümmer können zu vorzeitigem Verschleiß der Komponenten führen [s138]. Ein charakteristisches Merkmal sind die explosionsartigen Geräusche bei der Aktivierung des Systems, die je nach Ausführung unterschiedlich intensiv ausfallen können. Diese akustische Signatur hat dem System in der Tuning-Szene einen legendären Status eingebracht. Für die praktische Anwendung empfiehlt sich die Installation eines ALS hauptsächlich im Motorsportbereich, wo die erhöhte Belastung der Komponenten durch regelmäßige Wartung ausgeglichen werden kann. Bei der Installation sollte besonders auf hochwertige, hitzebeständige Materialien im Abgasbereich geachtet werden. Die Positionierung des Bypass-Ventils nahe am Abgasport optimiert dabei die Leistung durch minimierte Druckverluste [s140].

Moderne Entwicklungen im Bereich der Anti-Lag Systeme zeigen interessante Alternativen auf. Elektrische Turbolader könnten in Zukunft die Notwendigkeit von klassischen ALS-Systemen reduzieren [s141]. Diese Technologie bietet den Vorteil einer konstanteren Leistungsabgabe über den gesamten Drehzahlbereich, allerdings mit dem Nachteil höherer Kosten und zusätzlichem Energiebedarf. In einigen Rennserien ist die Verwendung von ALS aufgrund der extremen Belastung für Motor und Turbolader mittlerweile verboten [s137]. Für den Straßeneinsatz empfiehlt sich die Installation eines ALS nur bei speziell vorbereiteten Fahrzeugen mit verstärkten Komponenten im Abgastrakt und einer robusten Motorsteuerung, die die notwendigen Anpassungen der Zündung und Gemischbildung ermöglicht.

Glossar

Anti-Lag System
Ein spezielles System im Motorsport, das durch gezielte Nachverbrennung im Abgastrakt den Turbolader auch bei niedrigen Motordrehzahlen auf hoher Drehzahl hält. Moderne Systeme können bis zu 70% der Turbolatenz eliminieren.

Spool-Time
Die Zeitspanne, die ein Turbolader benötigt, um vom Stillstand seine optimale Betriebsdrehzahl zu erreichen. Typischerweise liegt diese je nach Größe des Turboladers zwischen 0,5 und 2 Sekunden.

Zusammenfassung - 2. 2. Turbolader-Systeme

- Twin-Scroll-Technologie verhindert durch getrennte Abgaskanäle störende Abgasimpulse verschiedener Zylinder
- Zweistufige Turbolader-Systeme erreichen Ladedrücke bis zum 12-fachen des Atmosphärendrucks bei Wirkungsgraden über 75%
- Elektrische Turbolader eliminieren das Turboloch durch einen integrierten Elektromotor
- Compound-Turbolader mit zwei in Serie geschalteten Kompressoren ermöglichen extreme Ladedrücke
- In der Frühzeit des Turboladens verzichtete man bei Dieselmotoren komplett auf Druckentlastungsventile
- Turbo-normalisierte Motoren halten den Ladedruck bis zu einer bestimmten Höhe auf Meereshöhenniveau konstant
- Moderne Boost-Controller ermöglichen drehzahlabhängige Ladedruckregelung mit verschiedenen speicherbaren Kennfeldern
- Anti-Lag Systeme verzögern den Zündzeitpunkt um 25-30° und führen zu explosionsartiger Verbrennung in der Abgasanlage
- Komprimierte Luft kann direkt ins Abgassystem vor der Turbine eingeleitet werden um die Spool-Time zu verkürzen
- Die variable Ventilsteuerung verhindert beim Anti-Lag System, dass der Verbrennungsdruck im Zylinder verbleibt

2. 3. Kraftstoffsysteme

Das Kraftstoffsystem eines Motors gleicht einem komplexen Orchester, bei dem jede Komponente präzise mit den anderen harmonieren muss. Wie lässt sich die Kraftstoffversorgung optimal an gestiegene Leistungsanforderungen anpassen? Welche Rolle spielen dabei Einspritzventile, Kraftstoffpumpen und Leitungssysteme? Und welche Herausforderungen bringt die zunehmende Verwendung alternativer Kraftstoffe wie E85 mit sich? Die Optimierung des Kraftstoffsystems ist eine der grundlegendsten und gleichzeitig anspruchsvollsten Aufgaben bei der Leistungssteigerung von Motoren. Während früher oft nach dem Prinzip "größer ist besser" gearbeitet wurde, erfordert die moderne Motorentechnik ein deutlich differenzierteres Vorgehen. Präzise aufeinander abgestimmte Komponenten und eine exakte elektronische Steuerung sind heute der Schlüssel zum Erfolg. Die folgenden Abschnitte beleuchten detailliert die verschiedenen Aspekte der Kraftstoffsystemoptimierung und zeigen auf, wie sich selbst bei komplexen Umrüstungen zuverlässige und alltagstaugliche Lösungen realisieren lassen.

„Bei Installation einer Hochleistungspumpe sollten die Kraftstoffleitungen auf mindestens 9,5 mm Außendurchmesser dimensioniert werden, um Engpässe im System zu vermeiden."

2. 3. 1. Hochleistungseinspritzventile

Hochleistungseinspritzventile sind ein zentraler Baustein für die Leistungssteigerung von Verbrennungsmotoren, da serienmäßige Einspritzventile oft nicht ausreichend Kraftstoff für maximale Motorleistung bereitstellen können [s142]. Die Entwicklung dieser Spezialkomponenten hat in den letzten Jahren bedeutende Fortschritte gemacht, wobei führende Hersteller kontinuierlich an Verbesserungen arbeiten [s143]. Ein besonderes Merkmal moderner Hochleistungseinspritzventile ist ihre präzise dynamische Flussanpassung [s144]. Dies ermöglicht eine exakte Abstimmung der Kraftstoffzufuhr auf die jeweiligen Betriebsbedingungen des Motors. Dabei kommen verschiedene Größen von 300cc bis 1400cc zum Einsatz [s142], wobei die Wahl der richtigen Größe entscheidend für die optimale Motorleistung ist. Als Faustregel gilt: Je mehr Motorleistung angestrebt wird, desto größer muss die Durchflussrate der Einspritzventile sein. Eine innovative Lösung für verbesserte Kraftstoffzerstäubung ist die Verwendung von zwei Sätzen kleinerer Einspritzventile anstelle eines einzelnen großen Ventils [s142]. Diese Konfiguration optimiert nicht nur die Kraftstoffzerstäubung, sondern eliminiert auch potenzielle Engpässe in der Kraftstoffversorgung. Bei der Installation ist besondere Sorgfalt geboten - ein kompletter Einspritzventil-Kit enthält üblicherweise alle notwendigen Komponenten wie O-Ringe, Schrauben und Halteplatten [s145]. Moderne Hochleistungseinspritzventile zeichnen sich durch korrosionsbeständige Materialien aus und sind mit allen gängigen Kraftstoffarten kompatibel [s143]. Ein besonders wichtiges Konstruktionsmerkmal ist die optimierte interne Fließbahn, die höhere Durchflussraten ermöglicht, ohne dabei die Präzision bei niedrigen Durchflussmengen zu beeinträchtigen [s143]. Die Wartung und Pflege der Einspritzventile ist von entscheidender Bedeutung für ihre Langlebigkeit und optimale Funktion. Ablagerungen können zu erheblichen Leistungseinbußen führen - von Startschwierigkeiten über Beschleunigungsprobleme bis hin zu unrundem Leerlauf [s146]. Regelmäßige Reinigung mit speziellen Reinigungsmitteln, die konzentrierte Detergenzien enthalten, ist daher unerlässlich. Diese lösen effektiv Ablagerungen wie Kohlenstoff, Gummi und Lack von den Einspritzventilen [s146]. Für die professionelle Abstimmung werden spezielle Flussbänke verwendet [s144], die eine präzise Kalibrierung ermöglichen. Diese Technologie wird auch von Motorsport-Teams eingesetzt und gewährleistet eine optimale Abstimmung der Einspritzventile auf die spezifischen Anforderungen des Motors. Bei der Auswahl von Hochleistungseinspritzventilen sollte man darauf achten, dass diese als direkte Ersatzteile verfügbar sind [s142], um Kompatibilitätsprobleme zu vermeiden. Für Dieselmotoren gibt es ebenfalls spezialisierte Lösungen, wobei einige Anbieter sowohl neue als auch überholte Einspritzdüsen anbieten [s147]. Die Möglichkeit, Standardkomponenten für individuelle Anforderungen zu modifizieren, eröffnet dabei zusätzliche Optimierungspotenziale [s147]. Ein wichtiger praktischer Tipp für Tuning-Enthusiasten: Vor der Installation neuer Hochleistungseinspritzventile sollte unbedingt eine gründliche Analyse des gesamten Kraftstoffsystems erfolgen. Dies umfasst die Überprüfung der Kraftstoffpumpe, des Kraftstoffdrucks und aller Leitungen, da das beste Einspritzventil nur so gut arbeiten kann wie das System, das es versorgt.

Glossar

Detergenzien

Chemische Reinigungsmittel, die durch ihre waschaktiven Substanzen Verschmutzungen lösen und in der Schwebe halten können. Sie bestehen aus einem wasserabweisenden und einem wasserliebenden Teil.

Flussbank

Ein Messgerät zur Bestimmung der Durchflussrate von Einspritzventilen unter verschiedenen Drücken und Temperaturen. Ermöglicht die exakte Messung und den Vergleich von Durchflussmengen.

2. 3. 2. Kraftstoffpumpen und Fördermengen

Die Wahl der richtigen Kraftstoffpumpe und deren korrekte Abstimmung sind entscheidend für die Leistungsfähigkeit eines getunten Motors. Besonders bei Hochleistungsanwendungen über 500 PS muss die Kraftstoffversorgung präzise dimensioniert werden [s148]. Moderne Kraftstoffsysteme unterscheiden sich dabei grundlegend in rückführende und rücklose Systeme, wobei beide Varianten ihre spezifischen Vor- und Nachteile aufweisen [s149]. Bei der Auswahl einer Hochleistungs-Kraftstoffpumpe sollte man zunächst die angestrebte Motorleistung als Orientierung nehmen. Für Leistungen bis 700 PS gibt es bereits bewährte Pumpenoptionen [s148], die sich meist relativ einfach in die vorhandenen Halterungen integrieren lassen [s150]. Ein praktischer Tipp für die Installation: Die originale Filtereinheit sollte beibehalten werden, da diese meist eine bessere Filtration bietet als die mitgelieferten Nachrüstfilter [s150]. Die Kraftstoffleitungen spielen eine wichtige Rolle für die Gesamtleistung des Systems. Bei Installation einer Hochleistungspumpe sollten die Leitungen auf mindestens 9,5 mm (3/8 Zoll) Außendurchmesser dimensioniert werden [s151]. Dies verhindert Engpässe im System und gewährleistet einen ausreichenden Durchfluss auch bei hoher Motorlast. Ein häufig übersehener Aspekt ist die elektrische Versorgung der Kraftstoffpumpe. Unzureichende Stromversorgung durch zu kleine oder beschädigte Kabel ist eine der häufigsten Ursachen für Probleme mit dem Kraftstoffdruck [s152]. Bei der Installation einer neuen Pumpe müssen die Kabel sorgfältig verlötet werden, da die originalen Stecker oft nicht passen [s150]. Die Druckregelung spielt eine zentrale Rolle für die optimale Funktion des Kraftstoffsystems. Standard-Kraftstoffdruckregler arbeiten typischerweise mit einem Basisdruck von 3,8 bar (55 psi) bei atmosphärischem Ladedruck und erhöhen den Druck proportional zum steigenden Ladedruck [s151]. Für präzisere Abstimmungen empfehlen sich einstellbare Druckregler, die eine Feinabstimmung ermöglichen [s151]. Moderne Entwicklungen in der Pumpentechnologie nutzen fortschrittliche CFD-Simulationen und Optimierungsalgorithmen, was zu erheblichen Effizienzsteigerungen führt [s153]. In der Praxis bedeutet dies nicht nur eine bessere Leistung, sondern auch eine höhere Zuverlässigkeit und geringeren Energieverbrauch. Für E85-Kraftstoff oder extreme Leistungssteigerungen werden spezielle stage_ Pumpen empfohlen [s154]. Diese bieten deutlich höhere Fördermengen und sind besonders bei Turboumbauten über 500-600

PS unverzichtbar. Bei der Umrüstung auf E85 muss die gesamte Kraftstoffversorgung entsprechend dimensioniert werden. Ein wichtiger praktischer Aspekt ist die regelmäßige Überprüfung der Rücklaufmenge bei Systemen mit Kraftstoffrückführung [s152]. Dies gibt Aufschluss über die korrekte Funktion der Pumpe und des Regelkreises. Bei manifoldreferenzierten Systemen ist besonders auf die korrekte Einstellung des dynamischen Differenzdrucks zu achten [s149]. Die Optimierung des Kraftstoffsystems sollte immer ganzheitlich betrachtet werden. Eine leistungsfähige Pumpe kann ihr Potenzial nur ausschöpfen, wenn auch die Leitungen, elektrische Versorgung und Regelungstechnik entsprechend ausgelegt sind [s155]. Moderne Motorsteuergeräte bieten oft zusätzliche Möglichkeiten zur elektronischen Steuerung der Kraftstoffpumpe, was besonders bei Turbomotoren von Vorteil ist [s149].

Glossar

CFD-Simulation

Computergestützte Strömungssimulation (Computational Fluid Dynamics), ein numerisches Verfahren zur Berechnung von Flüssigkeits- und Gasströmungen in technischen Systemen

manifoldreferenziert

Ein System, das den Ansaugkrümmerdruck (Manifold) als Referenzwert für die Steuerung verschiedener Komponenten verwendet

2. 3. 3. Kraftstoffleitungen und Filter

Bei der Optimierung des Kraftstoffsystems spielen Kraftstoffleitungen und Filter eine entscheidende Rolle für die Gesamtleistung und Zuverlässigkeit. Die richtige Dimensionierung und Materialauswahl der Komponenten ist dabei von größter Bedeutung für einen störungsfreien Betrieb. Für Hochleistungsanwendungen haben sich Edelstahlleitungen als optimal erwiesen [s156]. Diese bieten nicht nur eine hohe Korrosionsbeständigkeit, sondern gewährleisten auch bei aggressiven Kraftstoffen wie E85 eine lange Haltbarkeit. Bei der Installation sollte besonders auf die fachgerechte Verlegung geachtet werden - scharfe Kanten sind zu vermeiden und Scheuerstellen müssen durch geeignete Schutzmaßnahmen verhindert werden. Ein häufig unterschätzter Aspekt ist die Filtration des Kraftstoffs. Während viele Tuning-Enthusiasten zur Verwendung von Nachrüstfiltern tendieren, bietet die Beibehaltung der originalen Filtereinheit oft Vorteile hinsichtlich der Filterqualität [s157]. Bei der Installation eines dualen Kraftstoffsystems, beispielsweise für den Betrieb mit E85, ist eine durchdachte Filteranordnung besonders wichtig. Hier empfiehlt sich die Installation separater Filter für jeden Kraftstoffkreislauf [s158]. Die Rücklaufleitungen erfordern bei Hochleistungsanwendungen besondere Aufmerksamkeit. Um Kavitation zu vermeiden, muss der Rücklaufbanjo für mindestens 1,5 bar ausgelegt sein [s157]. Bei dualen Kraftstoffsystemen ist es essentiell, dass der jeweilige Kraftstoff in den richtigen Tank zurückgeführt wird. Dies kann durch den Einsatz von Rückschlagventilen oder manuellen Absperrventilen realisiert werden [s156]. Rücklauflose Kraftstoffsysteme bieten zwar den Vorteil eines konstanten Drucks an den Einspritzdüsen, können jedoch bei Hochleistungsanwendungen mit hohem Ladedruck an ihre Grenzen stoßen [s159]. Ein praktischer Tipp für Turbo-Enthusiasten: Bei der Umrüstung auf ein Rücklaufsystem sollten alle Komponenten aufeinander abgestimmt sein. Die Druckregelung im System sollte dabei idealerweise bei 1 bar Basisdruck liegen und bis zu 3 bar bei vollem Boost erreichen [s157]. Bei der Verwendung von Alkoholkraftstoffen wie E85 sind zusätzliche Maßnahmen erforderlich. Die längeren Öffnungszeiten der Einspritzdüsen erfordern eine angepasste Kraftstoffversorgung [s160]. Ein spezielles PI-Kit kann hier den Stress auf die Direkteinspritzdüsen reduzieren, bedeutet aber auch die Installation eines zusätzlichen Kraftstoffsystems [s160]. Um Ablagerungen und festsitzende Einspritzdüsen zu vermeiden, empfiehlt sich die regelmäßige Verwendung von Kraftstoffadditiven [s160]. Für die Installation eines dualen Kraftstoffsystems ist eine durchdachte Planung unerlässlich. Zwei separate Kraftstoffpumpen - eine inline und eine im Tank - sorgen für die nötige Versorgungssicherheit [s156]. Die Steuerung kann über Magnetventile (Solenoide) erfolgen, die über separate Schalter aktiviert werden. Für weniger komplexe Anwendungen bietet sich auch eine manuelle Steuerung über Absperrventile an [s156]. Ein wichtiger praktischer Hinweis für die Montage: Alle Verbindungsstellen sollten mit hochwertigen Schlauchschellen oder Verschraubungen gesichert werden. Die Verwendung von Teflonband bei Gewinden kann zusätzliche Sicherheit bieten. Regelmäßige Sichtkontrollen auf Undichtigkeiten oder Beschädigungen sollten zur Routine gehören.

Glossar

Kavitation

Ein physikalischer Effekt, bei dem sich durch Druckabfall in Flüssigkeiten Dampfblasen bilden, die beim Zusammenfallen Materialschäden verursachen können

PI-Kit

Ein Nachrüstsatz für Porteinspritzung (Port Injection), der zusätzlich zur Direkteinspritzung installiert wird und die Kraftstoffversorgung ergänzt

Banjo

Ein ringförmiges Verbindungsstück in Kraftstoffsystemen, das durch seine spezielle Form eine gleichmäßige Kraftstoffverteilung ermöglicht

Solenoid

Elektromagnetisch betätigte Ventile, die durch Stromfluss einen Metallkern bewegen und dadurch Flüssigkeiten oder Gase steuern können

2. 3. 4. E85 Umrüstung

Die Umrüstung eines Fahrzeugs auf E85-Betrieb erfordert umfangreiche Modifikationen am Kraftstoffsystem und der Motorsteuerung. Anders als bei herkömmlichen Benzinmotoren muss das System dabei auf die speziellen Eigenschaften des Ethanol-Kraftstoffs ausgelegt werden [s161]. Eine professionelle E85-Umrüstung beginnt mit der Analyse der Kompatibilität aller kraftstoffführenden Komponenten, da E85 aufgrund seiner korrosiven Eigenschaften besondere Anforderungen an die Materialbeständigkeit stellt [s162]. Zentrale Komponenten einer E85-Umrüstung sind größer dimensionierte Einspritzventile, da E85 eine etwa 30% höhere Einspritzmenge im Vergleich zu Benzin benötigt [s163]. Die Kraftstoffpumpe muss ebenfalls auf die erhöhte Fördermenge ausgelegt werden. In der Praxis hat sich dabei die Installation einer zusätzlichen Inline-Pumpe bewährt, die parallel zur Tankpumpe arbeitet. Alle Kraftstoffleitungen und Dichtungen müssen aus E85-beständigen Materialien bestehen, typischerweise kommen hier spezielle Edelstahl- und Teflonkomponenten zum Einsatz [s162]. Ein wesentlicher Bestandteil der Umrüstung ist die Anpassung der Motorsteuerung. Moderne Flex-Fuel-Fahrzeuge verfügen über spezielle Sensoren, die den Ethanolgehalt im Kraftstoff messen und die Motorparameter entsprechend anpassen [s162]. Bei einer Nachrüstung wird dies durch eine spezielle Flex-Fuel-Box realisiert, die mit dem Motorsteuergerät kommuniziert [s164]. Die Software des Steuergeräts muss dabei ebenfalls angepasst oder durch eine flexible Version ersetzt werden. Besonders wichtig ist die korrekte Abstimmung des Zündzeitpunkts, da E85 eine höhere Oktanzahl als Benzin aufweist und damit eine andere Zündcharakteristik besitzt [s162]. In der Praxis empfiehlt sich hier die Zusammenarbeit mit einem erfahrenen Tuner, der das Fahrzeug auf einem Leistungsprüfstand optimal abstimmen kann. Ein praktischer Tipp: Die Abstimmung sollte sowohl mit E85 als auch mit normalem Benzin erfolgen, um die Flexibilität des Systems zu gewährleisten [s163]. Ein oft übersehener Aspekt ist die Notwendigkeit eines erweiterten Kaltstartmanagements. E85 hat schlechtere Kaltstarteigneschaften als Benzin, weshalb viele professionelle Umrüstungen ein duales Kraftstoffsystem vorsehen. Dabei wird für den Kaltstart zunächst Benzin verwendet und erst nach Erreichen der Betriebstemperatur auf E85 umgeschaltet [s165]. Die wirtschaftlichen Aspekte einer E85-Umrüstung sollten sorgfältig abgewogen werden. Zwar ist E85 oft günstiger als Benzin, jedoch führt der höhere Verbrauch aufgrund der geringeren Energiedichte zu häufigeren Tankstopps [s161]. Ein praktischer Tipp für die Reichweitenplanung: Bei E85-Betrieb sollte man mit etwa 30% höherem Verbrauch kalkulieren. Für die langfristige Haltbarkeit des Systems ist eine regelmäßige Wartung unerlässlich. Dazu gehören die Kontrolle aller Kraftstoffleitungen auf Korrosion, die Reinigung der Einspritzventile und die Überprüfung der Kraftstofffilter. Ein praktischer Wartungstipp: Alle 20.000 km sollte eine gründliche Inspektion des gesamten Kraftstoffsystems erfolgen, um frühzeitig mögliche Schwachstellen zu erkennen. Die Flexibilität des Systems ist ein wichtiger Vorteil der Umrüstung. Modern umgerüstete Fahrzeuge können problemlos zwischen E85 und normalem Benzin wechseln [s166], was besonders bei längeren Reisen von Vorteil ist, wenn nicht überall E85-Tankstellen verfügbar sind. Die Steuerungselektronik erkennt dabei automatisch die Kraftstoffmischung und passt alle relevanten Parameter entsprechend an [s167].

Glossar

Flex-Fuel

Bezeichnet die Fähigkeit eines Fahrzeugs, mit verschiedenen Mischungsverhältnissen von Benzin und Ethanol betrieben werden zu können. Ursprünglich in Brasilien entwickelt, wo Ethanol-Kraftstoffe weit verbreitet sind.

Inline-Pumpe

Eine zusätzliche Kraftstoffpumpe, die in die Kraftstoffleitung zwischen Tank und Motor eingebaut wird. Dient zur Unterstützung der Hauptkraftstoffpumpe bei erhöhtem Kraftstoffbedarf.

Zusammenfassung - 2. 3. Kraftstoffsysteme

- Hochleistungseinspritzventile ermöglichen Durchflussraten von 300cc bis 1400cc für maximale Motorleistung
- Die Verwendung von zwei Sätzen kleinerer Einspritzventile optimiert die Kraftstoffzerstäubung besser als ein einzelnes großes Ventil
- Spezielle Flussbänke werden für die professionelle Kalibrierung der Einspritzventile eingesetzt
- Bei Leistungen über 500 PS muss die Kraftstoffversorgung präzise dimensioniert werden
- Kraftstoffleitungen sollten mindestens 9,5 mm Außendurchmesser haben um Engpässe zu vermeiden
- Standard-Kraftstoffdruckregler arbeiten mit 3,8 bar Basisdruck und erhöhen proportional zum Ladedruck
- Moderne Pumpentechnologie nutzt CFD-Simulationen für Effizienzsteigerungen
- Stage 2 Pumpen sind bei Turboumbauten über 500-600 PS unverzichtbar
- Der Rücklaufbanjo muss für mindestens 1,5 bar ausgelegt sein um Kavitation zu vermeiden
- Rücklauflose Systeme stoßen bei hohem Ladedruck an ihre Grenzen
- Ein PI-Kit reduziert den Stress auf Direkteinspritzdüsen bei E85-Betrieb
- E85 erfordert 30% höhere Einspritzmengen verglichen mit Benzin
- Flex-Fuel-Sensoren messen den Ethanolgehalt für automatische Motorparameteranpassung
- Duale Kraftstoffsysteme nutzen Benzin für Kaltstarts bevor auf E85 umgeschaltet wird

Rückblick - 2. Leistungsoptimierung

- Elektronische Steuergeräte werten bis zu 100 Mal pro Sekunde Sensordaten aus und regeln die Kraftstoffeinspritzung
- Der integrierte Klopfsensor passt die Zündung präventiv an, um Motorschäden zu vermeiden
- Twin-Scroll-Technologie verhindert durch getrennte Abgaskanäle, dass sich Abgasimpulse verschiedener Zylinder stören
- Zweistufige Turbolader-Systeme erreichen Ladedrücke bis zum 12-fachen des Atmosphärendrucks bei Wirkungsgraden über 75%
- Moderne Hochleistungseinspritzventile verfügen über optimierte interne Fließbahnen für präzise Kraftstoffzufuhr auch bei niedrigen Durchflussmengen
- Bei der Umrüstung auf E85 muss die Einspritzmenge um etwa 30% erhöht werden
- CFD-Simulationen und Optimierungsalgorithmen führen zu erheblichen Effizienzsteigerungen bei modernen Kraftstoffpumpen
- Rücklauflose Kraftstoffsysteme stoßen bei hohem Ladedruck an ihre Grenzen, weshalb sich Rücklaufsysteme mit 1-3 bar Basisdruck bewährt haben
- Die Druckregelung im Kraftstoffsystem erfolgt über ein komplexes Zusammenspiel von Sensoren, die kontinuierlich Lufttemperatur, Massenluftstrom und barometrischen Druck auswerten
- Während die Leistungsoptimierung des Motors nun abgeschlossen ist, wartet mit der Fahrwerksabstimmung die nächste spannende Herausforderung - denn was nützt die beste Motorleistung ohne optimalen Fahrbahnkontakt?

3. Fahrwerksmodifikationen

Das Fahrwerk eines Fahrzeugs - für viele nur eine Ansammlung von Federn, Dämpfern und Stabilisatoren. Doch was macht den Unterschied zwischen einem durchschnittlichen und einem perfekt abgestimmten Fahrwerk aus? Wie lässt sich die Balance zwischen Komfort und Sportlichkeit optimieren? Und welche technischen Innovationen ermöglichen heute Fahrwerksmodifikationen, die noch vor wenigen Jahren undenkbar waren? Die Abstimmung eines Fahrwerks gleicht einer Wissenschaft für sich. Während einige Faktoren wie Federraten und Dämpfereinstellungen mathematisch berechenbar sind, spielen auch subjektive Aspekte wie das gewünschte Fahrgefühl eine wichtige Rolle. Die Kunst liegt darin, alle Komponenten so aufeinander abzustimmen, dass sie als Einheit funktionieren. Von der einfachen Tieferlegung bis zum vollständig einstellbaren Gewindefahrwerk - die Möglichkeiten der Fahrwerksmodifikation sind heute vielfältiger denn je. Dieses Kapitel beleuchtet die technischen Grundlagen und zeigt auf, wie moderne Technologien das Potenzial klassischer Fahrwerkstechnik erweitern.

3. 1. Federungstechnik

Die Federungstechnik bildet das Fundament jeder Fahrwerksmodifikation und bestimmt maßgeblich die Fahreigenschaften eines Fahrzeugs. Doch welche Rolle spielen die einzelnen Komponenten im komplexen Zusammenspiel von Federn, Dämpfern und Stabilisatoren? Wie lässt sich das optimale Setup für den individuellen Einsatzzweck finden? Die technischen Möglichkeiten moderner Federungssysteme sind vielfältig - von konventionellen Sportfahrwerken bis hin zu elektronisch gesteuerten Adaptivdämpfern. Entscheidend ist dabei nicht nur die Wahl der richtigen Komponenten, sondern vor allem deren präzise Abstimmung aufeinander. Die Federrate, Dämpfercharakteristik und Fahrzeughöhe müssen als Gesamtsystem betrachtet werden, um das volle Potenzial einer Fahrwerksmodifikation auszuschöpfen. Die folgenden Abschnitte beleuchten die technischen Grundlagen und praktischen Aspekte der Federungstechnik - von der Basisabstimmung bis zur Feinoptimierung für maximale Performance.

> *„Moderne Sportfahrwerke ermöglichen eine Höhenverstellung von bis zu 70 mm, was sowohl optische als auch fahrdynamische Optimierung erlaubt.“*

3. 1. 1. Sportfahrwerke und ihre Komponenten

Sportfahrwerke bilden das Herzstück moderner Fahrzeugoptimierung und vereinen verschiedene Komponenten zu einem perfekt abgestimmten System. Die Grundlage eines jeden Sportfahrwerks bilden speziell entwickelte Fahrwerksfedern, die je nach Anforderung und Budget aus unterschiedlichen Materialien gefertigt werden [s168]. Während klassische Stahlfedern durch ihr ausgewogenes Verhältnis von Kosten und Nutzen überzeugen, kommen in High-Performance-Bereichen auch Titan- oder Verbundwerkstofffedern zum Einsatz, die sich durch geringeres Gewicht und höhere Korrosionsbeständigkeit auszeichnen.

Ein wesentlicher Aspekt moderner Sportfahrwerke ist ihre Anpassungsfähigkeit. Aktuelle Systeme ermöglichen eine Höhenverstellung von bis zu 70 mm, was sowohl eine optische als auch eine fahrdynamische Optimierung erlaubt [s169]. Bei der Installation sollte besonders auf die korrekte Abstimmung zwischen Federn und Dämpfern geachtet werden, da nur deren perfektes Zusammenspiel optimale Fahreigenschaften gewährleistet [s170]. Die Dämpfer spielen eine zentrale Rolle im Gesamtsystem und verfügen bei hochwertigen Sportfahrwerken über verschiedene Einstellmöglichkeiten. Moderne Systeme bieten eine Dual-Click Anpassung, die eine individuelle Abstimmung der Zug- und Druckstufe ermöglicht [s171]. Dies ist besonders wichtig für Fahrer, die ihr Fahrzeug sowohl im Alltag als auch auf der Rennstrecke nutzen möchten. Ein oft unterschätztes Element sind die Stabilisatoren, die maßgeblich das Kurvenverhalten beeinflussen. Je nach Ausstattungsvariante variieren die Durchmesser erheblich - von 24 mm bei Standardfahrwerken bis zu 27 mm bei Performance-Versionen vorne und 18 mm bis 21,5 mm hinten [s172]. Der Austausch von Stabilisatoren erfordert häufig das Entfernen des Unterrahmens, was den Einbau aufwendig und kostenintensiv macht [s170]. Die Gesamtperformance eines Sportfahrwerks wird durch weitere Komponenten wie Kugelgelenke, Sturzplatten und spezielle Gummibuchsen komplettiert [s173]. Bei der Auswahl dieser Komponenten sollte besonders auf Qualität und Kompatibilität geachtet werden. Ein praktischer Tipp: Vor dem Kauf eines Sportfahrwerks sollte man sich über die spezifischen Anforderungen des eigenen Fahrzeugs informieren und die Montage von einer Fachwerkstatt durchführen lassen. Performance-Fahrwerke bieten gegenüber Serienfahrwerken deutliche Vorteile durch reduzierte

Nickbewegungen und weniger Karosserieneigung [s174]. Besonders bei schnellen Lastwechseln und in Kurven macht sich dies durch ein direkteres Fahrgefühl bemerkbar. Bei der Abstimmung sollte jedoch immer ein Kompromiss zwischen Sportlichkeit und Alltagstauglichkeit gefunden werden. Die Installation eines Sportfahrwerks erfordert Sachkenntnis und präzise Arbeit. Wichtig ist dabei die korrekte Einstellung der Fahrzeughöhe unter Berücksichtigung der Mindestbodenfreiheit und die anschließende Überprüfung der Fahrwerksgeometrie. Nach der Montage empfiehlt sich eine Einfahrphase von etwa 1000 Kilometern, während der sich alle Komponenten optimal aufeinander einspielen können. Moderne Sportfahrwerke bieten durch ihre vielfältigen Einstellmöglichkeiten eine hohe Flexibilität für unterschiedliche Nutzungsszenarien [s169]. Die Entwicklung dieser Systeme basiert auf umfangreichen Fahrtests und kontinuierlicher Verfeinerung der Komponenten. Ein wichtiger praktischer Hinweis: Regelmäßige Wartung und Kontrolle aller Fahrwerkskomponenten ist essentiell für dauerhafte Leistungsfähigkeit und Sicherheit. Die Wahl des richtigen Sportfahrwerks hängt von verschiedenen Faktoren ab, wie dem gewünschten Einsatzbereich, dem verfügbaren Budget und den technischen Möglichkeiten des Fahrzeugs. Eine sorgfältige Planung und professionelle Beratung vor dem Kauf können spätere Enttäuschungen vermeiden und gewährleisten optimale Fahreigenschaften für den individuellen Einsatzzweck.

Dämpfer [i12]

Glossar

Dual-Click
Ein mechanisches Einstellsystem mit rastenden Positionen, das durch hörbares Klicken die gewählte Einstellung bestätigt und präzise Abstimmungen ermöglicht

Nickbewegung
Die Auf- und Abbewegung der Fahrzeugfront beim Beschleunigen und Bremsen, die das Fahrverhalten und den Komfort beeinflusst

Sturzplatte
Spezielle Metallplatten zur Anpassung des Radsturzes, die zwischen Federbein und Karosserie montiert werden und eine feinere Einstellung der Radgeometrie ermöglichen

3. 1. 2. Dämpferabstimmung und Setups

Die Dämpferabstimmung ist ein komplexer Prozess, der entscheidend für das Fahrverhalten eines Fahrzeugs ist. Moderne Systeme bieten verschiedene Einstellmöglichkeiten, die sowohl manuell als auch elektronisch gesteuert werden können [s175]. Ein grundlegendes Verständnis der Dämpfercharakteristik ist dabei essentiell: Die Dämpfungskraft verhält sich proportional zur Bewegungsgeschwindigkeit, wobei die Kräfte in Kompression und Rückfederung unterschiedlich ausfallen [s176]. Bei der Abstimmung eines Fahrwerks sollte systematisch vorgegangen werden. Zunächst empfiehlt es sich, die Dämpfer auf einem Prüfstand zu testen, um ihre Grundfunktion und gleichmäßige Dämpfungskräfte sicherzustellen. Die eigentliche Abstimmung erfolgt dann in vier Phasen: Zunächst wird die Balance der niedrigen Frequenzen eingestellt, gefolgt von der Kontrolle der Räder über Unebenheiten, der Grundhandhabung und schließlich der Feinabstimmung der Rückprall- und Kompressionseinstellungen [s176]. Moderne Fahrzeuge verfügen häufig über eine Elektronische Dämpferregelung (EDC), die kontinuierlich die Dämpfungskräfte an die Fahrsituation anpasst [s177]. Diese Systeme arbeiten mit verschiedenen Sensoren und können in Echtzeit reagieren. Ein praktischer Tipp für die Grundeinstellung: Den Einstellknopf zunächst in die Mittelposition bringen und dann schrittweise nach persönlicher Präferenz anpassen [s178]. Die Dämpferabstimmung sollte immer im Zusammenhang mit der gesamten Fahrwerksgeometrie betrachtet werden. Für Rennfahrzeuge werden spezifische Dämpfungsverhältnisse empfohlen: 0,5-0,7 für die gesprungene Masse und 0,3-0,5 für die ungesprungene Masse [s176]. Bei der Abstimmung ist es wichtig, dass die Körperneigung beim Ein- und Auslenken symmetrisch ist, was zu einem vorhersagbareren Fahrverhalten führt [s179]. Moderne adaptive Federungssysteme bieten meist verschiedene vorprogrammierte Modi wie Komfort, Sport und Sport+ [s180]. Im Komfortmodus wird eine sanftere Dämpfung gewählt, die besonders auf schlechten Straßen von Vorteil ist. Der Sportmodus reduziert die Dämpfung für direkteren Straßenkontakt, während Sport+ für maximale Fahrdynamik auf ebenen Straßen und Rennstrecken optimiert ist [s180]. Ein wichtiger praktischer Aspekt bei der Dämpferabstimmung ist die Berücksichtigung der Fahrbedingungen. Weichere Dämpfereinstellungen verbessern das Handling auf unebenen Straßen [s179], während härtere Einstellungen bei hohen Geschwindigkeiten und auf glatten Strecken vorteilhaft sind. Die EDC-Steuereinheit optimiert dabei kontinuierlich die vertikale Fahrzeugbewegung für maximalen Fahrkomfort [s177]. Bei der Auswahl und dem Austausch von Dämpfern müssen verschiedene Faktoren wie Länge, interne Komponenten und Geometrie berücksichtigt werden [s178]. Ein praktischer Tipp: Vor dem Austausch sollten alle Spezifikationen sorgfältig geprüft und mit den Originalteilen verglichen werden. Moderne Fahrzeuge bieten zunehmend die Möglichkeit, die Dämpfercharakteristik über spezielle Software anzupassen [s175]. Dies ermöglicht eine individuelle Abstimmung ohne mechanische Änderungen. Die Unterschiede zwischen den verschiedenen Modi sind dabei nicht immer sofort spürbar, zeigen sich aber deutlich in anspruchsvollen Fahrsituationen [s177]. Die mathematische Modellierung der Dämpfercharakteristik zeigt einen überwiegend linearen Trend [s181], was bei der Abstimmung berücksichtigt werden sollte. Für die optimale Einstellung empfiehlt es sich, systematisch vorzugehen und die Änderungen in kleinen Schritten vorzunehmen, um deren Auswirkungen genau beurteilen zu können.

Glossar

EDC

Elektronische Dämpfer Control - Ein computergesteuertes System zur automatischen Anpassung der Stoßdämpfer-Eigenschaften während der Fahrt

3. 1. 3. Federn und Federraten

Die Wahl der richtigen Federraten ist entscheidend für das Fahrverhalten eines Fahrzeugs und muss sorgfältig auf den jeweiligen Einsatzzweck abgestimmt werden. Für Alltagsfahrzeuge haben sich Federraten zwischen 160 und 200 lb/in (Pfund pro Zoll) an der Vorderachse und 300 bis 350 lb/in an der Hinterachse bewährt [s182]. Eine häufig verwendete Kombination für den Mix aus Straßenverkehr und gelegentlichen sportlichen Einsätzen liegt bei 200 lb/in vorne und 250 lb/in hinten. Die Berechnung der optimalen Federrate folgt dabei einer grundlegenden Formel: Das Gewicht über der jeweiligen Achse wird durch zwei geteilt und mit dem entsprechenden Verteilungsfaktor multipliziert [s183]. Zusätzlich kann die Federrate auch über die Formel $K= (Hz^2M)/19.56$ ermittelt werden, wobei K die Federrate in Pfund und M das Achsgewicht darstellt. Für die Fahrdynamik ist das Verhältnis zwischen Vorder- und Hinterachsfederung von besonderer Bedeutung. Idealerweise sollten die Radfederraten hinten höher sein als vorne, um das Nickverhalten über Unebenheiten zu optimieren [s184]. Dies trägt zu einer "flachen Fahrt" bei, die von vielen Fahrern geschätzt wird. Allerdings weisen viele handelsübliche Gewindefahrwerke tatsächlich höhere Raten an der Vorderachse auf. Ein konkretes Beispiel für sportlichere Abstimmungen sind Federraten von 400 lb/in vorne und 672 lb/in hinten, wobei für bessere Straßentauglichkeit auch eine Kombination von 350 lb/in vorne und 600 lb/in hinten empfohlen wird [s185]. Bei der Wahl der Federraten muss auch die Reifenkonfiguration berücksichtigt werden, da weichere Reifen eine andere Abstimmung erfordern als härtere [s186]. Die Federfrequenz spielt eine wichtige Rolle bei der Bestimmung der optimalen Federhärte. Als Richtwert gilt eine Frequenz von 2,2 Hz für die Vorderachse und 2,5 Hz für die Hinterachse [s187]. Diese Werte haben sich in der Praxis als guter Kompromiss zwischen Handling und Komfort erwiesen. Eine kostengünstige, aber nicht unbedingt empfehlenswerte Methode zur Fahrzeugtieferlegung ist das Schneiden von Federn [s188]. Hierbei ist äußerste Vorsicht geboten, da übermäßiges Kürzen zu Schäden am Fahrwerk führen kann. Progressive Federn sollten grundsätzlich nicht geschnitten werden, da dies ihre charakteristische Kennlinie zerstört. Bei der Montage von Ersatzfedern ist besonders auf die korrekte Sicherung zu achten. Ein praktisches Problem tritt auf, wenn die Federn bei voller Ausfederung den gewindelosen Sitz nicht berühren [s189]. Eine bewährte Lösung ist die Verwendung von Aluminiumkreisen mit Bolzen zur zusätzlichen Federsicherung. Die Gesamtfederkonstante eines Fahrzeugs ergibt sich aus dem Zusammenspiel von Federn und Stabilisatoren. Die Federkonstante des Stabilisators wird mit dem Bewegungsverhältnis multipliziert und beeinflusst die effektive Radfederung [s187]. Diese Wechselwirkung muss bei der Abstimmung des Gesamtsystems berücksichtigt werden. Ein starrer Federaufbau kann das natürliche Über- oder Untersteuern eines Fahrzeugs deutlich beeinflussen [s190]. Die Bewegungsverhältnisse zwischen den Achsen sind dabei entscheidend für die resultierende Radfederhärte und damit für das Fahrverhalten. Für die optimale Abstimmung empfiehlt es sich, schrittweise vorzugehen und die Auswirkungen jeder Änderung sorgfältig zu evaluieren.

Glossar

Federfrequenz
Anzahl der Schwingungen pro Sekunde, die ein Fahrzeug nach einer Anregung ausführt, gemessen in Hertz (Hz)

Federkonstante
Physikalische Größe, die das lineare Verhältnis zwischen der auf eine Feder wirkenden Kraft und ihrer Verformung beschreibt

Federrate
Maß für die Steifigkeit einer Feder, das angibt, wie viel Kraft benötigt wird, um die Feder um eine bestimmte Länge zusammenzudrücken

Nickverhalten
Beschreibt die Auf- und Abbewegung der Karosserie um die Querachse des Fahrzeugs bei Beschleunigung und Bremsung

3. 1. 4. Höhenverstellbare Systeme

Höhenverstellbare Systeme haben sich in der modernen Fahrwerktechnik als vielseitige Lösung für individuelle Fahrzeuganpassungen etabliert. Sie ermöglichen eine präzise Kontrolle über die Fahrzeughöhe und bieten dabei verschiedene technische Ansätze. Die Systeme unterscheiden sich grundsätzlich in zwei Hauptkategorien: die "Vollständig einstellbare Art" mit kompletter Dämpferanpassung und die "Gewindeart", bei der die Höhe durch Verstellung des Federhalters fixiert wird [s191]. Bei der Höheneinstellung ist die korrekte Vorgehensweise entscheidend für optimale Fahreigenschaften. Experten empfehlen, die Anpassung immer von der Federbasis aus vorzunehmen, statt die untere Halterung zu verstellen [s192]. Ein praktischer Tipp für die Montage: Beginnen Sie die Einstellung auf einer Fahrzeugseite und übertragen Sie die exakten Maße dann auf die andere Seite, um Zeit zu sparen und Symmetrie zu gewährleisten [s193]. Die Konstruktion moderner Systeme basiert häufig auf einem Mehrrillendesign, das verschiedene Positionen des Federhalters ermöglicht. Dies gewährleistet einen flexiblen Höheneinstellbereich bei gleichzeitiger Nutzung der serienmäßigen Schraubenfedern und Befestigungselemente [s194]. Besonders fortschrittlich sind Systeme mit separater Höhen- und Vorspannungseinstellung, wobei zu beachten ist, dass diese oft weniger Gesamtfederweg bieten als konventionelle Systeme [s195]. Die Dämpfungscharakteristik spielt eine zentrale Rolle. Hochwertige Systeme verfügen über einen Aluminiumknopf mit 10 verschiedenen Einstellpositionen, die auch nach der Installation noch angepasst werden können [s196]. Die patentierte Dämpfungstechnologie reagiert unmittelbar auf wechselnde Fahrbahnbedingungen und gewährleistet so eine stabile, kontrollierte Fahrt [s194]. Ein wichtiger praktischer Aspekt bei der Installation ist die korrekte Vorspannung der Federn. Diese werden bereits werksseitig vorgespannt geliefert, wobei darauf zu achten ist, die Feder nicht zu stark zu komprimieren, um unerwünschte Änderungen der Federhärte zu vermeiden [s193]. Bei der Höhenverstellung sollte man immer vom unteren Sperrring aus arbeiten, um den verfügbaren Federweg nicht zu beeinträchtigen. Für die Feinabstimmung der Fahrzeuggeometrie ist nach jeder Höhenänderung eine neue Achsvermessung erforderlich [s197]. Dies verursacht zwar zusätzliche Kosten, ist aber für die Fahrsicherheit und optimale Fahreigenschaften unerlässlich. Bei der Sturzeinstellung müssen die unteren Stützböcke und die oberen Bolzen der Sturzplatte gelockert werden, um die gewünschte Position einzustellen [s193]. Alternative Systeme wie Luftfederungen bieten den Vorteil der Höhenverstellung während der Fahrt, erreichen aber nicht immer die Leistungsfähigkeit konventioneller Systeme [s197]. Bei der Wahl des Systems sollte man daher sorgfältig zwischen Komfort, Leistung und Anpassungsfähigkeit abwägen. Die Einstellung der Rückfederung ermöglicht eine präzise Abstimmung für verschiedene Einsatzzwecke - von der Rennstrecke bis zum Alltagsverkehr - ohne dabei Komfort oder Handling zu beeinträchtigen [s198]. Ein praktischer Hinweis: Überprüfen Sie nach der Installation das System durch vollständiges Ein- und Ausfedern, um sicherzustellen, dass keine Komponenten aneinander reiben [s195].

Zusammenfassung - 3. 1. Federungstechnik

- Sportfahrwerke ermöglichen Höhenverstellungen bis zu 70mm für optimale Fahrdynamik
- Stabilisatordurchmesser variieren von 24mm bis 27mm vorne und 18mm bis 21,5mm hinten bei Performance-Versionen
- Moderne Dämpfer bieten Dual-Click Anpassung für separate Zug- und Druckstufeneinstellung
- Die Dämpfungskraft verhält sich proportional zur Bewegungsgeschwindigkeit mit unterschiedlichen Kräften in Kompression und Rückfederung
- Empfohlene Dämpfungsverhältnisse für Rennfahrzeuge: 0,5-0,7 für gesprungene und 0,3-0,5 für ungesprungene Masse
- Typische Federraten liegen zwischen 160-200 lb/in vorne und 300-350 lb/in hinten bei Alltagsfahrzeugen
- Sportliche Abstimmungen verwenden Federraten von 400 lb/in vorne und 672 lb/in hinten
- Optimale Federfrequenzen betragen 2,2 Hz an der Vorderachse und 2,5 Hz an der Hinterachse
- Die Federkonstante wird durch das Zusammenspiel von Federn und Stabilisatoren bestimmt und mit dem Bewegungsverhältnis multipliziert
- Hochwertige höhenverstellbare Systeme verfügen über 10-stufige Dämpfereinstellung aus Aluminium

3. 2. Bremssysteme

Die Bremse - sie entscheidet nicht nur über unsere Sicherheit, sondern auch maßgeblich über die Leistungsfähigkeit eines Fahrzeugs. Doch was macht ein wirklich gutes Bremssystem aus? Wie lässt sich die Bremsleistung optimal an die eigenen Bedürfnisse anpassen? Und welche Rolle spielen dabei moderne Materialien und Kühlkonzepte? Die Entwicklung moderner Bremssysteme hat in den letzten Jahren enorme Fortschritte gemacht. Von hochleistungsfähigen Carbon-Keramik-Bremsscheiben bis hin zu innovativen Kühlungslösungen - die Möglichkeiten zur Optimierung sind vielfältig. Dabei geht es längst nicht mehr nur um maximale Verzögerung, sondern auch um Aspekte wie Gewichtsreduktion, Langlebigkeit und Umweltverträglichkeit. Die richtige Abstimmung eines Bremssystems erfordert fundiertes Wissen über das Zusammenspiel aller Komponenten. Von der Wahl der Bremsscheiben über die Auswahl passender Bremsbeläge bis zur effektiven Kühlung - jedes Detail beeinflusst die Gesamtleistung. Die folgenden Abschnitte zeigen, worauf es bei der Optimierung des Bremssystems wirklich ankommt.

> *„Bei intensiver Nutzung können Bremsen Temperaturen von bis zu 1.000°C erreichen.“*

3. 2. 1. Hochleistungsbremsscheiben

Hochleistungsbremsscheiben sind zentrale Komponenten moderner Bremssysteme und spielen eine entscheidende Rolle für Sicherheit und Performance. Sie unterscheiden sich von konventionellen Bremsscheiben durch ihre speziellen Materialien, innovative Konstruktionen und überlegene Wärmeableitung [s199]. Die neueste Generation von Hochleistungsbremsscheiben ist bemerkenswert leicht - bis zu 42% leichter als herkömmliche Gusseisenrotoren. Dabei erreichen sie eine Bremsleistung, die mit deutlich teureren Carbon-Keramik-Systemen vergleichbar ist [s200]. Ein praktisches Beispiel: Bei einem 1.800 kg schweren Fahrzeug bedeutet diese Gewichtsreduktion eine Verringerung der ungefederten Massen um etwa 12-15 kg, was sich positiv auf Handling und Fahrverhalten auswirkt. Moderne Hochleistungsbremsscheiben verfügen über ausgeklügelte Kühlsysteme. Kleine Finnen ziehen Luft an und leiten sie über die Bremsoberfläche. Zusätzliche Rillen in den Bremsoberflächen vergrößern die für Luftkühlung verfügbare Fläche um mehr als 30% [s200]. Bei der Auswahl sollten Fahrer beachten: Je häufiger starke Bremsmanöver erfolgen, desto wichtiger wird eine effiziente Kühlung. Für gelegentliche Trackday-Fahrer empfiehlt sich mindestens eine zweiteilige Bremsscheibe mit optimierter Belüftung. Die Materialwahl spielt eine entscheidende Rolle: Carbon-Keramik-Bremsscheiben, wie sie in Hochleistungsfahrzeugen zum Einsatz kommen, bieten dank kontinuierlicher Faserbauweise eine überlegene Temperaturbeständigkeit und längere Lebensdauer im Vergleich zu konventionellen Bremsscheiben [s201]. Ein praktischer Tipp: Wer hauptsächlich im Stadtverkehr unterwegs ist, sollte bedenken, dass Carbon-Keramik-Bremsen erst bei höheren Temperaturen ihre optimale Wirkung entfalten. Innovative Beschichtungstechnologien erweitern das Leistungsspektrum weiter. Zinkbeschichtete Rotoren verbessern die Bremsleistung durch optimierte Oberflächeneigenschaften [s202]. Bei beschichteten Aluminium-Bremsscheiben zeigt sich das Potenzial, traditionelle Gussstahl-Bremsscheiben zu ersetzen - sie bieten hohe Reibungskoeffizienten und exzellente Verschleißfestigkeit auch unter extremer Belastung [s203]. Ein wichtiger Aspekt ist das Zusammenspiel mit den Bremsbelägen. Semi-metallische Beläge mit 30-70% Metallanteil eignen sich für ein breites Einsatzspektrum vom Alltag bis zur Rennstrecke. Keramische Beläge punkten mit geringerer Geräuschentwicklung und weniger Bremsstaub, sind aber bei extremen Bedingungen nicht erste Wahl

[s204]. Für Trackday-Enthusiasten empfiehlt sich: Wählen Sie Beläge, die auch bei hohen Temperaturen stabil bleiben [s205]. Die Entwicklung geht kontinuierlich weiter, wie Beispiele aus dem Motorsport zeigen. In der Formel 1 kommen Kohlenstoffscheiben mit Aluminium-Sechskolben-Bremssätteln zum Einsatz. Die Anzahl der Kühlöffnungen wurde von 100 (2005) auf etwa 1500 (2019) erhöht [s206]. Diese Entwicklungen fließen oft in Serie ein. Ein häufiges Problem bei intensiver Nutzung ist das Bremsfading - wenn Bremsbeläge überhitzen und die Bremskraft nachlässt [s203]. Moderne Hochleistungsbremsscheiben begegnen diesem durch verbesserte Wärmeableitung. Aluminiumlegierungen spielen dabei eine wichtige Rolle: Ihre hohe Wärmeleitfähigkeit reduziert das Fading-Risiko deutlich [s203]. Für die Praxis bedeutet dies: Die Wahl der richtigen Hochleistungsbremsscheibe hängt vom Fahrzeuggewicht und Einsatzzweck ab [s199]. Sportliche Fahrer sollten auf ausreichende Dimensionierung und effektive Kühlung achten. Ein weiterer Praxistipp: Regelmäßige Sichtprüfungen auf Risse oder ungleichmäßigen Verschleiß sind essentiell für die Sicherheit. Die Umweltaspekte gewinnen zunehmend an Bedeutung. Neue Leichtbaukonzepte reduzieren das Gewicht um 10-15% und verbessern die Umweltbilanz [s207]. Zusätzlich helfen spezielle Beschichtungen, die Emission von toxischen Nanopartikeln zu reduzieren [s200].

Glossar

Bremsfading

Ein physikalischer Effekt bei dem durch zu hohe Hitzeentwicklung die Reibung zwischen Bremsbelag und Bremsscheibe stark abnimmt, was zu einem gefährlichen Versagen der Bremswirkung führen kann.

Carbon-Keramik

Ein hochfester Verbundwerkstoff aus Kohlenstofffasern und Keramik, der sich durch extreme Hitzebeständigkeit (bis zu 1600°C) und sehr geringes Gewicht auszeichnet.

ungefederte Masse

Alle Fahrzeugteile, die sich zwischen Straße und Fahrzeugfederung befinden, wie Räder, Bremsen und Radaufhängungen. Je geringer diese sind, desto besser ist das Fahrverhalten.

3. 2. 2. Bremsbeläge und Materialien

Die Wahl der richtigen Bremsbeläge und ihrer Materialien ist entscheidend für Sicherheit und Leistung eines Fahrzeugs. Dabei stehen heute drei Haupttypen zur Verfügung: organische, keramische und semi-metallische Bremsbeläge [s208]. Jede Variante bietet spezifische Vor- und Nachteile, die je nach Einsatzzweck sorgfältig abgewogen werden sollten.

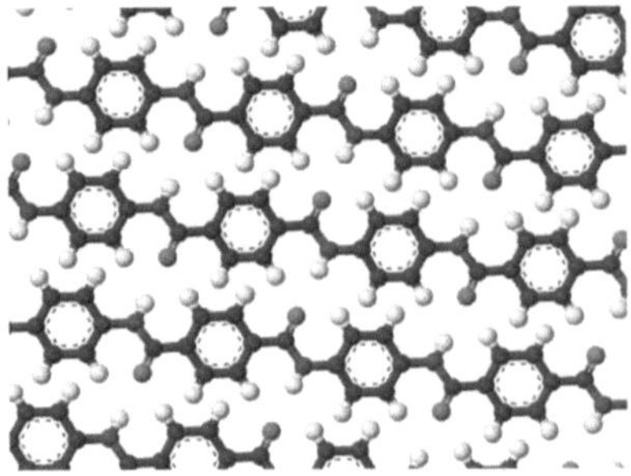

Kevlar [i13]

Organische Bremsbeläge, die aus einer komplexen Mischung von Fasern wie Gummi, Kohlenstoffverbindungen, Glas, Fiberglas und Kevlar bestehen, eignen sich besonders für den normalen Straßenverkehr. Sie überzeugen durch geringere Geräuschentwicklung und weniger Bremsstaub [s208]. Ein praktischer Tipp für Alltagsfahrer: Organische Beläge sind die beste Wahl für moderates Fahrverhalten und städtischen Verkehr, da sie in diesem Temperaturbereich optimal arbeiten. Keramische Bremsbeläge haben sich als Premium-Option etabliert. Sie zeichnen sich durch höhere Dichte und Haltbarkeit aus. Die integrierten feinen Kupferfasern verbessern sowohl Reibung als auch Wärmeleitfähigkeit [s208]. Allerdings steht die Verwendung von Kupfer zunehmend in der Kritik: Beim Verschleiß gelangt kupferhaltiger Bremsstaub in die Umwelt und schädigt besonders aquatische Ökosysteme [s209]. Für umweltbewusste Fahrer empfiehlt sich daher, nach kupferfreien Alternativen zu suchen. Semi-metallische Bremsbeläge bieten höchste Leistung, erkaufen dies aber mit stärkerer Geräuschentwicklung und erhöhtem Verschleiß der Bremsscheiben [s208]. Premium-Varianten dieser Kategorie überzeugen durch Korrosionsbeständigkeit und lange Haltbarkeit [s210]. Ein wichtiger Praxistipp für sportliche Fahrer: Bei häufigen Hochgeschwindigkeitsbremsungen sind semi-metallische Beläge trotz der Nachteile erste Wahl. Besonders interessant für den Motorsportbereich sind spezielle Rennverbindungen mit hohem Anteil keramischer Materialien. Diese optimieren nicht nur Grip und Bremsmodulation, sondern bieten auch überlegene thermische Eigenschaften [s211]. Ein innovatives duales Haltesystem mit Klebeverbund und geschweißten Messingstiften sorgt für maximale Sicherheit [s211]. Trackday-Enthusiasten sollten beachten: Diese High-Performance-Beläge entfalten ihr volles Potenzial erst bei höheren Temperaturen. Die Verfügbarkeit hochwertiger Bremsbeläge ist heute kein Problem mehr - für über 97% aller Fahrzeuge in Europa sind passende Beläge erhältlich [s212]. Allerdings warnen Experten vor minderwertigen Nachahmungsprodukten, die zu beschleunigtem Verschleiß der Bremsscheiben führen können [s213]. Ein wichtiger Hinweis für preisbewusste Käufer: Auch bei vermeintlich günstigen Angeboten sollte man auf zertifizierte Qualitätsprodukte setzen. Für die optimale Bremsleistung ist die Materialwahl des Reibbelags entscheidend. Moderne nicht-asbesthaltige organische Beläge mit mittlerem Reibungskoeffizienten haben sich als Standard in Scheibenbremssystemen etabliert [s213]. Bei der Auswahl sollten Fahrer ihr typisches Nutzungsprofil berücksichtigen: Stadtfahrer fahren mit organischen Belägen am besten, während Vielfahrer mit häufigen Autobahnfahrten von semi-metallischen Belägen profitieren. Die kontinuierliche Weiterentwicklung der Bremstechnologie führt zu immer effizienteren und umweltfreundlicheren Lösungen. Besonders die Reduzierung schädlicher Emissionen steht im Fokus der Entwicklung. Ein Praxistipp für umweltbewusste Fahrer: Achten Sie beim Kauf auf Umweltzertifizierungen und fragen Sie gezielt nach kupferfreien Alternativen.

Glossar

Fiberglas
Ein aus geschmolzenem Glas gesponnenes Material, das in Form dünner Fasern als Verstärkungsmaterial verwendet wird

Kevlar
Ein hochfestes synthetisches Fasermaterial aus der Gruppe der Aramide, das sich durch extreme Zugfestigkeit und Hitzebeständigkeit auszeichnet

Trackday
Eine organisierte Veranstaltung auf einer Rennstrecke, bei der Privatfahrer ihre Fahrzeuge unter sicheren Bedingungen an die Leistungsgrenze bringen können

3. 2. 3. Bremsenkühlung

Die effektive Kühlung von Bremssystemen ist für die Leistungsfähigkeit und Sicherheit moderner Fahrzeuge von entscheidender Bedeutung. Bei intensiver Nutzung können Bremsen Temperaturen von bis zu 1.000°C erreichen [s214], was die Notwendigkeit ausgeklügelter Kühlkonzepte unterstreicht. Die Grundfunktion der Bremsen besteht darin, Rotationsenergie in Wärmeenergie umzuwandeln, die dann an die Umgebung abgegeben werden muss [s215].

Bremsscheibe [i14]

Moderne Bremsscheiben verfügen über eine interne Geometrie, die wie eine Pumpe funktioniert. Sie saugt Luft an und leitet sie durch Kühlkanäle, wobei die Effizienz der Wärmeabfuhr stark von der Strömungsführung abhängt. Turbulente Strömungen ermöglichen dabei eine bessere Wärmeaufnahme als laminare [s216]. Ein praktischer Tipp für Tuning-Enthusiasten: Die Installation von Thermometern zur Überwachung der Bremsentemperaturen kann helfen, die Wirksamkeit von Kühlungsmodifikationen zu bewerten [s217]. Die Luftführung spielt eine zentrale Rolle bei der Bremsenkühlung. Besonders bei Kurzstrecken-Rennwagen ist eine ausreichende Luftzufuhr zu den vorderen Bremsen essentiell [s218]. Dabei gilt die Faustregel: Je direkter und kürzer der Luftweg, desto besser die Kühlwirkung. Für ein durchschnittliches Rennfahrzeug hat sich ein 3-Zoll-Luftkanal als guter Ausgangspunkt erwiesen [s219]. Die Luftkanäle sollten dabei von einer sauberen, kalten Quelle an der Fahrzeugfront gespeist werden. Innovative Entwicklungen im Bereich der Bremsenkühlung umfassen den Einsatz von speziellen Inline-Lüftern. Diese sind nicht nur extrem leicht, sondern wurden auch für höchste Zuverlässigkeit entwickelt. Tests haben gezeigt, dass sie selbst nach 80 Stunden Dauerbetrieb bei 160°C keine Leistungseinbußen zeigen [s220]. Für Trackday-Enthusiasten ein wichtiger Hinweis: Ein gut konzipiertes Luftkühlungssystem macht eine aufwendige Wasserkühlung überflüssig. Die Optimierung der

Bremsenkühlung durch cfd (Computational Fluid Dynamics) hat in den letzten Jahren große Fortschritte gemacht [s214]. Diese Technologie ermöglicht es, Luftströme und Belüftungslöcher präzise zu analysieren und zu optimieren. Für ambitionierte Hobbyschrauber gibt es auch die Möglichkeit, selbst entwickelte Luftkanäle zu installieren - eine kostengünstige Alternative zu umfangreichen Fahrzeugmodifikationen [s221]. Ein wichtiger Praxistipp für alle, die ihr Fahrzeug aufrüsten möchten: Die Verbesserung der Bremsenkühlung sollte eines der ersten Upgrades sein, unabhängig vom Einsatzzweck des Fahrzeugs [s215]. Dies gilt sowohl für Rennfahrzeuge als auch für Straßenfahrzeuge oder Zugfahrzeuge. Die optimierte Kühlung verhindert Überhitzung und potenzielle Ausfälle, was die Zuverlässigkeit des gesamten Bremssystems deutlich erhöht [s222]. Für die praktische Umsetzung empfiehlt sich folgende Vorgehensweise: Zunächst sollte die Position der Luftansaugöffnungen evaluiert werden, um den Luftstrom zu den Bremsen zu maximieren [s218]. Dabei ist zu beachten, dass jede Biegung im Luftkanal den Durchfluss reduziert. Die Installation von Inline-Lüftern kann besonders unter Rennbedingungen den Luftstrom zusätzlich verbessern.

Zusammenfassung - 3. 2. Bremssysteme

- Hochleistungsbremsscheiben erreichen bis zu 42% Gewichtsreduktion gegenüber konventionellen Gusseisenrotoren
- Bei einem 1.800 kg Fahrzeug reduzieren optimierte Bremsscheiben die ungefederten Massen um 12-15 kg
- Moderne Kühlfinnen und Rillen vergrößern die Luftkühlungsfläche um über 30%
- Die Anzahl der Kühlöffnungen in F1-Bremsscheiben stieg von 100 (2005) auf etwa 1500 (2019)
- Semi-metallische Bremsbeläge enthalten 30-70% Metallanteil für breites Einsatzspektrum
- Neue Leichtbaukonzepte reduzieren das Bremsscheibengewicht um weitere 10-15%
- Über 97% aller Fahrzeuge in Europa haben Zugang zu hochwertigen Bremsbelägen
- Bremstemperaturen können bis zu 1.000°C erreichen
- Ein 3-Zoll-Luftkanal hat sich als optimaler Standard für Rennfahrzeuge etabliert
- Spezielle Inline-Lüfter zeigen selbst nach 80 Stunden bei 160°C keine Leistungseinbußen
- Turbulente Strömungen ermöglichen bessere Wärmeabfuhr als laminare Strömungen in Kühlkanälen
- Integrierte Kupferfasern in keramischen Bremsbelägen verbessern Reibung und Wärmeleitfähigkeit

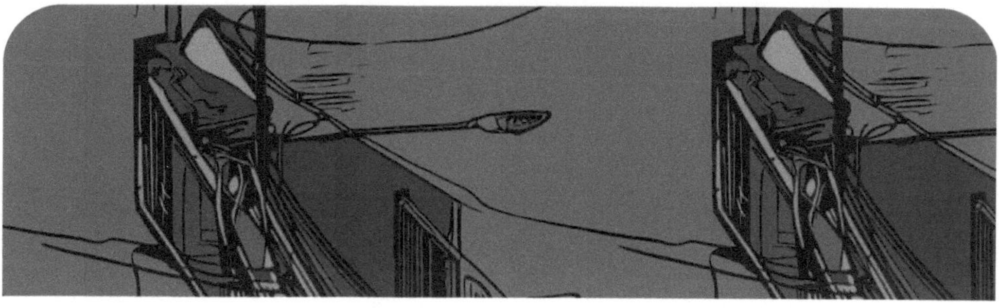

3. 3. Räder und Reifen

Wie stark beeinflussen Räder und Reifen tatsächlich die Fahrdynamik eines Fahrzeugs? Welche Rolle spielen moderne Materialien und Konstruktionsmethoden bei der Entwicklung von Felgen? Und welchen Einfluss haben Reifendimensionen und Spurweiten auf Handling und Sicherheit? Die Wahl der richtigen Räder und Reifen gehört zu den grundlegendsten und gleichzeitig komplexesten Entscheidungen bei der Fahrzeugoptimierung. Als einzige Verbindung zwischen Fahrzeug und Straße übertragen sie nicht nur Antriebs- und Bremskräfte, sondern bestimmen maßgeblich Fahrverhalten, Komfort und Sicherheit. Moderne Entwicklungen in der Felgenkonstruktion, innovative Reifentechnologien und präzise Abstimmungsmöglichkeiten eröffnen dabei völlig neue Perspektiven für die gezielte Optimierung der Fahreigenschaften. Die folgenden Abschnitte beleuchten detailliert die technischen Grundlagen und praktischen Aspekte der Rad- und Reifenmodifikation - von der Materialauswahl bei Felgen über die optimale Dimensionierung der Reifen bis hin zu elektronischen Überwachungssystemen.

> *„Magnesiumfelgen sind 30-40% leichter als herkömmliche Stahl- oder Aluminiumfelgen bei vergleichbarer mechanischer Festigkeit.“*

3. 3. 1. Felgenmaterialien und Konstruktion

Bei der Konstruktion moderner Felgen stehen drei zentrale Aspekte im Fokus: Gewicht, Steifigkeit und Festigkeit [s223]. Diese Eigenschaften müssen perfekt aufeinander abgestimmt sein, um optimale Fahreigenschaften zu gewährleisten. Dabei spielt die Materialwahl eine entscheidende Rolle. Die am häufigsten verwendeten Materialien sind verschiedene Metalllegierungen und zunehmend auch Verbundwerkstoffe [s224]. Besonders Magnesiumlegierungen haben sich als vielversprechend erwiesen, da sie 30-40% leichter sind als herkömmliche Stahl- oder Aluminiumfelgen bei vergleichbarer mechanischer Festigkeit [s225]. Ein praktisches Beispiel: Eine 18-Zoll Magnesiumfelge wiegt oft nur 8-9 kg, während eine vergleichbare Stahlfelge bis zu 13 kg auf die Waage bringt. Bei der Konstruktion wird besonderes Augenmerk auf die Steifigkeit gelegt, da sie maßgeblich die Fahrdynamik beeinflusst [s223]. Eine steife Felge verhindert unerwünschte Verformungen während der Fahrt und gewährleistet eine präzise Kraftübertragung zwischen Reifen und Fahrwerk. Moderne Entwicklungsmethoden wie die Finite-Elemente-Analyse ermöglichen es, die strukturelle Integrität bereits in der Designphase zu optimieren [s226]. Ein bedeutender Fortschritt in der Felgentechnologie sind Carbonfelgen. Diese verwenden spezielle Layup-Techniken, bei denen verschiedene Kohlefasergewebe kombiniert werden [s227]. Besonders interessant für Tuning-Enthusiasten: Die anfälligsten Bereiche werden durch zusätzliche Materialstärke und optimierte Faserorientierung geschützt. Ein praktischer Tipp für Interessenten: Achten Sie bei Carbonfelgen besonders auf Qualitätszertifikate und Herstellergarantien, da die Produktionsqualität hier besonders wichtig ist. Die Konstruktion moderner Felgen besteht grundsätzlich aus zwei Hauptkomponenten: der eigentlichen Felge und der Radnabe [s228]. Bei der Materialauswahl für diese Komponenten müssen verschiedene Faktoren berücksichtigt werden. Aluminiumlegierungen beispielsweise bieten eine exzellente Wärmeleitfähigkeit, was besonders bei sportlicher Fahrweise von Vorteil ist, da die Bremsenwärme besser abgeführt wird [s229]. Magnesiumfelgen werden häufig im Druckgussverfahren hergestellt, wobei Legierungen wie AZ91, AM50 oder AM60 zum Einsatz kommen [s225]. Ein wichtiger Hinweis für potenzielle Käufer: Achten Sie bei Gussfelgen besonders auf Qualitätszertifikate, da Herstellungsfehler wie Hohlräume oder Porositäten die Festigkeit beeinträchtigen können. Die Oberflächenbehandlung spielt ebenfalls eine wichtige Rolle. Moderne Legierungsräder durchlaufen aufwändige Veredelungsprozesse wie Polieren und Buffen [s229]. Ein praktischer Tipp zur Pflege: Verwenden Sie nur pH-neutrale Reinigungsmittel, um die Oberflächenveredelung nicht zu beschädigen. Ein weiterer wichtiger Aspekt ist die Kompatibilität mit modernen Reifensystemen. Viele aktuelle Felgenkonstruktionen sind speziell für schlauchlose Reifen optimiert und verfügen über spezielle Erhebungen, die die Montage erleichtern und das unerwünschte "Burpen" von Luft während der Fahrt minimieren [s227]. Jede Felge muss entsprechend internationaler Standards gekennzeichnet sein, including Herstellername, Felgenkontur und Produktionsdatum [s228]. Ein praktischer Tipp für den Kauf: Dokumentieren Sie diese Informationen beim Kauf, sie sind wichtig für eventuelle Garantieansprüche und spätere Wartungsarbeiten. Die richtige Felgenwahl kann signifikante Auswirkungen auf die Fahrzeugleistung haben. Schmalere Felgen werden oft bevorzugt, um Gewicht zu sparen und die Beschleunigung zu verbessern [s226]. Allerdings sollte man beachten, dass die optimale Felgenbreite auch von der gewünschten Reifengröße und dem Einsatzzweck abhängt.

Felgenmaterialien [i15]

Glossar

Buffen
Ein spezielles Polierverfahren zur Oberflächenveredelung von Metallen, bei dem feinste Poliermittel verwendet werden, um Hochglanz zu erzeugen

Burpen
Ein unerwünschtes Geräusch, das durch plötzliches Entweichen von Luft zwischen Felge und Reifen entsteht, meist bei schnellen Kurvenfahrten

Finite-Elemente-Analyse
Ein computergestütztes Berechnungsverfahren, bei dem komplexe Strukturen in kleine, einfache Elemente zerlegt werden, um deren Verhalten unter Belastung zu simulieren

Layup-Technik
Ein Fertigungsverfahren, bei dem Materialschichten nach einem präzisen Schema übereinander gelegt werden, um bestimmte Materialeigenschaften zu erzielen

3. 3. 2. Reifendimensionen und Profile

Die Wahl der richtigen Reifendimensionen und Profile ist entscheidend für optimale Fahreigenschaften und Sicherheit. Bei der Dimensionierung spielen verschiedene Faktoren eine wichtige Rolle, die sorgfältig aufeinander abgestimmt werden müssen. Die Reifengröße wird durch eine standardisierte Kennzeichnung angegeben, wie beispielsweise 205/55R16. Dabei steht die erste Zahl für die Reifenbreite in Millimetern, die zweite für das Verhältnis von Höhe zu Breite in Prozent und die letzte Zahl für den Felgendurchmesser in Zoll [s230]. Ein praktischer Tipp für die Reifenwahl: Bleiben Sie bei den vom Hersteller empfohlenen Dimensionen oder konsultieren Sie einen Fachmann, wenn Sie davon abweichen möchten. Besonders wichtig ist die Verwendung einheitlicher Reifen an allen Radpositionen [s231]. Das bedeutet gleiche Marken, Größen und Profile, es sei denn, der Fahrzeughersteller hat explizit unterschiedliche Dimensionen für Vorder- und Hinterachse vorgesehen. Wenn Sie nur zwei neue Reifen benötigen, sollten diese grundsätzlich an der Hinterachse montiert werden, um die Fahrstabilität zu optimieren. Der Kontaktbereich zwischen Reifen und Straße spielt eine zentrale Rolle für die Fahreigenschaften [s232]. Ein größerer Kontaktbereich erhöht zwar den Grip, steigert aber auch den Rollwiderstand. Bei der Wahl des Reifenprofils sollten Sie daher Ihren persönlichen Fahrstil und die üblichen Einsatzbedingungen berücksichtigen. Für sportliche Fahrer empfiehlt sich beispielsweise ein Profil mit größerer Aufstandsfläche, während für effizienzorientierte Fahrer ein rollwiderstandsoptimiertes Profil sinnvoller sein kann. Die regelmäßige Reifenrotation ist essentiell für eine gleichmäßige Abnutzung [s233]. Dabei werden die Reifen nach einem bestimmten Schema zwischen den Achsen getauscht. Die empfohlenen Intervalle liegen bei etwa 8.000 Kilometern, können aber je nach Fahrzeug und Nutzung variieren. Für Frontantrieb eignet sich das Vorwärts-Kreuzmuster, bei Heckantrieb das Rückwärts-Kreuzmuster. Bei Elektrofahrzeugen hat die Reifenwahl zusätzliche Bedeutung, da sie die Reichweite direkt beeinflusst [s234]. Interessanterweise bleibt die Gesamtrollhöhe bei unterschiedlichen Radgrößen meist konstant oder variiert um weniger als 1%. Ein praktischer Hinweis für E-Auto-Besitzer: Achten Sie besonders auf rollwiderstandsoptimierte Reifen, um die maximale Reichweite zu erzielen. Unterschiedliche Reifendimensionen zwischen den Achsen können problematisch sein [s235]. So können verschiedene Rolldurchmesser, beispielsweise bei 8.25x20 und 9x20 Reifen, die Funktion des Allradantriebs beeinträchtigen. Ein wichtiger Praxistipp: Lassen Sie sich bei der Reifenwahl für Allradfahrzeuge unbedingt fachkundig beraten. Die Profiltiefe und -gestaltung beeinflusst nicht nur die Wasserdrainage, sondern auch das Fahrverhalten bei verschiedenen Witterungsbedingungen. Ein weicherer Gummi bietet zwar besseren Grip und Dämpfung [s232], nutzt sich aber auch schneller ab. Bei der Profilwahl sollten Sie daher einen ausgewogenen Kompromiss zwischen Performance und Haltbarkeit anstreben.

Glossar

Grip
Bezeichnet die Haftfähigkeit eines Reifens auf der Straße. Wird in Haftreibungskoeffizienten gemessen und ist besonders wichtig für Beschleunigung, Bremsen und Kurvenfahrten.

Rollwiderstand
Kraft, die der Bewegung eines Reifens auf der Fahrbahn entgegenwirkt. Wird in Newton gemessen und ist abhängig von Reifendruck, Gummimischung und Profilgestaltung.

Wasserdrainage
System von Profilrillen und Kanälen im Reifen, das Wasser gezielt von der Reifenaufstandsfläche ableitet, um Aquaplaning zu verhindern.

3. 3. 3. Spurverbreiterungen

Spurverbreiterungen sind ein beliebtes Tuning-Element, das sowohl optische als auch fahrdynamische Vorteile bietet. Sie ermöglichen es, die Räder weiter nach außen zu setzen und damit die Spurweite des Fahrzeugs zu vergrößern [s236]. Dies kann besonders bei modifizierten Fahrzeugen wichtig sein, um eine harmonische Optik zu erreichen und die Fahrstabilität zu verbessern. Die empfohlenen Größen für Spurverbreiterungen liegen typischerweise zwischen 12 mm und 20 mm pro Seite [s237]. Bei der Wahl der richtigen Spurverbreiterung sollte man beachten, dass größere Verbreiterungen über 20 mm das Fahrverhalten deutlich beeinflussen können. Ein praktischer Tipp für Einsteiger: Beginnen Sie mit moderaten Verbreiterungen von 12-15 mm und testen Sie das veränderte Fahrverhalten, bevor Sie größere Modifikationen vornehmen. Besonders bei Fahrzeugen mit Höherlegung spielen Spurverbreiterungen eine wichtige Rolle für die Fahrsicherheit [s238]. Die breitere Spur reduziert die Kippgefahr, da sich der Schwerpunkt relativ zur Spurweite günstiger verhält. Für Geländewagenbesitzer ist es daher ratsam, bei einer Höherlegung auch die Spurweite entsprechend anzupassen. Bei der Installation von Spurverbreiterungen muss die zusätzliche Belastung der Radlager berücksichtigt werden [s239]. Die Verwendung hochwertiger Materialien und eine fachgerechte Montage sind hier entscheidend. Ein wichtiger Praxistipp: Lassen Sie nach der Montage von Spurverbreiterungen die Radgeometrie überprüfen und gegebenenfalls neu einstellen. Die Auswirkungen auf die Fahrdynamik sind komplex [s240]. Eine breitere Spur kann den Grip in Kurven verbessern und das Untersteuern reduzieren. Allerdings sollte man beachten, dass unterschiedliche Spurweiten an Vorder- und Hinterachse das Fahrverhalten deutlich beeinflussen können. Bei Allradfahrzeugen ist besondere Vorsicht geboten - hier sollten die Durchmesser aller Reifen identisch bleiben, um Schäden am Antriebsstrang zu vermeiden [s239]. Für die Abstimmung des Fahrverhaltens kann es sinnvoll sein, die Spurweiten an Vorder- und Hinterachse unterschiedlich zu wählen [s241]. Eine stärkere Verbreiterung an der Hinterachse kann beispielsweise das Untersteuern verstärken, während eine breitere Spur vorne das Einlenkverhalten verbessert. Ein praktischer Tipp für Tuning-Enthusiasten: Dokumentieren Sie die Veränderungen des Fahrverhaltens bei verschiedenen Einstellungen, um die optimale Konfiguration zu finden. Rechtlich ist zu beachten, dass Spurverbreiterungen über 4 Zoll (etwa 101,6 mm) pro Seite in vielen Regionen Einschränkungen unterliegen [s242]. Bei der Planung sollten daher unbedingt die lokalen Vorschriften berücksichtigt werden. Zudem ist eine Eintragung in die Fahrzeugpapiere meist erforderlich. Die Montage von Spurverbreiterungen kann bei einigen Fahrzeugen zu Problemen mit der Reifenfreigängigkeit führen [s241]. Besonders bei voller Beladung oder auf unebenen Straßen kann es zu Kontakt zwischen Reifen und Karosserie kommen. Ein wichtiger Hinweis für die Montage: Prüfen Sie die Freigängigkeit der Räder über den gesamten Federweg und bei verschiedenen Lenkeinschlägen.

Glossar

Spurverbreiterung
Distanzscheiben aus hochfestem Aluminium oder Stahl, die zwischen Radnabe und Felge montiert werden. Sie müssen paarweise pro Achse verbaut werden und benötigen oft längere Radschrauben oder -bolzen.

Untersteuern
Ein Fahrverhalten, bei dem das Fahrzeug in Kurven über die Vorderräder nach außen schiebt, auch als 'Schieben über die Vorderachse' bekannt. Typisch für frontgetriebene Fahrzeuge.

3. 3. 4. Reifendruckkontrollsysteme

Reifendruckkontrollsysteme (TPMS) haben sich zu einem unverzichtbaren Sicherheitselement moderner Fahrzeuge entwickelt. Seit 2007 sind sie in den USA für leichte Fahrzeuge verpflichtend vorgeschrieben, was ihre Bedeutung für die Fahrzeugsicherheit unterstreicht [s243]. Diese Systeme überwachen kontinuierlich den Reifendruck und warnen den Fahrer bei kritischen Abweichungen, wodurch potenzielle Gefahrensituationen frühzeitig erkannt werden können [s244]. Die Funktionsweise basiert auf hochpräzisen Sensoren, die direkt am Reifen montiert sind. Diese batteriebetriebenen Einheiten messen nicht nur den Reifendruck, sondern erfassen auch die Reifentemperatur [s244]. Ein praktischer Aspekt dabei ist die intelligente Messfrequenz: Das System erkennt, ob sich das Fahrzeug bewegt oder steht, und passt die Häufigkeit der Messungen entsprechend an, was die Batterielebensdauer optimiert. Besonders hervorzuheben ist die hohe Messgenauigkeit moderner TPMS. Studien zeigen eine durchschnittliche Abweichung von nur 1,2-1,5 Prozent zwischen angezeigtem und tatsächlichem Reifendruck [s243]. Für die Praxis bedeutet dies: Fahrer können sich auf die angezeigten Werte verlassen und müssen nicht zusätzlich mit externen Messgeräten nachmessen. Ein bedeutender Fortschritt ist die Integration von Bluetooth Low Energy (BLE) Technologie in moderne TPMS [s245]. Diese ermöglicht nicht nur eine zuverlässige Datenübertragung, sondern auch die Vernetzung mit Smartphones. Ein praktischer Tipp für Nutzer: Laden Sie sich die entsprechende App des Herstellers herunter, um Reifendruck und -temperatur auch außerhalb des Fahrzeugs überwachen zu können. Die Marktentwicklung zeigt die wachsende Bedeutung dieser Systeme: Von 5,87 Milliarden USD im Jahr 2023 wird ein Anstieg auf 13,2 Milliarden USD bis 2032 prognostiziert [s246]. Dieser Trend wird durch strengere Sicherheitsvorschriften und das steigende Bewusstsein für Fahrzeugsicherheit getrieben. Moderne TPMS-Module sind dabei erstaunlich kompakt - mit einem Gewicht von nur 8 Gramm [s247]. Dies ist besonders wichtig für die Reifenbalance und minimiert den Einfluss auf das Fahrverhalten. Ein wichtiger Praxistipp: Lassen Sie nach dem Reifenwechsel die TPMS-Sensoren immer neu kalibrieren, um präzise Messwerte zu gewährleisten. Die Sicherheitsrelevanz wird durch erschreckende Statistiken unterstrichen: Jährlich werden etwa 23.000 Unfälle und 535 Fahrzeugtodesfälle durch Reifenpannen oder -

platzer verursacht, die durch korrekte Reifendrucküberwachung vermeidbar wären [s247]. Ein praktischer Hinweis: Reagieren Sie umgehend auf TPMS-Warnungen und überprüfen Sie die Reifen bei der nächsten sicheren Gelegenheit. Ein besonders nützliches Feature ist der Reifenfüllassistent, der den Fahrer beim Aufpumpen der Reifen unterstützt [s244]. Durch akustische und visuelle Signale wird angezeigt, wann der optimale Reifendruck erreicht ist. Dies vereinfacht die Wartung erheblich und stellt sicher, dass die Reifen immer optimal befüllt sind. Die Integration in moderne Fahrzeugsysteme geht dabei weit über die reine Drucküberwachung hinaus. Aktuelle TPMS können Leckageraten berechnen und frühzeitig vor schleichendem Druckverlust warnen [s244]. Ein wichtiger Tipp für die Praxis: Dokumentieren Sie regelmäßige Druckverluste, da diese auf beginnende Reifenschäden hinweisen können.

Glossar

Bluetooth Low Energy
Eine energiesparende Funktechnologie, die mit bis zu 100 Meter Reichweite und einer Datenübertragungsrate von 1 Mbit/s arbeitet.

TPMS
Tire Pressure Monitoring System - Ein elektronisches System, das auch bei extremen Wetterbedingungen wie Schnee oder Hitze zuverlässig arbeitet und die Daten an die Bordcomputer übermittelt.

Zusammenfassung - 3. 3. Räder und Reifen

- Magnesiumlegierungen sind 30-40% leichter als Stahl- oder Aluminiumfelgen bei vergleichbarer Festigkeit
- Eine 18-Zoll Magnesiumfelge wiegt typischerweise 8-9 kg, während eine Stahlfelge bis zu 13 kg wiegt
- Carbonfelgen nutzen spezielle Layup-Techniken mit verschiedenen Kohlefasergeweben für maximale Stabilität
- Magnesiumfelgen werden im Druckgussverfahren mit Legierungen wie AZ91, AM50 oder AM60 hergestellt
- Moderne Felgen haben spezielle Erhebungen für schlauchlose Reifen, die das "Burpen" von Luft minimieren
- Bei Frontantrieb eignet sich das Vorwärts-Kreuzmuster zur Reifenrotation, bei Heckantrieb das Rückwärts-Kreuzmuster
- Die Gesamtrollhöhe bleibt bei unterschiedlichen Radgrößen meist konstant oder variiert um weniger als 1%
- Empfohlene Spurverbreiterungen liegen zwischen 12-20 mm pro Seite
- Spurverbreiterungen über 4 Zoll (101,6 mm) pro Seite unterliegen rechtlichen Einschränkungen
- TPMS-Sensoren wiegen nur 8 Gramm und messen Druck mit 1,2-1,5% Genauigkeit
- Der TPMS-Markt wächst von 5,87 Milliarden USD (2023) auf prognostizierte 13,2 Milliarden USD bis 2032
- Jährlich verursachen Reifenpannen etwa 23.000 Unfälle und 535 Fahrzeugtodesfälle

Rückblick - 3. Fahrwerksmodifikationen

- Sportfahrwerke ermöglichen Höhenverstellungen von bis zu 70 mm für optimale Fahrdynamik.
- Moderne Dämpfer bieten Dual-Click Anpassung für individuelle Zug- und Druckstufeneinstellung.
- Stabilisatoren variieren von 24-27 mm vorne und 18-21,5 mm hinten, je nach Performance-Anforderung.
- Die empfohlenen Federraten liegen bei 160-200 lb/in vorne und 300-350 lb/in hinten für Alltagsfahrzeuge.
- Die optimale Federfrequenz beträgt 2,2 Hz an der Vorderachse und 2,5 Hz an der Hinterachse.
- Carbon-Keramik-Bremsscheiben sind bis zu 42% leichter als konventionelle Gusseisenrotoren.
- Moderne Bremsscheiben haben bis zu 1500 Kühlöffnungen, verglichen mit 100 im Jahr 2005.
- Magnesiumfelgen sind 30-40% leichter als vergleichbare Stahlfelgen bei gleicher Festigkeit.
- Eine typische 18-Zoll Magnesiumfelge wiegt nur 8-9 kg gegenüber 13 kg bei Stahlausführung.
- Spurverbreiterungen zwischen 12-20 mm pro Seite optimieren Fahrstabilität und Handling.
- TPMS-Sensoren erreichen eine Messgenauigkeit von 98,5-98,8% beim Reifendruck.
- Der TPMS-Markt wird von 5,87 Mrd. USD (2023) auf 13,2 Mrd. USD (2032) wachsen.
- Während das Fahrwerk die Bodenhaftung optimiert, wartet die Aerodynamik mit spannenden Möglichkeiten auf, den Anpressdruck weiter zu erhöhen.

4. Aerodynamik

Die Aerodynamik eines Fahrzeugs ist weit mehr als nur eine Frage der Optik. Wie beeinflusst der Luftstrom die Fahrstabilität bei hohen Geschwindigkeiten? Welche Rolle spielen einzelne Komponenten wie Frontspoiler, Diffusoren oder Seitenschweller für die Gesamtperformance? Und warum können selbst kleine aerodynamische Modifikationen große Auswirkungen auf das Fahrverhalten haben? Die komplexen Wechselwirkungen zwischen den verschiedenen aerodynamischen Elementen erfordern ein tiefgreifendes Verständnis der physikalischen Grundlagen. Während einige Komponenten primär den Abtrieb erhöhen, dienen andere der Optimierung des Luftstroms oder der Kühlung des Motors. Die richtige Balance all dieser Faktoren entscheidet letztlich über Effizienz und Fahrdynamik. Die Aerodynamik moderner Fahrzeuge basiert auf jahrzehntelanger Forschung und Entwicklung im Motorsport. Doch welche dieser Erkenntnisse lassen sich sinnvoll auf Straßenfahrzeuge übertragen? Wo liegt die Grenze zwischen effektiver Optimierung und überdimensioniertem Tuning? Die folgenden Kapitel beleuchten systematisch alle relevanten Aspekte der Fahrzeugaerodynamik - von der Frontpartie über die Seitenführung bis zum Heckbereich. Dabei zeigt sich: Erst das Zusammenspiel aller Komponenten macht ein aerodynamisch ausgereiftes Gesamtkonzept möglich.

4. 1. Frontbereich

Die Aerodynamik im Frontbereich eines Fahrzeugs stellt Tuning-Enthusiasten vor besondere Herausforderungen. Wie lässt sich der Luftstrom optimal nutzen, um maximalen Abtrieb zu erzeugen? Welche Rolle spielen dabei die verschiedenen Komponenten wie Spoiler, Splitter und Kühlluftführung? Die komplexen Wechselwirkungen zwischen den einzelnen Elementen erfordern ein tiefes Verständnis der Strömungsmechanik. Während bei Serienfahrzeugen der Fokus meist auf einem ausgewogenen Kompromiss zwischen Aerodynamik und Design liegt, eröffnen sich im Tuning-Bereich völlig neue Möglichkeiten. Die gezielte Optimierung der Frontpartie kann nicht nur die Fahrstabilität deutlich verbessern, sondern auch die Motorleistung durch effizientere Kühlung steigern. Die richtige Balance zwischen maximalem Abtrieb und minimalem Luftwiderstand zu finden, erfordert sowohl theoretisches Wissen als auch praktische Erfahrung. Die folgenden Abschnitte zeigen detailliert, wie sich die verschiedenen Komponenten im Frontbereich optimal aufeinander abstimmen lassen.

> *„Ein gut konzipierter Frontsplitter kann zwischen 300 und 400 kg Abtrieb erzeugen, unter optimalen Bedingungen sogar 800-1000 kg."*

4. 1. 1. Frontspoiler und Splitter

Frontspoiler und Splitter gehören zu den wichtigsten aerodynamischen Komponenten im Frontbereich eines Fahrzeugs und spielen eine entscheidende Rolle für die Fahrzeugperformance. Ein gut konzipierter Frontsplitter kann zwischen 300 und 400 kg Abtrieb erzeugen, unter optimalen Bedingungen sogar 800-1000 kg [s248]. Diese beeindruckenden Werte entstehen jedoch nicht durch den Splitter selbst, sondern durch die vergrößerte Oberfläche, über der sich Druckunterschiede aufbauen können. Die Hauptfunktion eines Frontsplitters besteht darin, die Luftmenge zu reduzieren, die unter das Fahrzeug strömt [s248]. Dies verbessert nicht nur die aerodynamische Balance, sondern optimiert auch die Wirkung anderer Aero-Komponenten. Für eine effektive Wirkung sollte ein Splitter mindestens 7,5 bis 10 cm von der Fahrzeugfront abstehen und am Chassis montiert sein [s249]. Bei der Installation ist zu beachten, dass die Befestigungspunkte hinter dem Stoßfänger liegen sollten, da externe Halterungen den Luftstrom stören und den Abtrieb reduzieren können [s248]. Ein wichtiger praktischer Aspekt ist die Fahrzeughöhe, die erheblichen Einfluss auf die Splitter-Effizienz hat. Je niedriger das Fahrzeug, desto größer der erzeugte Sog durch Bodeneffekte. Allerdings kann ein zu niedriger Splitter "stallieren", was zu erhöhtem Luftwiderstand bei verringertem Abtrieb führt [s248]. Für die optimale Einstellung empfiehlt sich daher eine schrittweise Anpassung der Fahrhöhe mit regelmäßigen Testfahrten. Ergänzend zum Splitter können Canards (Tauchplatten) an der Frontstoßstange montiert werden [s250]. Diese kleinen Winglets helfen, das aerodynamische Gleichgewicht nach vorne zu verschieben und optimieren die Luftströmung um die Reifen. Ihre Wirkung basiert auf Druck statt Sog, was sie weniger effizient als Flügel macht, aber in Kombination mit einem Splitter können sie die Gesamtperformance deutlich verbessern. Ein weiteres wichtiges Element ist der Untertray, der den Luftstrom unter dem Fahrzeug glättet [s251]. Seine Gestaltung sollte dem Venturi-Prinzip folgen, um die Luftgeschwindigkeit zu maximieren und den Druck zu minimieren. In der Praxis hat sich gezeigt, dass ein 15 cm tiefer Splitter kombiniert mit einem 5 cm hohen Damm dahinter bereits beachtlichen Abtrieb erzeugen kann [s252]. Bei der Planung der Frontaerodynamik ist die Gesamtbalance des Fahrzeugs entscheidend. Ein Frontsplitter sollte idealerweise mit einem Heckflügel kombiniert werden [s253], da dies den aerodynamischen Abtrieb um etwa 20% erhöht. Diese Kombination verhindert auch unerwünschtes

Unter- oder Übersteuern [s254]. Für den Alltagsgebrauch ist zu beachten, dass die aerodynamischen Effekte mit dem Quadrat der Geschwindigkeit zunehmen [s253]. Bei normalen Geschwindigkeiten überwiegen daher oft die optischen Vorteile [s255]. Allerdings kann selbst ein kleiner Frontlipspoiler bereits das "Segeln" des Fahrzeugs nach Bodenwellen reduzieren [s252] und die Stabilität verbessern. Bei der Installation sollte besonders auf die Stabilität der Montage geachtet werden [s252], da auf den Splitter erhebliche Kräfte einwirken. Auch die Bodenfreiheit muss sorgfältig bedacht werden, um Beschädigungen durch Bordsteine oder Steigungen zu vermeiden [s256]. Ein praktischer Tipp ist die Installation von Luftleitblechen [s251], die den Luftstrom zu den Fahrzeugseiten leiten und den Luftwiderstand zusätzlich reduzieren.

Frontspoiler [i16]

Glossar

Canard

Kleine aerodynamische Flügelelemente, die ursprünglich aus der Luftfahrt stammen. Sie werden auch als 'Entenflügel' bezeichnet und können bei Rennfahrzeugen die Stabilität in schnellen Kurven verbessern.

Stallieren

Ein aerodynamischer Effekt, bei dem die Luftströmung abreißt und sich die Strömung von der Oberfläche ablöst. Ursprünglich ein Begriff aus der Luftfahrt, der den Strömungsabriss an Flügeln beschreibt.

Venturi-Prinzip

Ein physikalisches Gesetz, benannt nach Giovanni Battista Venturi, das besagt, dass die Strömungsgeschwindigkeit eines Fluids zunimmt, wenn sich der Durchflussquerschnitt verengt, wodurch gleichzeitig der statische Druck abnimmt.

4. 1. 2. Kühlluftführung

Die effiziente Kühlluftführung im Frontbereich ist ein komplexes Zusammenspiel verschiedener Komponenten und spielt eine zentrale Rolle für die Leistungsfähigkeit des Motors [s257]. Bei der Optimierung der Kühlluftführung müssen mehrere kritische Aspekte berücksichtigt werden, die sich gegenseitig beeinflussen. Eine der häufigsten Schwachstellen sind Lücken zwischen Kühler und Luftansaugung, die zu einer verminderten Kühlleistung führen können [s257]. In der Praxis lässt sich dies durch sorgfältige Inspektion der Dichtungen und gegebenenfalls deren Erneuerung beheben. Dabei sollte besonders auf verschlissene oder verformte Gummidichtungen geachtet werden, die oft übersehen werden. Bei Turbo-Umbauten kommt der Ladeluftkühlung eine besondere Bedeutung zu. Der Luftstrom vom Turbo zum Ladeluftkühler sollte möglichst geradlinig verlaufen, da jede Umlenkung den Luftstrom einschränkt und zu Leistungsverlusten führt [s258]. In der Praxis hat sich bewährt, zunächst eine Schablone aus Pappe anzufertigen, um die optimale Positionierung der Komponenten zu ermitteln, bevor dauerhafte Änderungen vorgenommen werden. Die Position des Hauptkühlers ist ebenfalls entscheidend für die Gesamteffizienz des Systems [s259]. Bei der Platzierung muss ein Kompromiss zwischen optimaler Luftzufuhr und praktischen Aspekten wie Zugänglichkeit für Wartungsarbeiten gefunden werden. Eine bewährte Lösung ist die Integration zusätzlicher Luftkanäle in den Frontstoßfänger [s260], die gezielt Kühlluft zu kritischen Bereichen leiten. Besondere Aufmerksamkeit verdient das Zusammenspiel verschiedener Kühlkreisläufe. Moderne Hochleistungsfahrzeuge verfügen oft über separate Kreisläufe für Motor, Getriebe und Ladeluftkühlung [s261]. Die Koordination dieser Systeme erfordert durchdachte Leitungsführung und präzise Abstimmung der Pumpenleistungen. Ein praktischer Tipp ist die Installation von Temperatursensoren an kritischen Punkten, um die Effizienz der Kühlluftführung kontinuierlich überwachen zu können. Bei der Positionierung von Luftfiltern muss die Hitzeentwicklung berücksichtigt werden [s262]. Eine direkte Montage an den Turbos kann zwar den Luftweg verkürzen, birgt aber das Risiko von erhöhten Ansaugtemperaturen. Als Kompromiss hat sich die Installation von Hitzeschilden bewährt, die die Luftfilter vor der Strahlungswärme des Motors schützen. Die Effizienz der Kühlluftführung hängt auch von der Gestaltung der Karosserie ab [s259].

Aerodynamische Modifikationen sollten daher immer im Zusammenhang mit der Kühlluftführung betrachtet werden. In der Praxis empfiehlt sich die schrittweise Optimierung mit regelmäßigen Temperaturmessungen unter Last, um die Auswirkungen jeder Änderung zu dokumentieren. Ein oft unterschätzter Aspekt ist die Nachkühlung der Turbos nach dem Abstellen des Motors [s261]. Moderne Systeme verwenden hierfür elektrische Pumpen, die unabhängig vom Motor arbeiten. Bei Nachrüstungen sollte diese Funktion unbedingt berücksichtigt werden, um die Lebensdauer der Turbolader zu verlängern. Die Wahl der richtigen Schlauchdurchmesser und -materialien ist ebenfalls entscheidend [s258]. Zu kleine Querschnitte können zu Durchflussproblemen führen, während zu große Durchmesser unnötigen Bauraum beanspruchen. Als Faustregel gilt: Der Innendurchmesser sollte mindestens dem Auslass des Turboladers entsprechen.

Glossar

Ladeluftkühler
: Ein Wärmetauscher, der die vom Turbolader komprimierte und dadurch erhitzte Luft vor dem Einlass in den Motor wieder abkühlt. Dies erhöht die Luftdichte und damit die mögliche Motorleistung.

Turbo
: Ein durch Abgase angetriebener Verdichter, der zusätzliche Luft in den Verbrennungsraum presst und damit die Motorleistung deutlich steigert.

4. 1. 3. Canards und Flaps

Canards und Flaps sind wichtige aerodynamische Elemente im Frontbereich, die bei richtiger Ausführung die Fahrdynamik erheblich verbessern können. Anders als oft angenommen, erzeugen Canards selbst relativ wenig direkten Abtrieb, sind aber exzellente Werkzeuge zur Feinabstimmung der aerodynamischen Balance [s263]. Ihre Hauptaufgabe besteht darin, den Luftstrom gezielt zu lenken und das Fahrzeugverhalten bei höheren Geschwindigkeiten zu stabilisieren. Die Positionierung von Canards erfordert besondere Aufmerksamkeit, da ihre Wirkung stark von der Montagehöhe und -position abhängt [s264]. Tests haben gezeigt, dass eine tiefere Montageposition in der Regel mehr Abtrieb erzeugt. Bei der Installation sollte man schrittweise vorgehen und verschiedene Positionen testen, um die optimale Konfiguration für das spezifische Fahrzeug zu finden. Ein praktischer Ansatz ist die Verwendung von temporären Montagen mit verstärktem Klebeband für erste Tests, bevor permanente Befestigungen angebracht werden. Interessanterweise können selbstgefertigte Canards mit durchdachtem Design effektiver sein als viele handelsübliche Produkte [s265]. Bei der Eigenentwicklung sollte man auf strömungsgünstige Profile und stabile Befestigungen achten. Die Größe sollte dabei dem Fahrzeug angepasst sein - zu große Canards erzeugen unnötigen Luftwiderstand, während zu kleine ihre Wirkung verfehlen. Flaps als ergänzende Komponenten können besonders bei kleineren Flügeln die aerodynamische Effizienz steigern [s266]. Sie verlängern die Ablösung des Luftstroms und erhöhen damit den Abtrieb, allerdings auf Kosten eines erhöhten Luftwiderstands. In der Praxis hat sich bewährt, mit verschiedenen Flap-Winkeln zu experimentieren und deren Wirkung bei unterschiedlichen Geschwindigkeiten zu testen. Die Integration in das Gesamtkonzept der Frontaerodynamik ist entscheidend [s267]. Canards und Flaps sollten nicht nur funktional sein, sondern sich auch harmonisch in die Fahrzeuglinien einfügen. Bei der Gestaltung empfiehlt sich eine Kombination aus cfd-Simulationen (Computational Fluid Dynamics) und praktischen Tests, um sowohl Funktion als auch Form zu optimieren. Für Rennstreckeneinsätze zeigt sich, dass eine ausgewogene Front-Aero besonders wichtig ist [s266]. Während viele Fahrzeuge sich auf große Heckflügel konzentrieren, kann eine durchdachte Frontkonfiguration mit Canards und Flaps das Handling deutlich verbessern [s268]. Fahrer berichten von spürbar besserer Kontrolle und Lenkpräzision, besonders in schnellen Kurven. Die Materialwahl spielt eine wichtige Rolle für Langlebigkeit und Performance [s263]. Während Carbon-Komponenten ideal sind, können auch hochwertige Kunststoffe für den Amateursport ausreichend sein. Bei der Montage sollte besonders auf die strukturelle Integrität geachtet werden, da die aerodynamischen Kräfte bei hohen Geschwindigkeiten erheblich sein können [s268]. Ein oft übersehener Aspekt ist die Wechselwirkung mit anderen aerodynamischen Elementen. Canards können beispielsweise die Effizienz eines Frontsplitters beeinflussen und sollten daher im Gesamtkontext betrachtet werden. Die Kombination verschiedener Elemente kann den Gesamtabtrieb deutlich steigern, wie Tests mit Splitter-Diffusor-Kombinationen zeigen, die den Abtrieb von etwa 31 kg auf 45 kg bei 128 km/h erhöhen können [s263]. Für Straßenfahrzeuge empfiehlt sich ein moderater Ansatz, der Alltagstauglichkeit mit aerodynamischer Effizienz verbindet. Dabei können zusätzliche Modifikationen wie belüftete Motorhauben und Unterbodenverkleidungen die Wirkung von Canards und Flaps unterstützen [s265]. Die Installation sollte immer mit Rücksicht auf praktische Aspekte wie Bodenfreiheit und Wartungszugänglichkeit erfolgen.

4. 1. 4. Unterbodenverkleidung

Die Unterbodenverkleidung ist ein oft unterschätztes Element der Fahrzeugaerodynamik, das erheblichen Einfluss auf Effizienz und Fahrdynamik hat. Im Frontbereich besteht sie typischerweise aus einer flexiblen Kunststoff-Halbtasse, die den vorderen Motorraum abdeckt [s269]. Bei Dieselfahrzeugen wird häufig eine vollständige Abdeckung verbaut, die zusätzlich zur aerodynamischen Funktion auch der Geräuschdämmung dient [s269].

Luftwiderstand [i17]

Die Hauptaufgabe der Unterbodenverkleidung ist die Reduzierung des Auftriebs bei gleichzeitiger Erhöhung des Abtriebs, was den Luftwiderstand deutlich verringert [s270]. Dies wird durch die Glättung der Luftströmung unter dem Fahrzeug erreicht. Moderne Unterbodenverkleidungen werden zunehmend aus recycelten Materialien hergestellt - ein bemerkenswerter Fortschritt ist die Verwendung recycelter Plastikflaschen, die nicht nur umweltfreundlich sind, sondern auch das Gesamtgewicht reduzieren [s271]. Bei der Materialwahl stehen verschiedene Optionen zur Verfügung: Während die Serienausführung meist aus glasfaserverstärktem Kunststoff besteht, gibt es auch Nachrüstversionen aus Aluminium oder Stahl. Diese Metallvarianten bieten zwar höhere Stabilität, können aber zu verstärkter Geräuschentwicklung führen [s269]. Ein praktischer Tipp für die Materialwahl: Wer häufig auf Schotterstrecken unterwegs ist, sollte die robustere Metallvariante in Erwägung ziehen, während für normale Straßennutzung die leisere Kunststoffversion optimal ist. Die Installation erfordert besondere Aufmerksamkeit bei der Befestigung. Spezielle Schrauben und Halterungen sind notwendig, um die Verkleidung sicher zu montieren und optimale aerodynamische Eigenschaften zu gewährleisten [s269]. Bei der Montage sollte besonders auf die korrekte Positionierung der Kühlöffnungen geachtet werden, die für die Motortemperatur essentiell sind. Ein praktischer Installationstipp: Markieren Sie vor der Demontage der alten Verkleidung alle Befestigungspunkte mit Kreide, um die neue Verkleidung präzise ausrichten zu können. Ein wichtiger Aspekt bei der

Konstruktion ist die Zugänglichkeit für Wartungsarbeiten. Die Verkleidung sollte so gestaltet sein, dass wichtige Komponenten wie Ölfilter und Ölwanne leicht erreichbar bleiben [s272]. Einige moderne Designs verfügen über Wartungsklappen, die routine Servicearbeiten ohne komplette Demontage ermöglichen. Die Schutzfunktion der Unterbodenverkleidung ist ein weiterer wichtiger Aspekt. Sie verhindert das Eindringen von Spritzwasser in den Motorraum und schützt vor Steinschlägen [s272]. Allerdings gibt es auch kritische Stimmen, die vor möglicher Feuchtigkeitsansammlung und daraus resultierender Rostbildung warnen [s273]. Um diesem Problem vorzubeugen, empfiehlt sich die regelmäßige Inspektion der Ablauföffnungen und deren Reinigung. Für die Geräuschdämmung spielt die Unterbodenverkleidung eine bedeutende Rolle [s273]. Besonders bei Hochgeschwindigkeitsfahrten reduziert sie den Windgeräuschpegel im Innenraum erheblich. Bei der Nachrüstung sollte man auf hochwertige Dämmmaterialien achten und diese gezielt an den lärmintensivsten Stellen einsetzen. Die Kraftstoffeffizienz kann durch eine optimierte Unterbodenverkleidung deutlich gesteigert werden [s274]. Moderne Verkleidungen verfügen über ausgeklügelte Luftführungen, die den Strömungswiderstand minimieren. Bei der Auswahl einer Nachrüstlösung sollte man auf strömungsoptimierte Designs achten, die durch cfdsimulationen entwickelt wurden. Bei beschädigten Verkleidungen wird der Neukauf empfohlen, da gebrauchte Teile oft spröde und vorgeschädigt sind [s275]. Die Investition in neue Teile zahlt sich durch bessere Passgenauigkeit und längere Haltbarkeit aus. Ein praktischer Tipp: Dokumentieren Sie den Zustand der Verkleidung regelmäßig, besonders nach Fahrten auf schlechten Straßen, um Beschädigungen frühzeitig zu erkennen.

Zusammenfassung - 4. 1. Frontbereich

- Ein Frontsplitter kann unter optimalen Bedingungen bis zu 1000 kg Abtrieb erzeugen
- Die effektivste Splitter-Position liegt 7,5-10 cm von der Fahrzeugfront entfernt
- Die Kombination von Frontsplitter und Heckflügel erhöht den aerodynamischen Abtrieb um etwa 20%
- Ein 15 cm tiefer Splitter mit 5 cm hohem Damm dahinter erzeugt bereits beachtlichen Abtrieb
- Lücken zwischen Kühler und Luftansaugung sind eine der häufigsten Schwachstellen der Kühlluftführung
- Die Nachkühlung der Turbos nach Motorabschaltung erfolgt durch separate elektrische Pumpen
- Der Innendurchmesser der Kühlschläuche sollte mindestens dem Turbolader-Auslass entsprechen
- Canards erzeugen selbst wenig direkten Abtrieb, optimieren aber die aerodynamische Balance
- Tests zeigen eine Abtriebssteigerung von 31 kg auf 45 kg bei 128 km/h durch Splitter-Diffusor-Kombinationen
- Moderne Unterbodenverkleidungen werden zunehmend aus recycelten Plastikflaschen hergestellt
- Bei Dieselfahrzeugen wird meist eine vollständige Unterbodenabdeckung zur Geräuschdämmung verbaut

4. 2. Seitenbereich

Wie beeinflusst die Aerodynamik im Seitenbereich eines Fahrzeugs dessen Leistung und Effizienz? Welche Rolle spielen dabei die oft unterschätzten Komponenten wie Seitenschweller, Luftführungskanäle und die Radhaus-Gestaltung? Diese Fragen gewinnen besonders im modernen Fahrzeugbau an Bedeutung, wo jedes Detail zur Optimierung der Gesamtperformance beiträgt. Die seitlichen Bereiche eines Fahrzeugs bieten erhebliches Potenzial für aerodynamische Verbesserungen. Während die Frontpartie traditionell im Fokus der Luftstromoptimierung steht, zeigen aktuelle Forschungen, dass die Seitenpartie maßgeblich zur Reduzierung des Luftwiderstands und zur Verbesserung der Fahrstabilität beitragen kann. Besonders bei höheren Geschwindigkeiten wirken sich durchdachte aerodynamische Lösungen im Seitenbereich positiv auf Kraftstoffverbrauch und Fahrdynamik aus. Die folgenden Abschnitte beleuchten detailliert die verschiedenen Aspekte der Seitenbereich-Aerodynamik und zeigen auf, wie selbst kleine Modifikationen zu messbaren Verbesserungen der Fahrzeugleistung führen können.

„Räder und Radkästen können für bis zu 25% des gesamten aerodynamischen Widerstands eines Fahrzeugs verantwortlich sein."

4. 2. 1. Seitenschweller-Design

Seitenschweller sind nicht nur ein ästhetisches Element im Automobildesign, sondern erfüllen auch wichtige funktionale Aufgaben. Bei der Gestaltung und Installation dieser Komponenten müssen verschiedene Aspekte berücksichtigt werden, die sowohl die Optik als auch die praktische Funktionalität betreffen. Die Materialwahl spielt eine zentrale Rolle beim Seitenschweller-Design. Moderne Seitenschweller werden häufig aus leichtem fiberglas gefertigt [s276], was nicht nur das Gesamtgewicht des Fahrzeugs positiv beeinflusst, sondern auch eine einfache Lackierung ermöglicht. Für besonders anspruchsvolle Anwendungen stehen auch Varianten aus Carbon zur Verfügung, die sich durch ihre hochwertige Optik und besondere Stabilität auszeichnen [s277]. Bei der Montage gibt es verschiedene Befestigungsmöglichkeiten, die jeweils ihre eigenen Vor- und Nachteile haben. Eine häufig diskutierte Methode ist die Verwendung von hochwertigem Klebeband, wobei hier die Verwendung von speziellen Haftvermittler-Tüchern empfohlen wird, um eine optimale Haftung zu gewährleisten [s277]. Für eine noch sicherere Befestigung raten Experten zur zusätzlichen Verschraubung. Dabei sollten eventuell notwendige Bohrlöcher für Metall- oder Messingtabs sorgfältig platziert und anschließend mit schwarzem Silikon oder RTV abgedichtet werden, um Korrosionsschäden zu vermeiden [s278] [s279]. Ein wichtiger praktischer Aspekt ist der Schutz vor Beschädigungen. Da Seitenschweller zu den ersten Teilen gehören, die bei einem Unfall oder einer Kollision beschädigt werden können [s280], empfiehlt sich die Verwendung von Lackschutzfolie. Diese bietet zwar keinen vollständigen Schutz vor größeren Steinen, kann aber kleinere Steinschläge effektiv abwehren. Bei der Auswahl der Seitenschweller ist die Passgenauigkeit von entscheidender Bedeutung. Hochwertige Modelle bieten eine präzise Passform [s276], die eine problemlose Integration in die Fahrzeugsilhouette ermöglicht. Dabei sollte besonders auf die Höhe und Position der Schweller geachtet werden - sie sollten tiefer an der Rockerplatte sitzen, was in manchen Fällen eine Anpassung der Schutzbleche erforderlich macht [s278]. Für sportlich orientierte Fahrzeugbesitzer gibt es spezielle Leistungsstil-Seitenschweller [s281], die nicht nur optisch überzeugen, sondern auch aerodynamische Vorteile bieten können. Bei der Farbwahl sollte man sich an den vorhandenen Fahrzeugteilen orientieren, um ein harmonisches Gesamtbild zu erreichen [s277]. Die Preisgestaltung variiert stark je nach Hersteller und Ausführung. Während günstigere Alternativen auf verschiedenen Plattformen verfügbar sind, berichten Nutzer von unterschiedlichen Qualitätserfahrungen [s282]. Es empfiehlt sich daher, bei der Auswahl nicht ausschließlich auf den Preis zu achten, sondern auch Faktoren wie Materialqualität, Passgenauigkeit und Montagemöglichkeiten zu berücksichtigen. Ein praktischer Tipp für die Installation: Vor der endgültigen Montage sollte eine Probemontage durchgeführt werden, um eventuelle Anpassungsarbeiten zu identifizieren. Dabei ist besonders auf mögliche Lücken an der Rückseite der Seitenleisten zu achten, die bei manchen Modellen bewusst vorgesehen sind, um eine optimale Passform an der Rockerplatte zu gewährleisten [s278].

Für Besitzer verschiedener Fahrzeugmodelle ist es wichtig zu beachten, dass nicht alle Seitenschweller universell einsetzbar sind. Die Länge der Rocker-Panels und die Integration in die Fahrzeugsilhouette können je nach Modell variieren [s283]. Im Zweifelsfall empfiehlt es sich, die genauen Maße des eigenen Fahrzeugs mit den Spezifikationen der gewünschten Seitenschweller zu vergleichen oder einen Fachmann zu Rate zu ziehen.

Rocker-Panels [i18]

4. 2. 2. Luftführungskanäle

Luftführungskanäle spielen eine entscheidende Rolle bei der Optimierung der Motorleistung und der Kühlung des Antriebsstrangs. Die richtige Gestaltung und Platzierung dieser Kanäle kann einen erheblichen Einfluss auf die Gesamtleistung des Fahrzeugs haben. Ein wichtiger Aspekt ist die Kaltluftzufuhr zum Luftfilter. Wie die Praxis zeigt, kann durch einen gezielt geschnittenen Schlitz in der vorderen Zierleiste eine direkte Kaltluftzufuhr zum Luftfilter erreicht werden [s284]. Dies ist besonders effektiv, wenn der Luftfilter im vorderen Radkastenbereich platziert ist. Dabei sollte der untere Bereich sorgfältig mit Stopfen abgedichtet werden, um unerwünschte Warmluft fernzuhalten. Ein praktischer Tipp für Tuning-Enthusiasten: Die Entfernung des Bremskanals kann als sekundäre Kaltluftquelle genutzt werden, wodurch sich der Luftstrom zum Filter deutlich erhöht [s284]. Bei der Konstruktion von Hochleistungs-Luftführungssystemen spielt die Wahl der richtigen Komponenten eine zentrale Rolle. Die Verwendung von Hochfluss-Bipipe-Sets anstelle der restriktiven OEM-Bipipes kann einen bedeutenden Engpass im Motor eliminieren [s285]. Besonders bei Turbomotoren wie dem 2.7T zeigt sich, dass der Austausch des Standard-Y-Rohrs durch eine Kohlefaserversion nicht nur das Gewicht reduziert, sondern auch den Luftdurchsatz optimiert. Die Effizienz der Luftführung wird maßgeblich durch das Design der Endtanks beeinflusst. Moderne Systeme verwenden größere Endtanks mit 76,2-mm-Einlass- und Auslassrohren (3 Zoll), was den Durchfluss signifikant verbessert [s286]. Ein fortschrittliches Feature ist die Verwendung von Bar-and-Plate-Kernen, die im Vergleich zu herkömmlichen Tube-and-Fin-Kernen einen besseren Durchfluss ermöglichen. Bei der Installation von Performance-Intercooler-Kits ist das eng gestapelte Bar- und Plattenkern-Design von besonderer Bedeutung. Diese Konstruktion minimiert Druckverluste und maximiert den Wärmeübergang [s287]. Ein wichtiger praktischer Hinweis für Installateure: Achten Sie besonders auf die gegossenen Endtanks, die für maximalen Durchfluss konzipiert sind. Jede Einheit sollte vor der Installation einem Drucktest unterzogen werden. Die Montage moderner Luftführungssysteme erfordert oft nur minimale Modifikationen an den ursprünglichen Spezifikationen [s287]. Dies ist ein wichtiger Vorteil für DIY-Enthusiasten, da es die Installationszeit erheblich verkürzt. Bei der Installation sollte besonders auf die korrekte Ausrichtung und Abdichtung aller

Verbindungsstellen geachtet werden, um Leistungsverluste durch Luftlecks zu vermeiden. Ein oft übersehener Aspekt ist die Bedeutung der Gesamtintegration des Luftführungssystems in den Motorraum. Die neuesten IC-Kits bieten nicht nur eine bessere Passform, sondern schaffen auch zusätzlichen Platz im Motorraum [s286]. Dies ermöglicht die Installation von speziellen Verstrebungen, die die Stabilität des Gesamtsystems erhöhen. Für Tuning-Enthusiasten ist es wichtig zu verstehen, dass die Optimierung der Luftführung ein Gesamtkonzept erfordert. Jede Komponente, von der Luftansaugung bis zum Auslasssystem, muss aufeinander abgestimmt sein, um maximale Effizienz zu erreichen. Dabei sollten auch zukünftige Modifikationen berücksichtigt werden, um kostspielige Nachbesserungen zu vermeiden.

Glossar

Bar-and-Plate-Kern
Eine moderne Bauweise für Ladeluftkühler, bei der Aluminiumplatten und Luftführungsleisten abwechselnd gestapelt und verlötet werden. Diese Konstruktion bietet eine höhere Wärmeaustauschfläche als traditionelle Designs.

Bipipe
Zweifach geteiltes Rohr im Luftansaugsystem, das die Luftverteilung auf mehrere Einlässe ermöglicht. Wird häufig bei V-Motoren oder Motoren mit zwei Turboladern verwendet.

Tube-and-Fin-Kern
Klassische Bauform eines Wärmetauschers, bei dem Rohre von Kühlrippen umgeben sind. Diese traditionelle Konstruktion ist kostengünstiger in der Herstellung, bietet aber weniger Kühlleistung als modernere Designs.

4. 2. 3. Radhaus-Aerodynamik

Die Radhaus-Aerodynamik ist ein oft unterschätzter, aber entscheidender Faktor für die Gesamtperformance eines Fahrzeugs. Wissenschaftliche Untersuchungen zeigen, dass Räder und Radkästen für bis zu 25% des gesamten aerodynamischen Widerstands verantwortlich sein können [s288]. Diese Erkenntnis hat in den letzten Jahren zu intensiver Forschung und Entwicklung in diesem Bereich geführt. Ein besonders wichtiger Aspekt ist der Ventilationswiderstand, der durch die Rotation der Räder entsteht. Dieser dynamische Effekt wurde lange Zeit unterschätzt, da traditionelle Windkanaltests mit stehenden Rädern durchgeführt wurden. Moderne Testeinrichtungen verwenden daher bewegliche Bodensysteme, die realistischere Messergebnisse ermöglichen [s288]. Für Fahrzeugbesitzer bedeutet dies, dass die Wahl der richtigen Felgen- und Reifenkombination einen erheblichen Einfluss auf die Effizienz haben kann. Innovative Lösungen wie aktive Geschwindigkeitslippen haben sich als besonders effektiv erwiesen. Diese dynamischen Elemente werden bei höheren Geschwindigkeiten aktiviert und verhindern Turbulenzen im Radhaus [s289]. Ein praktischer Tipp für Tuning-Enthusiasten: Bei der Nachrüstung solcher Systeme sollte besonders auf die korrekte Kalibrierung der Aktivierungsgeschwindigkeit geachtet werden, um optimale Ergebnisse zu erzielen. Die aerodynamische Effizienz spielt besonders bei Elektrofahrzeugen eine zentrale Rolle, da sie direkten Einfluss auf die Reichweite hat [s290]. Moderne Designansätze integrieren daher spezielle Luftauslässe, sogenannte 'Nostrils', die den Luftstrom gezielt durch das Radhaus leiten [s291]. Diese können auch bei konventionellen Fahrzeugen nachgerüstet werden, wobei die exakte Positionierung entscheidend für die Wirksamkeit ist. Ein weiterer wichtiger Aspekt ist die Unterbodenverkleidung im Bereich der Radkästen. Diese leitet den Luftstrom gezielt zum hinteren Diffusor und maximiert dadurch den Abtrieb [s291]. Bei der Installation sollte besonders auf die nahtlose Integration mit bestehenden Aerodynamik-Komponenten geachtet werden. Experten empfehlen, die Verkleidung in Segmente zu unterteilen, um Wartungsarbeiten zu erleichtern. Die Kombination verschiedener aerodynamischer Maßnahmen kann den Kraftstoffverbrauch und die CO_2-Emissionen deutlich reduzieren [s289]. Ein ganzheitlicher Ansatz umfasst dabei die Integration von aktiven Kühlerjalousien mit thermisch-akustischer Motorverkleidung. Für die praktische Umsetzung bedeutet dies, dass bei

Tuning-Maßnahmen im Radhaus-Bereich immer auch die Wechselwirkungen mit anderen aerodynamischen Elementen berücksichtigt werden müssen. Die Messung und Optimierung der Radhaus-Aerodynamik erfordert spezialisierte Ausrüstung und Expertise [s288]. Für Hobby-Tuner empfiehlt sich daher die Zusammenarbeit mit professionellen Werkstätten, die über entsprechende Messeinrichtungen verfügen. Bei der Auswahl aerodynamischer Komponenten sollte besonders auf zertifizierte Produkte geachtet werden, die ihre Wirksamkeit in Tests nachgewiesen haben. Die aus dem Motorsport stammenden Erkenntnisse [s290] zeigen, dass selbst kleine Modifikationen im Radhaus-Bereich signifikante Auswirkungen haben können. Beispielsweise können speziell geformte Luftleitbleche den Luftstrom optimieren und Verwirbelungen reduzieren. Bei der Installation solcher Komponenten ist die exakte Ausrichtung entscheidend - schon kleine Abweichungen können die Wirksamkeit deutlich beeinträchtigen.

Glossar

Nostril

Speziell geformte Luftöffnungen im Fahrzeugdesign, die ähnlich wie Nasenlöcher funktionieren und der gezielten Luftführung dienen. Ursprünglich aus der Flugzeugtechnik übernommen.

Ventilationswiderstand

Ein physikalischer Effekt, der durch die Bewegung von Luft um rotierende Objekte entsteht und den Gesamtluftwiederstand erhöht. Besonders relevant bei schnell drehenden Rädern.

Zusammenfassung - 4. 2. Seitenbereich

- Seitenschweller aus Fiberglas reduzieren das Fahrzeuggewicht und ermöglichen einfache Lackierung.
- Spezielle Haftvermittler-Tücher verbessern die Haftung bei der Montage mit Klebeband.
- Bohrlöcher für Metall- oder Messingtabs müssen mit Silikon oder RTV abgedichtet werden.
- Leistungsstil-Seitenschweller bieten neben der Optik auch aerodynamische Vorteile.
- Ein geschnittener Schlitz in der vorderen Zierleiste ermöglicht direkte Kaltluftzufuhr zum Luftfilter.
- Hochfluss-Bipipe-Sets eliminieren Engpässe im Motor im Vergleich zu OEM-Bipipes.
- Bar-and-Plate-Kerne ermöglichen besseren Durchfluss als traditionelle Tube-and-Fin-Kerne.
- Räder und Radkästen verursachen bis zu 25% des gesamten aerodynamischen Widerstands.
- Aktive Geschwindigkeitslippen verhindern bei höheren Geschwindigkeiten Turbulenzen im Radhaus.
- Spezielle "Nostrils" leiten den Luftstrom gezielt durch das Radhaus für verbesserte Aerodynamik.
- Die Integration von aktiven Kühlerjalousien mit thermisch-akustischer Motorverkleidung reduziert CO_2-Emissionen.

4. 3. Heckbereich

Wie beeinflusst die Aerodynamik im Heckbereich eines Fahrzeugs dessen Fahrverhalten? Welche Rolle spielen dabei moderne Technologien und warum ist gerade die Abstimmung der verschiedenen Komponenten so entscheidend für die Gesamtperformance? Diese Fragen beschäftigen nicht nur Motorsportingenieure, sondern zunehmend auch ambitionierte Fahrzeugbesitzer, die ihr Fahrzeug optimieren möchten. Der Heckbereich eines Fahrzeugs ist aerodynamisch besonders anspruchsvoll, da hier verschiedene Luftströmungen zusammentreffen und komplexe Verwirbelungen entstehen können. Die richtige Gestaltung dieses Bereichs entscheidet maßgeblich über Stabilität, Effizienz und Leistungsfähigkeit des Fahrzeugs - besonders bei höheren Geschwindigkeiten. Die technologischen Entwicklungen der letzten Jahre haben völlig neue Möglichkeiten eröffnet, die Aerodynamik im Heckbereich zu optimieren. Von aktiven Spoilersystemen bis hin zu computergestützten Simulationen: Die verfügbaren Optionen sind vielfältiger und ausgereifter denn je. Dabei zeigt sich immer wieder: Der Schlüssel zum Erfolg liegt in der präzisen Abstimmung aller Komponenten aufeinander.

> *„Ein zu starker Abtrieb am Heck kann zu einem instabilen Fahrverhalten führen, weshalb die Kombination aus Frontsplitter und Heckdiffusor für eine ausgewogene Aerodynamik empfohlen wird.“*

4. 3. 1. Heckspoiler und Diffusoren

Heckspoiler und Diffusoren sind zentrale Komponenten der Fahrzeugaerodynamik, die maßgeblich die Leistungsfähigkeit und Stabilität eines Fahrzeugs beeinflussen. Ihre Bedeutung wird besonders im Hochgeschwindigkeitsbereich deutlich, wo aerodynamische Kräfte eine dominante Rolle spielen [s292]. Ein wesentlicher Unterschied besteht zwischen Spoilern und Flügeln: Während die Luft bei Spoilern nur über die Oberfläche strömt, nutzen Flügel sowohl die Über- als auch die Unterströmung. Flügel erreichen dabei ein deutlich besseres Auftriebs-zu-Widerstands-Verhältnis von bis zu 24:1, verglichen mit dem typischen 3:1-Verhältnis bei Spoilern [s293]. Bei der Installation eines Flügels ist zu beachten, dass der Abstand zur Karosserie mindestens der Chordhöhe entsprechen sollte, um optimale Ergebnisse zu erzielen. Besonders innovativ sind Split-Heckflügel, die beeindruckende Verbesserungen bieten: Sie reduzieren den Luftwiderstand um 12% und steigern gleichzeitig den Abtrieb um 38% [s294]. Diese Effizienzsteigerung resultiert aus einer optimierten Luftströmung und verringerten Turbulenzen. Für Fahrzeugbesitzer, die ihr Fahrzeug aufrüsten möchten, stellt ein Split-Heckflügel daher eine sehr effektive Modifikation dar. Der Diffusor spielt eine ebenso wichtige Rolle und arbeitet eng mit dem Heckspoiler zusammen. Er beschleunigt den Luftstrom unter dem Fahrzeug und erzeugt dabei einen Unterdruckbereich, der zusätzlichen Abtrieb generiert [s295]. Besonders effektiv sind Doppeldecker-Diffusoren, die durch ihre zweistufige Konstruktion mehr Luft aus dem Unterboden ziehen können. Bei der Installation eines Diffusors sollte man besonders auf die Strakes (Führungsschienen) an der Vorderseite achten, da diese große Wirbel erzeugen, die zur Abtriebsgenerierung beitragen [s296].

Für die optimale Abstimmung der Aerodynamik empfiehlt sich die Verwendung von Vortexgeneratoren an Stellen, wo die Luft von der Oberfläche abreißt [s297]. Zusätzlich können Gurney-Flaps - kleine, vertikale Lippen am Heckflügel - den Abtrieb weiter erhöhen und gleichzeitig den Luftstrom verbessern. Bei der praktischen Umsetzung ist die Balance zwischen Front- und Heckbereich entscheidend [s298]. Ein zu starker Abtrieb am Heck kann zu einem instabilen Fahrverhalten führen. Daher empfiehlt sich die Kombination aus Frontsplitter und Heckdiffusor, um eine ausgewogene Aerodynamik zu erreichen [s299]. Für Cabrio-Besitzer ist interessant zu wissen, dass Spoiler hier oft besser funktionieren als Flügel, da sie weniger anfällig für Turbulenzen sind [s293]. Bei der Nachrüstung sollte man auch die Wechselwirkungen zwischen den verschiedenen aerodynamischen Elementen berücksichtigen - die Effizienz eines Heckflügels hängt stark von der Geometrie des Fahrzeugs davor ab [s297]. Die hinteren Radvanes verdienen besondere Aufmerksamkeit, da sie sensibel auf das Design der Hinterradaufhängung reagieren. Eine falsche Auslegung kann sogar zu Abtriebsverlusten führen [s296]. Bei der Montage sollte daher besonders auf die korrekte Positionierung und Ausrichtung geachtet werden. Die Kombination verschiedener aerodynamischer Elemente kann die Gesamtleistung deutlich verbessern. Ein Spoiler kann beispielsweise den Luftstrom zum nachfolgenden Flügel optimieren [s293]. Dabei ist die präzise Abstimmung aller Komponenten entscheidend für die bestmögliche aerodynamische Performance [s292].

Vortexgeneratoren [i19]

Glossar

Gurney-Flap

Nach dem Rennfahrer Dan Gurney benannte aerodynamische Vorrichtung. Diese kleinen Metallstreifen werden typischerweise in einem 90-Grad-Winkel am Heck angebracht.

Radvane

Aerodynamische Leitbleche im Bereich der Räder, die den Luftstrom um die Räder herum optimieren. Sie können aus Carbon, Aluminium oder verstärktem Kunststoff gefertigt sein.

Strakes

Vertikale oder schräge Leitbleche, die in der Aerodynamik eingesetzt werden, um Luftströme zu lenken und zu stabilisieren. Sie können aus Aluminium, Carbon oder Kunststoff gefertigt sein.

Vortexgenerator

Kleine dreieckige oder rechteckige Aufbauten, die gezielt Luftwirbel erzeugen. Sie werden häufig in V-Formation angeordnet und können aus verschiedenen Materialien wie Aluminium oder Kunststoff bestehen.

4. 3. 2. Dachspoiler-Systeme

Dachspoiler-Systeme haben sich in den letzten Jahren zu hochkomplexen aerodynamischen Komponenten entwickelt, die weit über ihre ursprüngliche, hauptsächlich optische Funktion hinausgehen [s300]. Moderne Systeme kombinieren ausgeklügelte Technologie mit aerodynamischer Effizienz, wobei besonders aktive Dachspoiler-Systeme neue Maßstäbe setzen. Die Integration eines aktiven Spoilersystems erfordert präzise elektronische Steuerung. Ein Mikrocontroller, verbunden mit Beschleunigungssensoren und Drehgebern, ermöglicht die dynamische Anpassung der Spoilerposition je nach Fahrsituation [s301]. Bei starkem Bremsen wird beispielsweise automatisch die Position mit maximalem Abtrieb eingenommen, während bei konstanter Fahrt oder Beschleunigung eine flachere, windschnittigere Position gewählt wird. Für Heimwerker, die ein solches System nachrüsten möchten, empfiehlt sich die Verwendung eines Inertial-Schalters als kostengünstigere Alternative zur komplexen elektronischen Steuerung. Die Computational Fluid Dynamics (CFD) spielt bei der Entwicklung moderner Dachspoiler eine zentrale Rolle [s302]. Diese computergestützte Strömungssimulation ermöglicht es, verschiedene Spoiler-Designs virtuell zu testen und zu optimieren, bevor kostspielige Prototypen gebaut werden. Dabei hat sich gezeigt, dass besonders bei Elektrofahrzeugen die richtige Spoilergeometrie in Kombination mit der Fahrzeugform erhebliche Effizienzgewinne bringen kann [s303]. Interessanterweise sind Dachspoiler in bestimmten Rennsituationen, besonders bei engen Kurven und niedrigeren Geschwindigkeiten, vorteilhafter als komplexere Flügelsysteme [s304]. Sie sind nicht nur einfacher zu montieren und kostengünstiger, sondern bieten auch einen praktischen Kompromiss zwischen aerodynamischer Funktion und alltäglicher Nutzbarkeit. Bei der Auswahl eines Dachspoilers sollten Fahrzeugbesitzer beachten, dass viele Werksspoiler primär designorientiert sind und keine signifikanten Leistungsgewinne bringen [s300]. Der aktuelle Trend geht in zwei Richtungen: Einerseits werden klassische, dezente Designs nachgefragt, die sich harmonisch in die Fahrzeugsilhouette einfügen [s305]. Andererseits entwickelt sich ein Markt für hocheffiziente, aktive Systeme, die mittels maschinellen Lernens kontinuierlich optimiert werden [s302]. Diese KI-gestützten Systeme können Luftwiderstand und Auftriebskräfte in Echtzeit vorhersagen und die Spoilerposition entsprechend anpassen. Bei der praktischen Installation eines aktiven Dachspoiler-Systems ist besonders auf die mechanische Belastbarkeit zu achten. Die auftretenden Kräfte sind erheblich und erfordern eine robuste Konstruktion [s301]. Experten empfehlen, bei der Montage verstärkte Befestigungspunkte zu verwenden und regelmäßige Wartungsintervalle einzuhalten. Ein häufiger Fehler bei der Nachrüstung ist die Unterschätzung der Belastungen auf die Dachstruktur - hier sollte unbedingt die Fahrzeugspezifikation beachtet werden. Die Integration eines Dachspoilers in das Gesamtaerodynamikkonzept des Fahrzeugs erfordert sorgfältige Planung. Besonders bei der Kombination mit anderen aerodynamischen Elementen wie Frontlippe oder Seitenschwellern muss auf eine ausgewogene Abstimmung geachtet werden. Moderne CFD-Analysen zeigen, dass selbst kleine Änderungen an der Spoilergeometrie signifikante Auswirkungen auf die Gesamtaerodynamik haben können [s302].

Glossar

Computational Fluid Dynamics

Eine computergestützte Methode zur Berechnung und Visualisierung von Strömungsverhalten. Ermöglicht die Analyse von Luftströmungen ohne physische Tests im Windkanal.

Inertial-Schalter

Ein mechanischer oder elektronischer Sensor, der auf Beschleunigungskräfte reagiert und als Auslöser für verschiedene Systeme dient.

4. 3. 3. Abtriebsoptimierung

Die Optimierung des Abtriebs erfordert ein tiefgreifendes Verständnis der aerodynamischen Wechselwirkungen am Fahrzeug. Besonders im Heckbereich ist eine ausgewogene Abstimmung verschiedener Komponenten entscheidend für die Fahrstabilität und Performance.

Ein zentraler Aspekt ist die Wirkung der Endplatten an Heckflügeln. Diese sind keineswegs nur dekorative Elemente, sondern erfüllen eine wichtige aerodynamische Funktion: Sie trennen den Niederdruckbereich unter dem Flügel vom Hochdruckbereich darüber [s306]. Interessanterweise zeigen Tests, dass einfache rechteckige Endplatten oft genauso effektiv sind wie komplexere Designs. Viele aufwendig gestaltete Endplatten mit zusätzlichen Schnitten und Lüftungen können sogar kontraproduktiv sein [s306]. Für Tuning-Enthusiasten bedeutet dies, dass sie bei der Wahl der Endplatten nicht unbedingt zum teuersten oder komplexesten Design greifen müssen. Die Balance zwischen Vorder- und Hinterachse spielt eine entscheidende Rolle. Ein zu starker Abtrieb am Heck kann zwar die Stabilität in schnellen Kurven verbessern, führt aber möglicherweise zu unerwünschtem Untersteuern [s307]. Bei der Abstimmung sollte man schrittweise vorgehen: Zunächst den Heckflügel in einer moderaten Position montieren und dann die Auswirkungen auf das Fahrverhalten testen. Falls sich Untersteuern bemerkbar macht, kann dies durch verschiedene Maßnahmen kompensiert werden. Eine effektive Methode ist die Anpassung der Dämpfereinstellungen, insbesondere eine Erhöhung der Rückstoßdämpfung an der Vorderachse [s308]. Dies hilft, die Fahrzeugnase in Kurven niedrig zu halten. Ein oft übersehener Aspekt ist der sogenannte Aero-Wash-Effekt, der besonders bei Rennveranstaltungen oder schneller Autobahnfahrt relevant wird. Wenn ein Fahrzeug einem anderen dicht folgt, verliert es erheblich an Abtrieb [s309]. Dies kann zu überraschendem Untersteuern führen und erfordert vom Fahrer erhöhte Aufmerksamkeit. Bei der Abstimmung des Fahrzeugs sollte man daher auch Szenarien mit

Heckflügel [i20]

reduziertem Abtrieb berücksichtigen. Die Rake-Position des Fahrzeugs - also die Differenz zwischen Vorder- und Hinterhöhe - kann ebenfalls zur Optimierung des Abtriebs genutzt werden [s308]. Eine leichte Erhöhung des Hecks kann den Luftstrom unter dem Fahrzeug verbessern und den Abtrieb erhöhen. Hierbei ist jedoch Vorsicht geboten: Zu viel Rake kann die Aerodynamik negativ beeinflussen und zu instabilem Fahrverhalten führen. Für die praktische Umsetzung empfiehlt sich ein systematischer Ansatz: Beginnen Sie mit der Grundeinstellung des Heckflügels und dokumentieren Sie die Auswirkungen auf das Fahrverhalten. Nutzen Sie Testfahrten auf einer sicheren Strecke, um verschiedene Einstellungen zu erproben. Achten Sie besonders auf das Verhalten in schnellen Kurven und bei Lastwechseln. Die optimale Einstellung ist gefunden, wenn das Fahrzeug sowohl in langsamen als auch in schnellen Kurven neutral reagiert und keine übermäßige Tendenz zum Unter- oder Übersteuern zeigt. Bei der Feinabstimmung sollten auch die Wechselwirkungen mit anderen aerodynamischen Elementen berücksichtigt werden. Ein gut abgestimmtes Gesamtpaket aus Frontsplitter, Seitenschwellern und Heckflügel kann die Fahrstabilität deutlich verbessern und gleichzeitig den Luftwiderstand in einem akzeptablen Bereich halten.

Glossar

Aero-Wash
Ein aerodynamisches Phänomen, bei dem die gestörte Luftströmung hinter einem vorausfahrenden Fahrzeug zu einem plötzlichen Verlust der aerodynamischen Eigenschaften beim nachfolgenden Fahrzeug führt. Besonders kritisch bei Geschwindigkeiten über 150 km/h.

Rake
Die gezielte Höhendifferenz zwischen Vorder- und Hinterachse eines Fahrzeugs, die den Luftstrom unter dem Fahrzeug beeinflusst. Wird in Millimetern oder Grad gemessen.

Zusammenfassung - 4. 3. Heckbereich

- Split-Heckflügel reduzieren den Luftwiderstand um 12% und steigern den Abtrieb um 38%
- Flügel erreichen ein Auftriebs-zu-Widerstands-Verhältnis von bis zu 24:1, Spoiler nur 3:1
- Der Abstand eines Flügels zur Karosserie sollte mindestens der Chordhöhe entsprechen
- Doppeldecker-Diffusoren ziehen durch zweistufige Konstruktion mehr Luft aus dem Unterboden
- Spoiler funktionieren bei Cabrios besser als Flügel aufgrund geringerer Turbulenzanfälligkeit
- Aktive Dachspoiler passen ihre Position automatisch der Fahrsituation an, gesteuert durch Beschleunigungssensoren
- KI-gestützte Spoilersysteme können Luftwiderstand und Auftriebskräfte in Echtzeit vorhersagen
- Einfache rechteckige Endplatten sind oft genauso effektiv wie komplexe Designs
- Der Aero-Wash-Effekt reduziert den Abtrieb deutlich bei dicht folgendem Fahrzeug
- Eine erhöhte Rückstoßdämpfung an der Vorderachse kompensiert Untersteuern durch zu starken Heckabtrieb

Rückblick - 4. Aerodynamik

- Ein gut konzipierter Frontsplitter kann bis zu 1000 kg Abtrieb erzeugen durch die vergrößerte Oberfläche für Druckunterschiede.
- Die optimale Splitter-Position liegt 7,5-10 cm von der Fahrzeugfront entfernt mit Befestigung am Chassis.
- Ein 15 cm tiefer Splitter kombiniert mit einem 5 cm hohen Damm erzeugt bereits beachtlichen Abtrieb.
- Lücken zwischen Kühler und Luftansaugung sind kritische Schwachstellen für die Kühlleistung.
- Die Position des Ladeluftkühlers erfordert einen Kompromiss zwischen optimaler Luftzufuhr und Wartungszugänglichkeit.
- Split-Heckflügel reduzieren den Luftwiderstand um 12% bei gleichzeitiger Steigerung des Abtriebs um 38%.
- Canards erzeugen selbst wenig direkten Abtrieb, sind aber exzellente Werkzeuge zur Feinabstimmung der aerodynamischen Balance.
- Die Kombination von Splitter und Diffusor kann den Abtrieb von 31 kg auf 45 kg bei 128 km/h erhöhen.
- Räder und Radkästen sind für bis zu 25% des gesamten aerodynamischen Widerstands verantwortlich.
- Aktive Dachspoiler-Systeme passen ihre Position mittels KI-Steuerung und Sensoren dynamisch an die Fahrsituation an.
- Die Rake-Position des Fahrzeugs beeinflusst maßgeblich den Luftstrom unter dem Fahrzeug und damit den Abtrieb.
- Während die aerodynamische Optimierung bereits beeindruckende Leistungssteigerungen ermöglicht, verspricht die Integration moderner Elektronik und Sensorik noch größeres Potenzial für die Zukunft des Fahrzeugtunings.

5. Elektronische Systeme

Die elektronischen Systeme moderner Fahrzeuge haben sich zu hochkomplexen Netzwerken entwickelt, die weit mehr leisten als nur die grundlegende Motorsteuerung. Doch welche Möglichkeiten bieten diese Systeme für ambitionierte Tuning-Enthusiasten? Wie lässt sich die vorhandene Elektronik optimal für Leistungssteigerungen nutzen, ohne die Betriebssicherheit zu gefährden? Von der präzisen ECU-Programmierung über intelligente Fahrassistenzsysteme bis hin zu hochauflösenden Performance-Monitoren - die Bandbreite elektronischer Optimierungsmöglichkeiten ist beeindruckend. Dabei stellt sich die Frage: Welche Systeme sind für welchen Einsatzzweck sinnvoll und wie lassen sie sich effektiv miteinander kombinieren? Die Integration moderner Sensortechnik und Datenaufzeichnung eröffnet völlig neue Perspektiven für die Fahrzeugabstimmung. Doch wie navigiert man durch den Dschungel verfügbarer Lösungen und welche technischen Grundlagen muss man verstehen? Die folgenden Kapitel bieten einen systematischen Einblick in die Welt der automobilen Elektronik und zeigen praxisorientierte Wege zur optimalen Abstimmung aller Komponenten - vom Einsteiger bis zum erfahrenen Tuner.

5. 1. Motorsteuerung

Die Motorsteuerung moderner Fahrzeuge ist ein faszinierendes Zusammenspiel aus hochentwickelter Elektronik und präziser Mechanik. Doch wie funktioniert dieses komplexe System eigentlich im Detail? Welche Möglichkeiten bietet die elektronische Motorsteuerung für die Leistungsoptimierung? Und welche Rolle spielen dabei die verschiedenen Sensoren und Aktoren? Die kontinuierliche Weiterentwicklung der Steuerungstechnik hat in den letzten Jahren völlig neue Perspektiven für das Fahrzeugtuning eröffnet. Von der ECU-Programmierung über die präzise Sensorik bis hin zur detaillierten Datenaufzeichnung - die Möglichkeiten zur Optimierung sind vielfältiger denn je. Dabei geht es längst nicht mehr nur um reine Leistungssteigerung, sondern um eine ganzheitliche Abstimmung aller Motorparameter für maximale Effizienz. Die folgenden Abschnitte bieten einen tiefen Einblick in die technischen Grundlagen und praktischen Anwendungen moderner Motorsteuerungssysteme - essentielles Wissen für jeden, der das volle Potenzial seines Fahrzeugs ausschöpfen möchte.

„Bei einem modernen 2,0-Liter-Turbomotor kann eine professionelle ECU-Programmierung Leistungssteigerungen von 20-30% bewirken, ohne die Langlebigkeit des Motors zu gefährden.“

5. 1. 1. ECU-Programmierung

Die ecu-Programmierung, auch als ECU-remapping oder Chip-Tuning bekannt, hat sich zu einer Schlüsseltechnologie im modernen Fahrzeugtuning entwickelt. Bei diesem Prozess werden die werksseitigen Einstellungen des Motorsteuergeräts (ECU) gezielt modifiziert, um die Leistung und Effizienz des Motors zu optimieren [s310]. Der Remapping-Prozess beginnt typischerweise mit dem Auslesen der Original-Fahrzeugdaten, was als essenzielle Sicherheitsmaßnahme gilt. Ein erfahrener Tuner verbindet sich dabei über spezielle Diagnosewerkzeuge mit der ECU und erstellt zunächst eine Sicherungskopie der Werksdaten [s311]. Dies ermöglicht es, bei Bedarf jederzeit zum Originalzustand zurückzukehren - ein wichtiger Aspekt, den seriöse Tuner stets berücksichtigen. Die eigentliche Programmierung umfasst die Anpassung verschiedener Parameter wie Kraftstoffdruck, Ladedruck bei Turbofahrzeugen, Zündzeitpunkt und Gaspedalansprechverhalten [s310]. Dabei nutzen moderne Tuning-Lösungen zwei grundlegende Ansätze: Das Re-Flash-Verfahren und standalone Steuergeräte. Das Re-Flash-Verfahren modifiziert die bestehende ECU und ist besonders kostengünstig, da keine Hardware-Änderungen erforderlich sind [s312]. Bei komplexeren Tuning-Vorhaben, insbesondere wenn Turbolader oder Kompressoren nachgerüstet werden, kommen häufig standalone Steuergeräte zum Einsatz, die ab etwa 850 Euro erhältlich sind [s313]. Ein wichtiger praktischer Aspekt beim ECU-Tuning ist die Überwachung des Luft-Kraftstoff-Verhältnisses (afr). Professionelle Tuner verwenden AFR-Messgeräte, um eine optimale Motorabstimmung zu gewährleisten [s314]. Die modernen Steuergeräte ermöglichen dabei eine Echtzeitüberwachung verschiedener Parameter über einen angeschlossenen Laptop [s315], was eine präzise Feinabstimmung erlaubt. Besonders bei turbogeladenen Motoren zeigt sich das Potenzial der ECU-Programmierung. Durch die Optimierung der wastegate-Steuerung kann der Ladedruck erhöht werden, was zu einer deutlichen Leistungssteigerung führt [s316]. Ein praktisches Beispiel: Bei einem modernen 2,0-Liter-Turbomotor kann eine professionelle ECU-Programmierung Leistungssteigerungen von 20-30% bewirken, ohne die Langlebigkeit des Motors zu gefährden. Die Auswirkungen einer gelungenen ECU-Programmierung sind unmittelbar spürbar: verbesserte Gasannahme, höhere Leistung über den gesamten Drehzahlbereich und oft sogar ein reduzierter Kraftstoffverbrauch [s317]. Dabei ist zu beachten, dass sich das Startverhalten des Motors leicht verändern kann und der Abgasgeruch sich möglicherweise ändert - beides sind normale Begleiterscheinungen der Optimierung. Für Enthusiasten mit technischem Verständnis gibt es mittlerweile auch Open-Source-Lösungen. Arduino-basierte Systeme sind für unter 200 Euro erhältlich [s313], erfordern aber fundierte Kenntnisse in der Motorsteuerung. Diese Option ist besonders für ältere Fahrzeuge interessant, bei denen die Original-ECU weniger komplex ist. Die moderne ECU-Programmierung geht weit über simple Leistungssteigerungen hinaus. Fortschrittliche Systeme bieten Features wie Startkontrolle, Anti-Lag-Systeme und umfangreiche Datenaufzeichnung [s312]. Bei der Implementierung solcher Funktionen ist die Integration mit anderen Fahrzeugsystemen wie der variablen Nockenwellensteuerung (VANOS) [s318] zu berücksichtigen. Für die Diagnose und Überwachung stehen umfangreiche Tools zur Verfügung, die das Auslesen von Fehlercodes, die Überprüfung von Sensordaten und die Kalibrierung verschiedener Steuergeräte ermöglichen [s319]. Dies ist besonders wichtig für die Feinabstimmung und Fehlersuche nach der Programmierung.

5. 1. 2. Sensoren und Aktoren

Sensoren und Aktoren bilden das Nervensystem moderner Motorsteuerungssysteme und sind entscheidend für die Leistungsoptimierung im Fahrzeugtuning. Ein komplexes Netzwerk verschiedener Sensoren überwacht kontinuierlich alle wichtigen Motorparameter und liefert der ECU die notwendigen Daten für eine präzise Steuerung [s320]. Der Luftmassenmesser und der Luftansaugtemperatur-Sensor arbeiten dabei eng zusammen, um die optimale Kraftstoffmenge zu bestimmen. Bei Tuningmaßnahmen ist besonders die korrekte Positionierung des Luftmassenmessers wichtig - idealerweise nach dem Ladeluftkühler, um präzise Messwerte zu erhalten [s321]. In der Praxis hat sich gezeigt, dass bereits eine falsche Ausrichtung des Sensors um wenige Grad zu Messfehlern führen kann. Tuning-Experten empfehlen daher, bei der Montage eine Wasserwaage zu verwenden und den Sensor exakt auszurichten. Eine besondere Bedeutung kommt dem mapsensor (Manifold Absolute Pressure) zu. Der serienmäßige Sensor ist oft nur für Drücke bis etwa 2,5 bar ausgelegt. Für höhere Leistungen wird ein 4-Bar-MAP-Sensor benötigt, der Messungen bis 250-270 PS ermöglicht [s322]. Bei der Umrüstung ist darauf zu achten, dass die Kennlinie des neuen Sensors in der ECU korrekt hinterlegt wird, da sonst Fehlmessungen drohen. Im Bereich der Aktoren zeigt sich ein interessanter Trend zur Elektrifizierung. Moderne elektrische wastegate-Aktoren ersetzen zunehmend die traditionellen pneumatischen Systeme [s323]. Diese bieten eine präzisere Kontrolle des Ladedrucks und reagieren schneller auf Änderungen. Bei der Installation eines elektrischen Wastegate-Aktors sollte besonders auf die korrekte Verkabelung und ausreichende Kühlung geachtet werden. Die Überwachung der Turbodrehzahl mittels spezieller Sensoren eröffnet neue Möglichkeiten in der Motorsteuerung. Diese Sensoren ermöglichen eine schnellere Reaktion auf Lastwechsel und eine robustere Kontrolle des Ladedrucks [s323]. In der Praxis hat sich gezeigt, dass die Installation eines Turbodrehzahlsensors besonders bei hochgezüchteten Motoren sinnvoll ist, da hier eine präzisere Kontrolle der Turbodynamik erforderlich ist. Der Sauerstoffsensor (Lambda-Sonde) spielt eine kritische Rolle bei der Überwachung des Verbrennungsprozesses [s320]. Bei Tuningmaßnahmen muss besonders auf mögliche Wechselwirkungen mit der Abgasrückführung geachtet werden, da Störungen hier zu Überhitzung führen können [s324]. Experten empfehlen, bei jeder größeren

Leistungssteigerung eine Breitband-Lambda-Sonde nachzurüsten, die eine genauere Messung des Luft-Kraftstoff-Verhältnisses ermöglicht.

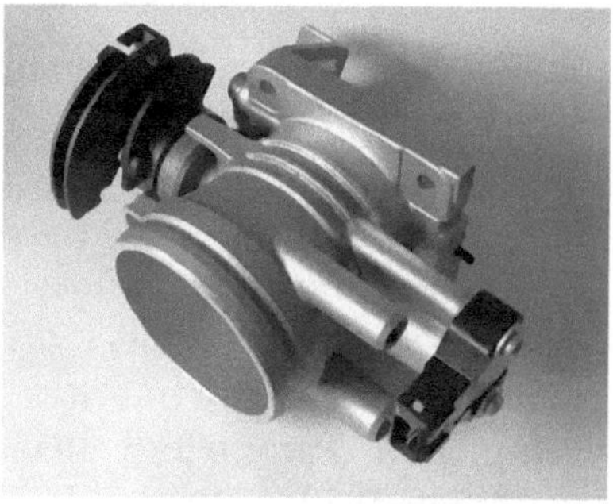

Throttle Position Sensor [i21]

Die Drosselklappenposition wird vom Throttle Position Sensor überwacht [s320]. Bei der Diagnose von Leistungsproblemen sollten neben diesem Sensor auch andere Parameter wie Ladedruck, Luftmasse und Kraftstoffdruck protokolliert werden [s325]. Ein praktischer Tipp: Bei der Fehlersuche sollten die Messwerte sowohl im Stand als auch unter Last verglichen werden, da manche Probleme erst unter realen Fahrbedingungen auftreten. Die Aktuator-Mechanik erfordert regelmäßige Wartung und Kontrolle. Ein typisches Beispiel ist die Einstellung der Aktuatorstablänge, die direkten Einfluss auf die Druckkontrolle hat [s326]. Zu kurze Stäbe können zu gefährlichem Überdruck führen, während zu lange Stäbe die Kontrolle verschlechtern. Eine präzise Einstellung ist hier unerlässlich und sollte nur von erfahrenen Technikern durchgeführt werden. Bei der Diagnose von Performanceproblemen ist ein systematischer Ansatz wichtig. Turbos, Aktoren, Druckrohre, Sensoren und Einspritzdüsen müssen schrittweise überprüft werden [s324]. Moderne Diagnosetools ermöglichen dabei eine detaillierte Analyse aller relevanten Parameter und helfen, Probleme schnell zu lokalisieren.

5. 1. 3. Datenaufzeichnung

Die moderne Datenaufzeichnung ist ein unverzichtbares Werkzeug für präzises Motortuning und die Optimierung der Fahrzeugleistung. Moderne Systeme ermöglichen eine umfassende Erfassung und Analyse verschiedenster Motorparameter in Echtzeit [s327]. Ein leistungsfähiges Datenaufzeichnungssystem kann bis zu 200 Messungen pro Sekunde pro Kanal durchführen und speichert diese in einem 512k großen internen Speicher. Dabei können Tuner aus über 350 verfügbaren Parametern bis zu 64 für die kontinuierliche Überwachung auswählen [s328]. In der Praxis hat sich bewährt, zunächst die wichtigsten Basisparameter wie Ladedruck, Luftmassendurchsatz und Lambda-Wert zu protokollieren und bei Bedarf weitere Parameter hinzuzufügen. Die Datenanalyse erfolgt über spezialisierte Interpreter-Software, die sowohl numerische als auch grafische Darstellungen ermöglicht [s328]. Ein erfahrener Tuner kann so beispielsweise Anomalien im Lastverhalten schnell erkennen oder die Auswirkungen von Änderungen an der Motorsteuerung unmittelbar nachvollziehen. Besonders wertvoll ist die Möglichkeit, verschiedene Parameter in Relation zueinander zu setzen - etwa um die Korrelation zwischen Ladedruck und tatsächlicher Leistungsabgabe zu analysieren. Moderne Prüfstandsysteme bieten zusätzlich konfigurierbare MATHS-Kanäle für komplexe Berechnungen und ermöglichen die Live-Erfassung von Leistung, Drehmoment und weiteren kritischen Parametern während der Tests [s329]. Ein praktisches Beispiel: Bei der Optimierung eines turbogeladenen Motors kann gleichzeitig der Ladedruck, die Ladelufttemperatur und der resultierende Leistungszuwachs überwacht werden. Dies ermöglicht eine präzise Abstimmung ohne Gefährdung der Motorkomponenten. Fortschrittliche Systeme verfügen über integrierte Sensoren wie Beschleunigungsmesser und Gyroskope [s327], die zusätzliche Daten über das Fahrzeugverhalten liefern. Diese Informationen sind besonders wertvoll bei der Abstimmung von Launch Control Systemen oder der Optimierung des Fahrverhaltens in Kurven. Die Datenlogger selbst gibt es in verschiedenen Ausführungen, von einfachen Geräten ohne Display bis hin zu komplexen Systemen mit USB-Erweiterung [s330]. Für den Einsteiger empfiehlt sich zunächst ein Basic-Logger mit Display, der die wichtigsten Parameter erfasst. Fortgeschrittene Anwender profitieren von erweiterbaren Systemen, die auch die Einbindung zusätzlicher Sensoren ermöglichen. Besonders wertvoll für professionelle Tuner ist die Telemetrie-

Funktion moderner Systeme, die eine Echtzeitüberwachung des Fahrzeugs während der Fahrt ermöglicht [s330]. Dies erlaubt schnelle Reaktionen auf kritische Situationen und macht zeitaufwändige Testreihen effizienter. Die Integration mit Prüfstandsystemen ermöglicht sowohl statische als auch dynamische Leistungstests mit präziser Erfassung der Motordrehzahl über verschiedene Zündsignalquellen [s331]. Ein durchdachtes Testdatenmanagement sorgt dabei für die systematische Speicherung und Verwaltung aller Messergebnisse. Für die praktische Anwendung empfiehlt sich ein strukturierter Ansatz: Zunächst sollte eine Baseline-Messung im Originalzustand erfolgen, gefolgt von schrittweisen Optimierungen mit jeweils vollständiger Dokumentation. Die gesammelten Daten bilden dann die Grundlage für weitere Verfeinerungen und helfen bei der Fehlersuche im Falle von Problemen.

Glossar

Datenlogger

Ein elektronisches Messgerät zur kontinuierlichen Aufzeichnung von Fahrzeug- und Motordaten. Moderne Geräte können auch als OBD-Schnittstelle oder via Bluetooth mit dem Smartphone verbunden werden.

Gyroskop

Sensor zur Messung der Drehbewegung eines Fahrzeugs um seine Achsen. Ermöglicht die Erfassung von Wankbewegungen und Fahrdynamik.

Lambda-Wert

Kennzahl für das Verhältnis von tatsächlich zugeführter zu theoretisch benötigter Luftmenge bei der Verbrennung. Der optimale Wert liegt bei 1,0 für eine vollständige Verbrennung.

MATHS-Kanäle

Virtuelle Messkanäle, die mathematische Operationen mit verschiedenen Messwerten in Echtzeit durchführen können, zum Beispiel die Berechnung des spezifischen Kraftstoffverbrauchs aus mehreren Einzelwerten.

5. 1. 4. Mappings und Abstimmung

Die präzise Abstimmung des Motors, auch als Mapping bekannt, ist ein komplexer Prozess, der verschiedene Motorparameter optimal aufeinander abstimmt. Ein zentraler Aspekt dabei ist das Luft-Kraftstoff-Verhältnis, das maßgeblich die Motorleistung und -effizienz beeinflusst. Erfahrene Tuner orientieren sich dabei oft an bewährten Basiswerten wie einem Verhältnis von 11.5:1 bei Vollgas [s332], um eine sichere Grundlage für weitere Optimierungen zu schaffen. Bei der Abstimmung turbogeladener Motoren spielt die Ladedruckregelung eine entscheidende Rolle. Die meisten Motoren haben aus Sicherheitsgründen eine maximale Ladedruckgrenze von etwa 22-23 psi (ca. 1,5-1,6 bar) [s333]. Die Steuerung erfolgt über variable Schaufeln am Turbolader, deren Position den Ladedruck bestimmt - vollständig geöffnet für minimalen und geschlossen für maximalen Druck [s334]. Ein präzise abgestimmtes Unterdruckventil, gesteuert von der ecu, reguliert dabei die Schaufelstellung. Ein häufiger Fehler bei der Abstimmung ist die zu aggressive Einstellung der Parameter. Wenn beispielsweise Klopfsignale ignoriert oder Kraftstoffanpassungen nicht korrekt vorgenommen werden, kann dies zu instabilen Ladedruckwerten und potenziellen Motorschäden führen [s332]. Professionelle Tuner empfehlen daher einen schrittweisen Ansatz bei der Optimierung, bei dem nach jeder Änderung eine sorgfältige Überprüfung der Motorreaktion erfolgt. Die Einspritzzeiten der Injektoren spielen eine zentrale Rolle bei der Ladedruckregelung. Eine falsche Abstimmung kann dazu führen, dass der Motor "zu fett" läuft, was sich in übermäßigem Kraftstoffverbrauch und suboptimaler Leistung äußert [s335]. In manchen Fällen kann der Einbau größerer Injektoren erforderlich sein, wenn die originalen Einspritzventile an ihre Grenzen stoßen. Ein weiterer wichtiger Aspekt ist die Vorsteuerkarte für den Turbolader, die berechnet, wie stark die Schaufeln geschlossen werden müssen, um den gewünschten Ladedruck zu erreichen [s334]. Diese Karte muss präzise auf die vorhandene Hardware abgestimmt sein, da Unstimmigkeiten zwischen Hardware und Software die Leistung des Systems erheblich beeinträchtigen können. Die Abstimmung muss auch die Zündkerzenspaltmaße berücksichtigen [s335], da diese direkten Einfluss auf die Verbrennungsqualität haben. Ein zu großer oder zu kleiner Elektrodenabstand kann zu Zündaussetzern oder ineffizienter Verbrennung führen. Erfahrene Tuner empfehlen, bei leistungsgesteigerten Motoren engere Elektrodenabstände zu wählen, um eine zuverlässige

Zündung auch bei höheren Ladedrücken zu gewährleisten. Die Sensorik spielt eine entscheidende Rolle bei der präzisen Abstimmung. Der TMAP-Sensor wird für die Boost-Zielvorgabe verwendet, während der mapsensor als zusätzliche Sicherheitsmaßnahme dient [s333]. Bei höheren Ladedrücken können Abweichungen zwischen den Messwerten vor und nach der Drosselklappe auftreten, was bei der Abstimmung berücksichtigt werden muss. Ein oft übersehener Aspekt ist die Vakuumversorgung und die korrekte Einstellung der Aktuatorstablänge [s334]. Diese mechanischen Komponenten müssen optimal eingestellt sein, da sie direkten Einfluss auf die Präzision der Ladedruckregelung haben. Eine falsche Einstellung kann zu verzögertem Ansprechverhalten oder Überboost-Situationen führen.

Zusammenfassung - 5. 1. Motorsteuerung

- Die ECU-Programmierung ermöglicht Leistungssteigerungen von 20-30% bei modernen 2,0-Liter-Turbomotoren ohne Beeinträchtigung der Langlebigkeit
- Arduino-basierte Steuerungssysteme sind bereits für unter 200 Euro verfügbar, während standalone Steuergeräte ab 850 Euro erhältlich sind
- Falsche Ausrichtung des Luftmassenmessers um wenige Grad kann bereits zu signifikanten Messfehlern führen
- Serienmäßige MAP-Sensoren sind meist nur für Drücke bis 2,5 bar ausgelegt, für höhere Leistungen wird ein 4-Bar-MAP-Sensor benötigt
- Moderne Datenaufzeichnungssysteme können bis zu 200 Messungen pro Sekunde pro Kanal durchführen und speichern diese in einem 512k großen internen Speicher
- Aus über 350 verfügbaren Parametern können bis zu 64 für die kontinuierliche Überwachung ausgewählt werden
- Die meisten Turbomotoren haben eine werksseitige Ladedruckgrenze von 22-23 psi (ca. 1,5-1,6 bar)
- Bei leistungsgesteigerten Motoren werden engere Elektrodenabstände der Zündkerzen empfohlen für zuverlässige Zündung bei höheren Ladedrücken
- Ein optimales Luft-Kraftstoff-Verhältnis von 11.5:1 bei Vollgas hat sich als Basis für weitere Optimierungen bewährt
- Abweichungen zwischen MAP-Sensor-Messwerten vor und nach der Drosselklappe können bei höheren Ladedrücken auftreten

5. 2. Fahrassistenzsysteme

Die rasante Entwicklung der Automobilelektronik hat in den letzten Jahrzehnten zu einer Revolution der Fahrerassistenzsysteme geführt. Doch welche Rolle spielen diese elektronischen Helfer tatsächlich bei der Optimierung von Fahrleistung und Sicherheit? Von der präzisen Traktionskontrolle über ausgefeilte Launch-Control-Systeme bis hin zu intelligenten Schaltassistenten und komplexen Telemetrielösungen - moderne Fahrzeuge verfügen über ein beeindruckendes Arsenal an elektronischen Unterstützungssystemen. Dabei stellt sich die Frage: Wie funktionieren diese Systeme im Detail und wie lässt sich ihr Potenzial optimal nutzen? Welche Wechselwirkungen bestehen zwischen den einzelnen Komponenten? Die Antworten darauf sind entscheidend für jeden, der sein Fahrzeug technisch optimieren möchte. Die folgenden Abschnitte beleuchten die wichtigsten Fahrerassistenzsysteme im Detail und zeigen auf, wie sie das Fahrerlebnis durch das präzise Zusammenspiel von Mechanik und Elektronik auf ein neues Level heben.

> *„Die Traktionskontrolle kann die vorhandene Traktion nicht erhöhen - sie optimiert lediglich deren Nutzung.“*

5. 2. 1. Traktionskontrolle

Die Traktionskontrolle (TCS) ist ein essentielles elektronisches Fahrerassistenzsystem, das maßgeblich zur Fahrsicherheit moderner Automobile beiträgt [s336]. Als integraler Bestandteil des Fahrzeugstabilitätssystems arbeitet es eng mit dem Antiblockiersystem (ABS) und der Stabilitätskontrolle zusammen [s337], um optimale Traktion unter verschiedensten Fahrbedingungen zu gewährleisten. Das System nutzt hochentwickelte Sensortechnologie, um kontinuierlich die Drehgeschwindigkeiten aller Räder zu überwachen. Sobald ein Rad schneller als die anderen dreht - was typischerweise auf rutschigem Untergrund wie bei Nässe, Schnee oder Eis vorkommt - greift die Traktionskontrolle automatisch ein [s336]. Dies geschieht beispielsweise beim Anfahren an einer steilen, verschneiten Straße oder beim Beschleunigen auf regennasser Fahrbahn. Die Funktionsweise basiert auf zwei Hauptmechanismen: Zum einen wird gezielt die Bremse am durchdrehenden Rad aktiviert [s338], zum anderen kann die Motorleistung temporär reduziert werden [s336]. Ein praktisches Beispiel: Wenn Sie an einer Ampel bei Nässe zu stark beschleunigen, spüren Sie möglicherweise ein leichtes Pulsieren im Gaspedal - das ist die Traktionskontrolle, die aktiv eingreift, um das Durchdrehen der Antriebsräder zu verhindern. Wichtig zu verstehen ist, dass die Traktionskontrolle die vorhandene Traktion nicht erhöhen kann - sie optimiert lediglich deren Nutzung [s336]. Fahrer sollten daher trotz dieses Sicherheitssystems ihre Fahrweise stets den Straßenverhältnissen anpassen. Bei extremen Wetterbedingungen wie Glatteis bleibt vorausschauendes Fahren unerlässlich. Die Funktionsfähigkeit des Systems wird dem Fahrer über eine Kontrollleuchte im Armaturenbrett angezeigt. Bei eingeschalteter Zündung leuchtet diese kurz auf und erlischt dann wieder [s339]. Blinkt die Leuchte während der Fahrt, bedeutet dies, dass das System aktiv eingreift - ein häufiger Anblick beispielsweise bei Fahrten im Winter. Ein dauerhaftes Leuchten hingegen kann auf eine Störung hinweisen [s339]. Die enge Verzahnung mit anderen Sicherheitssystemen zeigt sich besonders bei der Sensorik: Die Traktionskontrolle nutzt dieselben Raddrehzahlsensoren wie das ABS [s336]. Diese Synergie macht das System sehr effizient, bedeutet aber auch, dass ein defekter ABS-Sensor beide Systeme beeinträchtigen kann [s338]. In solchen Fällen kann das Fahrzeug in einen abgesicherten Notlaufmodus wechseln, was die Fahreigenschaften spürbar beeinflusst [s338]. Für den alltäglichen Gebrauch empfiehlt es sich, die Traktionskontrolle grundsätzlich aktiviert zu lassen. Es gibt jedoch Situationen, in denen eine kurzzeitige Deaktivierung sinnvoll sein kann - etwa wenn man sich aus tiefem Schnee "freischaukeln" muss. Hier kann das kontrollierte Durchdrehen der Räder manchmal hilfreich sein. Nach solchen Manövern sollte das System aber umgehend wieder aktiviert werden. Die moderne Traktionskontrolle hat die Fahrsicherheit revolutioniert [s336] und ist heute aus dem Automobilbau nicht mehr wegzudenken. Sie bildet zusammen mit ABS und Stabilitätskontrolle ein umfassendes Sicherheitspaket [s340], das Fahrer in kritischen Situationen unterstützt. Besonders in Kombination mit der Berganfahrhilfe (HHC) [s341] bietet sie zusätzlichen Komfort und Sicherheit beim Anfahren an Steigungen.

Glossar

Antiblockiersystem

Eine Erfindung der Firma Bosch aus dem Jahr 1978, die zunächst in der Mercedes S-Klasse eingeführt wurde. Das System wurde ursprünglich für Flugzeuge entwickelt.

Berganfahrhilfe

Hill Hold Control wurde erstmals 2005 in Großserienautos eingeführt. Das System wurde entwickelt, nachdem Studien zeigten, dass viele Fahrer Probleme beim Anfahren an steilen Hängen haben.

Traktionskontrolle

Ein elektronisches System, das ursprünglich aus dem Rennsport stammt und erstmals 1971 im Buick Riviera eingeführt wurde. Die Entwicklung dauerte über 15 Jahre und kostete mehrere Millionen Dollar.

5. 2. 2. Launch-Control

Launch Control hat sich als hochentwickeltes Fahrassistenzsystem etabliert, das ursprünglich für Hochleistungsfahrzeuge konzipiert wurde und mittlerweile auch in modernen Hybrid- und Elektrofahrzeugen zum Einsatz kommt [s342]. Das System ermöglicht eine optimale Beschleunigung aus dem Stand, indem es verschiedene Fahrzeugkomponenten präzise koordiniert und steuert.

Doppelkupplungsgetriebe [i22]

Die technische Umsetzung basiert auf einer komplexen Interaktion mehrerer Fahrzeugsysteme. Besonders bei Fahrzeugen mit Doppelkupplungsgetriebe (DCT) spielt die exakte Steuerung des Kupplungsmoments eine entscheidende Rolle [s343]. Moderne Launch-Control-Systeme nutzen dabei adaptive neuronale Fuzzy-Inferenzsysteme, die aus gesammelten Fahrdaten lernen und die Steuerung kontinuierlich optimieren. Die Aktivierung des Systems erfolgt in der Regel durch eine festgelegte Sequenz: Zunächst wählt der Fahrer den entsprechenden Fahrmodus aus und betätigt das Bremspedal. Das System signalisiert dann die Bereitschaft, meist durch eine Anzeige im Instrumentencluster [s342]. Ein praktisches Beispiel: In einem Porsche 911 mit PDK-Getriebe aktiviert man Launch Control, indem man den Sport Plus-Modus wählt, das linke Pedal fest durchdrückt und gleichzeitig das Gaspedal voll durchtritt. Das System hält dann automatisch die optimale Startdrehzahl. Während des Startvorgangs überwacht und reguliert Launch Control verschiedene Parameter gleichzeitig: Die Motordrehzahl wird auf einem optimalen Niveau gehalten, das Drehmoment wird präzise dosiert, und die Gangwechsel erfolgen zum idealen Zeitpunkt [s344]. Dies verhindert nicht nur durchdrehende Räder, sondern schützt auch die Fahrzeugkomponenten vor übermäßiger Belastung. Besonders bemerkenswert ist die Integration von künstlicher Intelligenz in moderne Launch-Control-Systeme. Die verwendeten adaptiven Steuerungsalgorithmen können aus jedem Start lernen und die Parameter für künftige Starts optimieren [s343]. Dies ermöglicht eine kontinuierliche Verbesserung der Startperformance unter verschiedenen Bedingungen wie unterschiedlichen Fahrbahnbelägen oder Temperaturen. Für die optimale Nutzung von Launch Control sollten einige wichtige Aspekte beachtet werden: Das Fahrzeug sollte betriebswarm sein, die Reifen sollten die richtige Temperatur und ausreichend Profil haben. Experten empfehlen, Launch Control nicht zu häufig zu nutzen und zwischen den Starts ausreichend Abkühlphasen einzulegen, um die mechanische Belastung für das Fahrzeug zu minimieren. Die Entwicklung von Launch Control hat auch den Motorsport beeinflusst. In Rennserien, wo schnelle Starts entscheidend sind, nutzen Teams ausgefeilte Launch-Control-Strategien. Die dabei gewonnenen Erkenntnisse fließen oft in die Entwicklung von Seriensystemen ein. Ein Beispiel aus der Formel 1 zeigt, wie präzise moderne Systeme arbeiten: Der Start erfolgt innerhalb von Millisekunden nach Erlöschen der Startampel, wobei das System blitzschnell zwischen verschiedenen Drehmomentkurven wechselt, um maximale Traktion zu gewährleisten. Interessanterweise findet sich Launch Control zunehmend auch in Elektrofahrzeugen, wo die sofort verfügbare Leistung des Elektromotors neue Herausforderungen an die Systeme stellt [s342]. Hier muss das System besonders feinfühlig arbeiten, um die enormen Drehmomente kontrolliert auf die Straße zu bringen. Tesla beispielsweise bezeichnet sein System als "Ludicrous Mode", das beeindruckende Beschleunigungswerte ermöglicht.

Glossar

Doppelkupplungsgetriebe

Eine Getriebeart mit zwei parallel angeordneten Teilgetrieben und separaten Kupplungen, die einen unterbrechungsfreien Schaltvorgang ermöglicht.

Fuzzy-Inferenzsystem

Ein mathematisches Modell zur Entscheidungsfindung, das mit unscharfen Mengen arbeitet und komplexe Wenn-Dann-Regeln verarbeitet.

Launch Control

Ein elektronisches System zur Steuerung des Anfahrvorgangs, das ursprünglich aus dem Rallye-Sport stammt. Es wurde erstmals in den 1980er Jahren entwickelt, um Rennfahrern perfekte Starts zu ermöglichen.

Ludicrous Mode

Ein von Tesla entwickelter Beschleunigungsmodus, benannt nach dem Science-Fiction-Film Spaceballs, der die Batterietemperatur und Leistungsabgabe für maximale Beschleunigung optimiert.

PDK-Getriebe

Porsche-Doppelkupplungsgetriebe - eine spezielle Entwicklung von Porsche, die erstmals im Motorsport der 1980er Jahre eingesetzt wurde.

5. 2. 3. Schaltassistenten

Moderne Schaltassistenten haben die Art und Weise, wie wir Fahrzeuge bedienen, grundlegend verändert. Diese intelligenten Systeme kombinieren traditionelle mechanische Komponenten mit fortschrittlicher Elektronik, um das Schalten präziser, effizienter und komfortabler zu gestalten [s345]. Der automatisierte Schaltassistent (ASA) stellt dabei eine besonders innovative Lösung dar, die dem Fahrer die Wahl zwischen manueller und automatisierter Bedienung lässt. Im manuellen Modus (M) behält der Fahrer die Kontrolle über die Gangwahl, während das System unterstützend eingreift. Der automatische Modus (D) übernimmt die Schaltarbeit vollständig [s345]. Dies ist besonders in Stop-and-Go-Verkehrssituationen von Vorteil, wo häufiges Schalten erforderlich ist. Die technologische Entwicklung hat zur Integration ausgefeilter Regelungssysteme geführt. Ein dreistufiges nichtlineares Verfahren optimiert die Motordrehzahlverfolgung, indem es stationäre Zustände, Referenztrajektorien und Verfolgungsfehlerinformationen analysiert [s346]. In der Praxis bedeutet dies, dass das System beispielsweise beim Hochschalten von zweiten in den dritten Gang die Motordrehzahl präzise an die Fahrgeschwindigkeit anpasst, was ruckfreie Gangwechsel ermöglicht. Besonders im Nutzfahrzeugbereich haben sich pneumatische Schaltunterstützungssysteme etabliert. Diese innovative Technologie reduziert den erforderlichen Kraftaufwand beim Schalten auf ein Achtel im Vergleich zu herkömmlichen Systemen [s347]. Ein Beispiel aus der Praxis: Ein Lkw-Fahrer, der täglich hunderte Schaltvorgänge durchführt, profitiert von deutlich reduzierter Ermüdung und erhöhtem Fahrkomfort. Die Effizienzoptimierung spielt eine zentrale Rolle bei der Entwicklung moderner Schaltassistenten. Spezielle Algorithmen stimmen die Übersetzungsverhältnisse ab, um Reibungsverluste zu minimieren [s348]. Dies geschieht durch die Reduzierung der Drehgeschwindigkeitsunterschiede zwischen den Komponenten. In der Praxis führt dies zu geringerem Kraftstoffverbrauch und reduziertem Verschleiß. Ein weiterer bedeutender Fortschritt ist die Möglichkeit, durch präzise Motordrehzahlregelung auf die klassische Kupplung zu verzichten [s346]. Dies vereinfacht nicht nur die Gesamtstruktur des automatisierten Schaltgetriebes (AMT), sondern reduziert auch Wartungskosten und potenzielle Verschleißpunkte. Für den Fahrer bedeutet dies eine noch intuitivere Bedienung, da das System selbstständig die optimale Drehzahlanpassung vornimmt. Die Installation und Integration moderner Schaltassistenten wurde ebenfalls optimiert. Dank kompakter Bauweise können die Systeme schnell eingebaut werden, ohne komplexe Verkabelungen zwischen Steuereinheit und Getriebe vornehmen zu müssen [s347]. Dies ist besonders bei Nachrüstungen oder Wartungsarbeiten von Vorteil. Die Akzeptanz automatisierter Schaltsysteme ist dabei durchaus unterschiedlich [s349]. Während einige Fahrer die verbesserte Effizienz und den erhöhten Komfort schätzen, bevorzugen andere weiterhin die vollständige manuelle Kontrolle. Hersteller reagieren darauf mit optionalen Systemen, die dem Kunden die Wahlfreiheit lassen. Für die optimale Nutzung eines Schaltassistenten empfiehlt es sich, zunächst im manuellen Modus zu fahren, um ein Gefühl für das System zu entwickeln. Dabei sollte man besonders auf die Rückmeldungen des Systems achten, wie etwa leichte Vibrationen oder akustische Signale, die optimale Schaltzeitpunkte anzeigen. Mit zunehmender Vertrautheit kann dann der automatische Modus genutzt werden, der besonders im städtischen Verkehr Vorteile bietet.

Glossar

automatisiertes Schaltgetriebe
Ein Getriebe, das die Vorteile eines Handschaltgetriebes mit der Bequemlichkeit einer Automatik verbindet. Es verwendet Sensoren und Aktoren, um die Schaltvorgänge automatisch durchzuführen, bietet aber auch die Möglichkeit zur manuellen Schaltung.

automatisierter Schaltassistent
Ein elektronisches System, das die Gangwechsel im Fahrzeug durch Sensoren und Aktoren unterstützt. Es kann sowohl die Schaltgeschwindigkeit als auch die Schaltqualität verbessern und den Verschleiß des Getriebes reduzieren.

5. 2. 4. Telemetriesysteme

Telemetriesysteme haben sich zu einem unverzichtbaren Werkzeug in der modernen Fahrzeugtechnik entwickelt. Diese hochkomplexen Systeme ermöglichen die Erfassung, Übertragung und Analyse einer Vielzahl von Fahrzeugdaten in Echtzeit [s350]. Mit über 250 verschiedenen Sensoren werden kontinuierlich physikalische Größen wie Temperaturen, Drücke, Drehmomente und Geschwindigkeiten gemessen und ausgewertet [s351]. Die Architektur moderner Telemetriesysteme basiert auf einer ausgefeilten Sensor-Suite, die sowohl analoge Sensoren als auch digitale SPI-Signale umfasst [s352]. Ein praktisches Beispiel findet sich in der Batterieüberwachung: Spezielle Batteriemanagementsysteme (BMS) erfassen permanent Zellspannungen und Temperaturen, um die optimale Funktion des Antriebssystems sicherzustellen. Diese Daten werden über ein Mobilfunknetz in Echtzeit übertragen und gleichzeitig im Fahrzeug gespeichert. Die Verarbeitung der enormen Datenmengen erfolgt mit beeindruckender Geschwindigkeit. Bei Veranstaltungen in Europa beträgt die Latenzzeit lediglich 10 bis 15 Millisekunden, während sie bei Übersee-Events auf 300 bis 400 Millisekunden ansteigen kann [s351]. Diese schnelle Datenübertragung ermöglicht es Ingenieuren und Mechanikern, unmittelbar auf Veränderungen zu reagieren und notwendige Anpassungen vorzunehmen [s353].

Ein besonders innovatives Feature moderner Telemetriesysteme ist die Integration mit dem OBD2-Port und dem CAN-Netzwerk des Fahrzeugs [s354]. Dies ermöglicht die simultane Erfassung von Rundenzeiten sowie Motor- und Fahrwerksdaten, die in Echtzeit auf verschiedene Displays im Fahrzeug gestreamt werden können. Für den praktischen Einsatz bedeutet dies: Fahrer können wichtige Parameter wie Bremsdruck, G-Kräfte und individuelle Reifengeschwindigkeiten direkt im Blick behalten und ihr Fahrverhalten entsprechend anpassen. Die strategische Bedeutung der Telemetriedaten zeigt sich besonders im Rennsport, wo über 500 IoT-Geräte pro Fahrzeug Daten sammeln [s355]. Diese Informationsflut ermöglicht es den Teams, fundierte Entscheidungen über Boxenstopps zu treffen und die Fahrzeugeffizienz kontinuierlich zu optimieren [s350]. Ein konkretes Beispiel: Wenn die Telemetrie einen erhöhten Reifenverschleiß anzeigt, können die Ingenieure den optimalen Zeitpunkt für einen Reifenwechsel berechnen und die Boxencrew entsprechend vorbereiten. Für die optimale Nutzung eines Telemetriesystems empfiehlt sich eine sorgfältige Konfiguration der Anzeigeelemente. Die Benutzer können die Displays nach ihren spezifischen Bedürfnissen anpassen und verschiedene Daten auf unterschiedlichen Geräten darstellen [s354]. Wichtig ist dabei: Die Datenerfassung erfolgt nur bei laufendem Motor, was eine effiziente Ressourcennutzung gewährleistet. Die Zukunft der Telemetriesysteme liegt in der weiteren Integration von künstlicher Intelligenz und maschinellem Lernen. Diese Technologien werden es ermöglichen, noch präzisere Vorhersagen über das Fahrzeugverhalten zu treffen und potenzielle Probleme noch früher zu erkennen. Bereits heute nutzen Mechaniker die Telemetrieanalyse, um die Fahrzeugleistung in Echtzeit zu überwachen und fundierte Entscheidungen zu Einstellungsanpassungen zu treffen [s356]. Die Implementierung eines Telemetriesystems erfordert neben der Hardware auch eine ausgefeilte Software-Infrastruktur. Die Entwicklung spezieller PCBs zur Sensoranbindung und die Implementierung einer Live-Telemetrie-Konsole sind dabei zentrale Elemente [s352]. Für den Anwender bedeutet dies: Ein modernes Telemetriesystem bietet nicht nur reine Datenerfassung, sondern ein komplettes Analyse- und Visualisierungswerkzeug für die Optimierung der Fahrzeugleistung.

OBD2 [i23]

Glossar

CAN

Controller Area Network - Ein Bussystem zur Vernetzung von Steuergeräten im Fahrzeug, entwickelt von Bosch in den 1980er Jahren.

IoT

Internet of Things - Beschreibt die Vernetzung von physischen Geräten mit dem Internet, um Daten auszutauschen und Fernsteuerung zu ermöglichen.

PCB

Printed Circuit Board - Eine Leiterplatte aus isolierendem Material, auf der elektronische Bauteile montiert und elektrisch verbunden werden.

SPI

Serial Peripheral Interface - Ein Standard für die serielle Datenübertragung zwischen elektronischen Bauteilen auf kurze Distanz mit hoher Geschwindigkeit.

Telemetrie

Ein System zur drahtlosen Übertragung von Messdaten über große Entfernungen. Ursprünglich aus der Raumfahrt stammend, wird es heute in vielen technischen Bereichen eingesetzt.

Zusammenfassung - 5. 2. Fahrassistenzsysteme

- Die Traktionskontrolle nutzt dieselben Raddrehzahlsensoren wie das ABS für maximale Systemeffizienz
- Ein defekter ABS-Sensor kann sowohl Traktionskontrolle als auch ABS beeinträchtigen und zum Notlaufmodus führen
- Moderne Launch-Control-Systeme verwenden adaptive neuronale Fuzzy-Inferenzsysteme zur kontinuierlichen Optimierung
- Die KI-basierten Steuerungsalgorithmen lernen aus jedem Start und passen Parameter für künftige Starts automatisch an
- Pneumatische Schaltunterstützungssysteme reduzieren den Kraftaufwand beim Schalten auf ein Achtel
- Dreistufige nichtlineare Verfahren optimieren die Motordrehzahlverfolgung durch Analyse von Referenztrajektorien
- Moderne Schaltassistenten können durch präzise Motordrehzahlregelung auf die klassische Kupplung verzichten
- Telemetriesysteme erfassen über 250 verschiedene Sensoren für physikalische Größen in Echtzeit
- Die Latenzzeit der Datenübertragung beträgt in Europa nur 10-15 Millisekunden
- Im Rennsport sammeln über 500 IoT-Geräte pro Fahrzeug kontinuierlich Telemetriedaten
- Spezielle PCBs zur Sensoranbindung ermöglichen die Integration von CAN-Bus und OBD2-Schnittstellen

5. 3. Displaytechnik

Die rasante Entwicklung der Displaytechnologie hat die Art und Weise, wie wir mit unseren Fahrzeugen interagieren, grundlegend verändert. Doch welche Möglichkeiten bieten moderne Anzeigesysteme für die Fahrzeugoptimierung? Wie lassen sich wichtige Fahrzeugparameter effektiv überwachen, ohne dabei von der Straße abgelenkt zu werden? Die Integration digitaler Displays, Head-up-Systeme und Performance-Monitore eröffnet nicht nur neue Wege der Fahrzeugüberwachung, sondern ermöglicht auch eine präzisere Abstimmung der Motorleistung. Dabei stellt sich die Frage nach der optimalen Kombination verschiedener Anzeigetechnologien für den jeweiligen Einsatzzweck. Von der einfachen Boost-Anzeige bis zum vollwertigen Performance-Monitor mit Datenaufzeichnung - die Bandbreite moderner Displaytechnologie ist beeindruckend. Die folgenden Abschnitte zeigen auf, wie sich diese Systeme sinnvoll einsetzen lassen und welche technischen Aspekte bei Installation und Betrieb zu beachten sind.

> *„LED-Displays in modernen Fahrzeugen ermöglichen eine hervorragende Ablesbarkeit auch aus größerer Entfernung."*

5. 3. 1. Digitale Anzeigen

Digitale Anzeigen haben die Instrumentierung moderner Fahrzeuge revolutioniert und bieten Autobegeisterten vielfältige Möglichkeiten zur Überwachung wichtiger Fahrzeugparameter. Die neueste HDX-Version ermöglicht es Fahrern sogar, die Nadelfarben nach persönlichen Vorlieben anzupassen und verfügt über eine vergrößerte boost-Anzeige im zentralen Armaturenbereich. Ein besonderer Vorteil: Die Bedienelemente sind direkt ins Armaturenbrett integriert, was eine separate Montage überflüssig macht [s357]. Bei der Boost-Überwachung bieten digitale Anzeigen einen beeindruckenden Messbereich von -2,4 bis 2,1 bar (-35 bis 30 psi). Für Einsteiger wichtig zu wissen: Im Leerlauf ist eine Anzeige zwischen -1,4 und -1,5 bar (-20 und -22 psi) völlig normal. Bei Abweichungen sollten zunächst Verkabelung und Vakuumanschlüsse überprüft werden [s358]. Im Gegensatz zu mechanischen Systemen arbeiten diese Anzeigen rein elektronisch, was eine höhere Präzision ermöglicht. Die Vielseitigkeit moderner digitaler Messgeräte ist beeindruckend: Sie erfassen nicht nur Temperatur und Druck, sondern auch Parameter wie Batteriespannung und Luft-Kraftstoff-Verhältnis. Die verbauten LED-Displays zeichnen sich durch hervorragende Ablesbarkeit auch aus größerer Entfernung aus [s359]. Bei der Installation ist besonders auf die korrekte Spannungsversorgung zu achten, da einige Modelle für spezifische Spannungsbereiche ausgelegt sind. Besonders praktisch für Tuning-Enthusiasten sind Multifunktionsgeräte, die gleichzeitig mehrere Parameter überwachen können. Ein beliebtes Beispiel ist die Kombination aus Temperatur- und Spannungsmessung. Für Einsteiger empfehlenswert sind Mini-Digitalvoltmeter, die sich durch eine besonders einfache Installation auszeichnen - sie benötigen lediglich ein rundes Montageloch und beziehen ihre Stromversorgung direkt aus dem Messkreis [s359]. Ein interessanter Aspekt der Displaytechnologie ist die Kombination digitaler und analoger Anzeigeelemente. Während digitale Anzeigen mit ihrer präzisen Messwertwiedergabe überzeugen, schätzen viele Fahrer die intuitive Erfassbarkeit analoger Skalen. Moderne Hybridanzeigen vereinen beide Vorteile: Sie zeigen exakte Digitalwerte an und visualisieren Trends durch bewegliche Zeiger [s360]. Dies ist besonders beim schnellen Erfassen von Veränderungen während der Fahrt hilfreich. Für die praktische Anwendung empfiehlt sich folgende Vorgehensweise bei der Auswahl digitaler Anzeigen: Zunächst sollte man die zu überwachenden Parameter definieren und die erforderlichen Messbereiche festlegen. Bei der Installation ist auf korrekte Spannungsversorgung und saubere Verkabelung zu achten. Regelmäßige Kalibrierungskontrollen sichern die Messgenauigkeit. Bei Multifunktionsgeräten sollte man die Displayanordnung so wählen, dass die wichtigsten Parameter auf einen Blick erfassbar sind. Die Zukunft der digitalen Anzeigen liegt in der weiteren Integration und Vernetzung. Moderne Systeme können bereits als Timer, Zähler, Frequenzmesser oder Drehzahlmesser fungieren [s359]. Diese Multifunktionalität, kombiniert mit der zunehmenden Digitalisierung des Fahrzeugs, eröffnet neue Möglichkeiten für präzises Motortuning und Fahrzeugüberwachung.

5. 3. 2. Head-up Displays

Head-up Displays (HUD) revolutionieren die Art und Weise, wie Fahrer wichtige Informationen während der Fahrt wahrnehmen. Diese innovative Technologie projiziert relevante Daten direkt in das Sichtfeld des Fahrers und erhöht damit signifikant die Fahrsicherheit [s361]. Anders als bei konventionellen Instrumenten muss der Blick nicht von der Straße abgewendet werden.

Es existieren drei zentrale HUD-Typen, die sich in ihrer Funktionsweise unterscheiden [s362]:

- Combiner-HUDs nutzen eine separate, halbtransparente Projektionsfläche
- Windschutzscheiben-HUDs projizieren direkt auf die Scheibe
- Augmented Reality (AR) HUDs erweitern die Realität mit kontextbezogenen Grafiken

Bei der Installation eines Windschutzscheiben-HUD ist die Verwendung spezieller Folien essentiell. Standardscheiben verursachen durch Lichtbrechung oft Doppelbilder, was die Ablesbarkeit stark einschränkt. Moderne Spezialfolien lösen dieses Problem durch präzise Kontrolle der Lichtbrechung [s363]. Bei der Nachrüstung sollte man daher unbedingt auf die Kompatibilität zwischen Folie und HUD-System achten. Die technischen Spezifikationen moderner HUD-Systeme sind beeindruckend. Mit einem Bildabstand von mindestens 10 Metern und einem Betriebstemperaturbereich von -40°C bis 105°C [s364] sind sie für alle Fahrbedingungen ausgelegt. Die neueste TFT AR-HUD-Technologie bietet ein Sichtfeld von 12°x5° auf einem 3,6-Zoll-Display [s361], was eine optimale Informationsdarstellung ermöglicht. Besonders interessant für Tuning-Enthusiasten ist die Möglichkeit, verschiedene Fahrzeugparameter in Echtzeit anzuzeigen. Neben der Geschwindigkeit können beispielsweise Boost-Druck, Öltemperatur oder Navigationsinformationen eingeblendet werden [s365]. Bei der Konfiguration sollte man darauf achten, nur die wirklich relevanten Informationen anzuzeigen, um Ablenkungen zu vermeiden. Die Integration von fortschrittlichen Fahrerassistenzsystemen erweitert den Funktionsumfang zusätzlich. Moderne HUDs können beispielsweise die Fahrspur bei schlechter Sicht kontrastverstärkt darstellen oder Gefahrensituationen frühzeitig visualisieren [s366]. Ein vollflächiges Display-System ermöglicht sogar die flexible Positionierung von Informationen auf der gesamten Windschutzscheibe. Für die praktische

Implementierung empfiehlt sich folgende Vorgehensweise: 1. Auswahl des passenden HUD-Typs basierend auf Fahrzeugmodell und gewünschten Funktionen 2. Installation der korrekten Spezialfolie für optimale Bildqualität 3. Professionelle Kalibrierung des Systems 4. Sorgfältige Auswahl der anzuzeigenden Parameter 5. Regelmäßige Überprüfung der Ausrichtung und Bildqualität Die Zukunft der HUD-Technologie liegt in der weiteren Integration von AR-Elementen und der Verbesserung der Displaytechnologie. LCoS (Liquid Crystal on Silicon) bietet zwar große Sichtfelder und hohe Auflösungen, stellt aber noch entwicklungstechnische Herausforderungen dar [s361]. Mit der zunehmenden Entwicklung autonomer Fahrzeuge wird die Bedeutung von HUDs als Schnittstelle zwischen Mensch und Maschine weiter zunehmen [s362].

Glossar

Augmented Reality
Eine Technologie, die digitale Elemente in die reale Umgebung einblendet. Stammt aus der Computertechnik der 1990er Jahre und wurde zunächst in der Industrie für Wartungsarbeiten eingesetzt.

Head-up Display
Ein optisches System, das ursprünglich für Kampfflugzeuge entwickelt wurde, um Piloten wichtige Fluginformationen anzuzeigen, ohne den Blick nach unten auf die Instrumente richten zu müssen.

LCoS
Eine spezielle Displaytechnologie, die Flüssigkristalle auf einem Silizium-Chip verwendet und sich durch besonders kontrastreiche und scharfe Bilddarstellung auszeichnet.

5. 3. 3. Performance-Monitore

Performance-Monitore haben sich zu unverzichtbaren Werkzeugen für ambitionierte Fahrer und Tuning-Enthusiasten entwickelt. Sie ermöglichen die präzise Überwachung kritischer Motorparameter und bieten damit die Grundlage für optimale Fahrzeugleistung und frühzeitige Problemerkennung. Moderne Performance-Monitore können bis zu 64 verschiedene Datenpunkte gleichzeitig erfassen und aufzeichnen [s367]. Zu den wichtigsten Parametern gehören dabei die Öltemperatur, Kühlmitteltemperatur sowie Öl- und Ladedruck. Besonders bei Rennstreckeneinsätzen ist die kontinuierliche Überwachung dieser Werte essentiell, um mechanische Schäden zu vermeiden. Ein zentrales Element ist die MAP-Anzeige (Manifold Absolute Pressure), die den vom Turbolader erzeugten Druck im Ansaugkrümmer misst. Dieser Wert wird vom Motorsteuercomputer lastabhängig geregelt [s368]. In Verbindung mit der maf-Messung (Mass Air Flow), die den Luftstrom nach dem Ladeluftkühler erfasst, ergibt sich ein präzises Bild der Motoratmung. Bei der praktischen Anwendung sollte man besonders auf ungewöhnliche Schwankungen dieser Werte achten, da sie auf potenzielle Probleme im Ansaugtrakt hinweisen können. Eine interessante Funktion moderner Monitore ist die 15-Sekunden "Laufaufzeichnung" [s369]. Diese ermöglicht es, kurzzeitige Anomalien zu erfassen und später zu analysieren. Die automatische Dimmfunktion sorgt dabei für optimale Ablesbarkeit unter allen Lichtbedingungen. Für die Kraftstoffeffizienz-Optimierung sind Vakuummessgeräte besonders wertvoll. Je höher das gemessene Vakuum, desto magerer ist das Kraftstoffgemisch und entsprechend besser die Effizienz [s370]. Bei der praktischen Anwendung sollte man regelmäßig den Vakuumwert überprüfen - plötzliche Abfälle können auf technische Probleme hinweisen. Moderne Performance-Monitore bieten auch verschiedene Beschleunigungs- und Distanzmessungen im Leistungsmodus [s371]. Während G-Kraft-Anzeigen während der Fahrt weniger praktikabel sind, liefern sie in der nachträglichen grafischen Auswertung wertvolle Erkenntnisse über das Fahrzeugverhalten. Bei der Installation eines Performance-Monitors empfiehlt sich folgende Vorgehensweise: 1. Sorgfältige Auswahl der zu überwachenden Parameter basierend auf dem Einsatzzweck 2. Professionelle Installation der Sensoren unter Berücksichtigung der Herstellervorgaben 3. Kalibrierung aller Messwerte 4. Einrichtung von Warngrenzen für kritische Parameter 5. Regelmäßige Überprüfung der Sensorfunktion und Messgenauigkeit Ein oft übersehener Aspekt ist die Barometeranzeige, die hauptsächlich bei signifikanten Wetteränderungen oder Höhenunterschieden relevant wird [s368]. Für die alltägliche Nutzung ist sie weniger bedeutsam, kann aber bei der Feinabstimmung der Motorsteuerung hilfreich sein. Die Motorlast, ein weiterer wichtiger Parameter, lässt sich durch die Gaspedalstellung beeinflussen. Der Motorsteuercomputer passt dabei automatisch Drosselklappenposition und Einspritzdauer an, um bei steigender Last Geschwindigkeit und Drehzahl konstant zu halten [s368]. Diese Informationen sind besonders wertvoll für die Optimierung des Fahrverhaltens und die Fehlersuche.

MAF [i24]

Glossar

MAP

Manifold Absolute Pressure - Ein Messsystem, das den absoluten Druck im Ansaugkrümmer in kPa oder bar angibt. Wichtig für die Berechnung der Kraftstoffeinspritzung.

Performance-Monitor

Ein digitales Messinstrument, das verschiedene Fahrzeugdaten in Echtzeit erfasst und visualisiert. Kann auch als Datenlogger für spätere Analysen dienen.

Zusammenfassung - 5. 3. Displaytechnik

- HDX-Systeme ermöglichen individuelle Nadelfarbanpassung und verfügen über eine zentrale Boost-Anzeige im Armaturenbereich
- Digitale Boost-Anzeigen messen präzise im Bereich von -2,4 bis 2,1 bar
- Moderne LED-Displays ermöglichen exzellente Ablesbarkeit auch aus größerer Distanz
- Hybridanzeigen kombinieren digitale Präzision mit der intuitiven Erfassbarkeit analoger Skalen
- Head-up Displays projizieren mit einem Bildabstand von mindestens 10 Metern und funktionieren bei -40°C bis 105°C
- Neueste TFT AR-HUD-Technologie bietet ein Sichtfeld von 12°x5° auf 3,6-Zoll-Displays
- LCoS-Technologie ermöglicht große Sichtfelder bei hoher Auflösung
- Performance-Monitore können bis zu 64 verschiedene Datenpunkte simultan erfassen
- MAP-Sensoren messen den Turboladerdruck im Ansaugkrümmer für präzise Motorsteuerung
- Die 15-Sekunden "Laufaufzeichnung" ermöglicht die Analyse kurzzeitiger Anomalien
- Vakuummessgeräte dienen als Indikator für die Kraftstoffeffizienz des Motors

Rückblick - 5. Elektronische Systeme

- Die ECU-Programmierung ermöglicht Leistungssteigerungen von 20-30% bei modernen 2,0-Liter-Turbomotoren ohne Gefährdung der Langlebigkeit
- Arduino-basierte Open-Source-Steuerungssysteme sind bereits für unter 200 Euro erhältlich
- Der MAP-Sensor ist oft nur für Drücke bis 2,5 bar ausgelegt und muss für höhere Leistungen durch einen 4-Bar-Sensor ersetzt werden
- Elektrische Wastegate-Aktoren ersetzen zunehmend pneumatische Systeme und ermöglichen präzisere Ladedruckregelung
- Die Aktuatorstablänge hat direkten Einfluss auf die Druckkontrolle - zu kurze Stäbe können zu gefährlichem Überdruck führen
- Launch Control nutzt adaptive neuronale Fuzzy-Inferenzsysteme, die aus gesammelten Fahrdaten kontinuierlich lernen
- Pneumatische Schaltunterstützungssysteme reduzieren den Kraftaufwand beim Schalten auf ein Achtel
- Moderne Telemetriesysteme erfassen mit über 500 IoT-Geräten pro Fahrzeug Daten in Echtzeit
- Die Latenzzeit der Datenübertragung beträgt in Europa nur 10-15 Millisekunden
- HDX-Displays ermöglichen individuelle Anpassung der Nadelfarben und verfügen über vergrößerte Boost-Anzeigen
- Head-up Displays projizieren mit einem Bildabstand von mindestens 10 Metern und funktionieren von -40°C bis 105°C
- Performance-Monitore können bis zu 64 verschiedene Datenpunkte gleichzeitig erfassen und aufzeichnen
- Während die elektronischen Systeme die Grundlage für optimale Motorleistung bilden, hängt die tatsächliche Kraftübertragung maßgeblich vom Antriebsstrang ab - mehr dazu im nächsten Kapitel.

6. Antriebsstrang

Der Antriebsstrang eines Fahrzeugs ist weit mehr als nur die Summe seiner Einzelteile. Als komplexes System von ineinandergreifenden Komponenten bestimmt er maßgeblich, wie effizient die Motorleistung auf die Straße gebracht wird. Doch welche Rolle spielen dabei die verschiedenen Elemente wie Getriebe, Differential und Kupplungssysteme? Und wie lässt sich durch gezielte Optimierung das Maximum an Performance herausholen? Von der Schaltgetriebe-Optimierung über moderne Torque-Vectoring-Systeme bis hin zur Wahl der richtigen Schwungscheibe - jede Komponente bietet spezifische Ansatzpunkte für Verbesserungen. Dabei gilt es, die Wechselwirkungen zwischen den einzelnen Bauteilen zu verstehen und aufeinander abzustimmen. Wie stark wirkt sich beispielsweise eine veränderte Achsübersetzung auf das Beschleunigungsverhalten aus? Welchen Einfluss hat die Wahl der Differentialsperre auf das Handling? Die kontinuierliche technische Weiterentwicklung eröffnet heute völlig neue Möglichkeiten der Antriebsstrang-Optimierung. Innovative Materialien und elektronische Steuerungssysteme versprechen Leistungssteigerungen, von denen man vor wenigen Jahren nur träumen konnte. Die folgenden Kapitel zeigen systematisch auf, wie sich dieses Potenzial in der Praxis optimal ausschöpfen lässt.

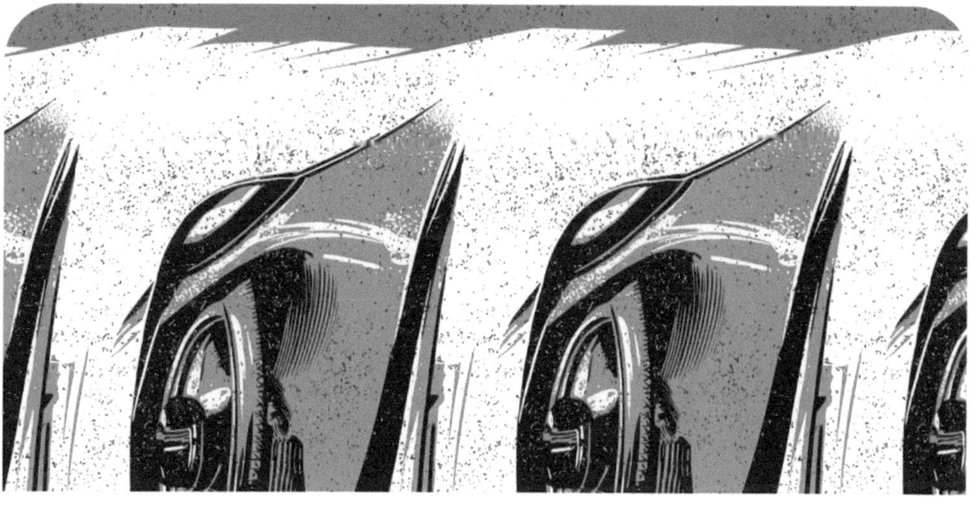

6. 1. Getriebe

Das Getriebe - eine der faszinierendsten Komponenten des Antriebsstrangs - steht oft im Schatten spektakulärerer Tuning-Maßnahmen. Doch welche Rolle spielt es wirklich für die Gesamtperformance eines Fahrzeugs? Wie lässt sich durch gezielte Optimierung des Getriebes die Leistungsfähigkeit steigern? Und welche technischen Möglichkeiten bieten moderne Getriebetechnologien für ambitionierte Tuning-Enthusiasten? Von der elektronischen Abstimmung der Schaltgetriebe über innovative Differentialsperren bis hin zu hochentwickelten Kupplungssystemen - die Möglichkeiten zur Getriebeoptimierung sind vielfältig und technisch anspruchsvoll. Dabei geht es nicht nur um reine Leistungssteigerung, sondern auch um die präzise Abstimmung aller Komponenten für ein optimales Zusammenspiel. Die folgenden Abschnitte beleuchten detailliert die verschiedenen Aspekte der Getriebeoptimierung und zeigen auf, wie selbst kleine Modifikationen spürbare Verbesserungen im Fahrverhalten bewirken können.

> *„Bei der Optimierung der Schaltvorgänge wird entweder die Zündung für einen definierten Zeitraum unterbrochen oder der Zündzeitpunkt zurückgenommen, um das Motordrehmoment während des Schaltvorgangs zu reduzieren.“*

6. 1. 1. Schaltgetriebe-Optimierung

Die Optimierung eines Schaltgetriebes bietet vielfältige Möglichkeiten, die Fahrleistung und das Fahrerlebnis deutlich zu verbessern. Ein zentraler Aspekt ist dabei die elektronische Abstimmung der Getriebesteuerung. Moderne Steuergeräte ermöglichen es, durch gezielte Programmierung verschiedener Fahrmodi die Reaktionsfähigkeit und Performance des Fahrzeugs zu optimieren [s372]. Besonders die Reduzierung von Verzögerungen beim Anfahren kann die Beschleunigungszeiten merklich verbessern. Bei der Optimierung der Schaltvorgänge spielt die Zündungssteuerung eine wichtige Rolle. Dabei gibt es zwei grundlegende Ansätze: Entweder wird die Zündung für einen definierten Zeitraum unterbrochen oder der Zündzeitpunkt wird zurückgenommen, um das Motordrehmoment während des Schaltvorgangs zu reduzieren [s373]. Moderne Rennfahrzeuge setzen häufig auf einen Zündschnitt, während beispielsweise im Rallycross oft nur der Kraftstofffluss kurzzeitig unterbrochen wird. Die optimale Einstellung muss dabei individuell durch Tests ermittelt werden, da sie stark vom jeweiligen Getriebedesign abhängt. Ein weiterer wichtiger Aspekt ist die Wahl der richtigen Schaltpunkte. Diese sollten anhand der Leistungskurve des Motors bestimmt werden [s374]. Der optimale Schaltpunkt liegt typischerweise dort, wo die Motorleistung im nächsthöheren Gang der Leistung im aktuellen Gang entspricht. Bei der praktischen Umsetzung empfiehlt es sich, die telemetriedaten zu analysieren und die Schaltstrategie entsprechend anzupassen. Hochdrehende Motoren erfordern dabei in der Regel spätere Schaltpunkte als drehmomentstärkere Aggregate, die bereits bei niedrigeren Drehzahlen ihre optimale Leistung entfalten.

Schaltgetriebe [i25]

Übersetzungsverhältnisse [i26]

Die Übersetzungsverhältnisse der einzelnen Gänge spielen eine entscheidende Rolle für die Gesamtperformance. Je nach Streckencharakteristik können Anpassungen der Gangstufen um +/- 0,1 oder 0,2 erforderlich sein [s375]. In vielen Fällen reicht jedoch eine Modifikation der Endübersetzung aus. Als Ausgangspunkt für die Abstimmung kann eine Potenzreihe verwendet werden, bei der der erste Gang als Basis dient. Bei der Entscheidung zwischen einem Serien- und einem Renngetriebe müssen verschiedene Faktoren berücksichtigt werden [s376]. Bei leistungsstarken Fahrzeugen kann das Seriengetriebe zum limitierenden Faktor werden, während bei schwächeren Motoren die Vorteile eines Renngetriebes den erhöhten Aufwand möglicherweise nicht rechtfertigen. Die Gangabstimmung sollte so erfolgen, dass die Motordrehzahl nach jedem Schaltvorgang möglichst im optimalen Drehmomentenbereich liegt. Für die elektronische Optimierung ist die PCM-Flash eine häufig gewählte Option, die sich besonders für Fahrzeuge mit moderaten Modifikationen eignet [s377]. Diese Abstimmung zielt vor allem auf eine Verbesserung der Leistung im mittleren Drehzahlbereich ab und kann besonders bei häufigem Fahren im oberen Drehzahlbereich vorteilhaft sein. Allerdings sollte beachtet werden, dass bestehende mechanische Probleme durch eine PCM-Flash nicht behoben werden können. Ein oft unterschätzter Aspekt ist die Bedeutung der Kupplungsbedienung [s374]. Eine präzise Kupplungskontrolle kann die Schaltperformance erheblich verbessern. In vielen Fällen lassen sich mit manueller Kupplungsbetätigung deutlich schnellere Gangwechsel realisieren als mit reinem Schaltvorgang ohne Kupplung. Die praktische Umsetzung der Optimierung erfordert oft einen iterativen Prozess aus Testen und Anpassen. Was auf einer Strecke optimal funktioniert, muss auf einer anderen nicht zwangsläufig die beste Wahl sein [s376]. Besonders bei der Abstimmung der Übersetzungsverhältnisse ist Geduld gefragt, da die optimale Konfiguration von vielen Faktoren abhängt und sich nicht immer theoretisch vorherbestimmen lässt.

6. 1. 2. Differenzialsperre

Die Differenzialsperre ist eine zentrale Komponente im Antriebsstrang, die maßgeblich die Traktion und das Fahrverhalten beeinflusst. Anders als ein offenes Differential, das die Antriebskraft gleichmäßig auf beide Räder verteilt, ermöglicht eine Differenzialsperre die gezielte Kraftverteilung auf das Rad mit der besseren Bodenhaftung [s378]. Dies ist besonders in anspruchsvollen Fahrsituationen wie Schlamm, Schnee oder bei sportlicher Fahrweise von großer Bedeutung. Moderne Fahrzeuge bieten verschiedene Arten von Differentialsperren, die jeweils spezifische Vor- und Nachteile aufweisen. Das mechanische Sperrdifferential arbeitet ohne elektronische Unterstützung und leitet die Antriebskraft automatisch zum Rad mit der besseren Traktion, sobald ein Rad durchzudrehen droht [s379]. Ein praktischer Test zur Funktionskontrolle besteht darin, die Hinterräder anzuheben und ein Rad zu drehen - das andere sollte sich dann in die entgegengesetzte Richtung bewegen. Elektronische Differentialsperren hingegen nutzen die Fahrzeugbremsen, um durchdrehende Räder gezielt abzubremsen und so die Kraft auf das Rad mit mehr Grip umzuleiten [s380]. Der Vorteil dieser Systeme liegt in ihrer flexiblen Programmierbarkeit und der Möglichkeit, verschiedene Fahrmodi anzubieten. Allerdings können sie bei extremen Traktionsverlusten an ihre Grenzen stoßen [s381]. In der Praxis zeigt sich dies besonders beim sportlichen Fahren auf der Rennstrecke, wo ein mechanisches Sperrdifferential oft mehr Vertrauen und besseres Feedback vermittelt. Eine besonders innovative Lösung stellen Torsen-Differenziale dar, die durch eine ausgeklügelte Zahnradanordnung ähnliche Effekte wie klassische Sperrdifferentiale erzielen, dabei aber ohne Kupplungen oder Flüssigkeitswiderstand auskommen [s378]. Diese Technik hat sich besonders im Motorsport bewährt, wo Zuverlässigkeit und präzise Kraftverteilung entscheidend sind. Für Offroad-Enthusiasten bieten viele Hersteller spezielle Pakete an, die sowohl Traktionskontrolle als auch sperrbare Hinterachsdifferentiale umfassen [s382]. Ein wichtiger praktischer Tipp: Bei rutschigen Bedingungen sollte die Differenzialsperre möglichst vor dem tatsächlichen Durchdrehen der Räder aktiviert werden, da manuelle Systeme präventiv besser wirken als automatische Systeme, die erst auf bereits eingetretenes Rutschen reagieren [s383]. Das Drehmoment-sensitive Sperrdifferential stellt eine besonders raffinierte Lösung dar. Es verwendet Schnecken- oder Stirnräder, die nur bei Bedarf Drehmoment auf das langsamer drehende Rad übertragen [s384]. Diese Technologie bietet einen guten Kompromiss zwischen Traktion und Handling im Alltag. Bei der Wahl des richtigen Differentials sollten Fahrer ihr typisches Einsatzgebiet berücksichtigen. Für den normalen Straßenverkehr reicht oft ein elektronisches System, während für Motorsport oder extremes Gelände ein mechanisches Sperrdifferential vorteilhafter sein kann [s381]. Zu beachten ist auch, dass Sperrdifferentiale selten an gelenkten Achsen eingesetzt werden, da sie die Lenkcharakteristik beeinflussen können [s385]. Eine moderne Entwicklung sind Drehmomentvektor-Differenziale, die aktiv in die Fahrdynamik eingreifen können. Sie optimieren die Kurvenfahrt, indem sie gezielt mehr Drehmoment an bestimmte Räder leiten [s378]. Diese Technologie findet sich zunehmend in Hochleistungsfahrzeugen und verbessert sowohl die Fahrsicherheit als auch die Performance.

Differenzialsperre [i27]

Glossar

Drehmomentvektor-Differential

Ein hochmodernes Differentialsystem, das durch elektronische Steuerung die Antriebskraft zwischen den Rädern einer Achse aktiv und stufenlos verteilen kann.

Torsen-Differential

Ein spezielles Getriebebauteil, dessen Name sich aus den englischen Wörtern 'torque sensing' (Drehmomenterfassung) zusammensetzt. Es arbeitet rein mechanisch nach dem Schneckenradprinzip.

6. 1. 3. Kupplungssysteme

Die Entwicklung moderner Kupplungssysteme hat in den letzten Jahren bedeutende Fortschritte gemacht, wobei verschiedene innovative Technologien zum Einsatz kommen. Ein besonders vielversprechender Ansatz sind elektromagnetische Kupplungssysteme, die eine äußerst präzise Steuerung der Kraftübertragung zwischen den rotierenden Wellen ermöglichen [s386]. Diese Systeme zeichnen sich durch ihre hohe Kontrollierbarkeit aus und können besonders bei Performance-orientierten Fahrzeugen ihre Stärken ausspielen. Die dynamisch steuerbare Kupplung stellt dabei einen wichtigen Meilenstein dar, da sie komplexe hydraulische Systeme überflüssig macht und erhebliche Effizienzgewinne ermöglicht [s387]. In der Praxis bedeutet dies nicht nur eine verbesserte Kraftstoffeffizienz, sondern auch direktere Schaltvorgänge. Beim Tuning sollte man daher besonders auf die Abstimmung der Steuerungselektronik achten - eine präzise Kalibrierung kann hier Schaltzeiten deutlich verkürzen. Eine besonders innovative Entwicklung stellen magnetorheologische (MR) Mehrscheiben-Kupplungssysteme dar [s388]. Diese Systeme kombinieren zwei Betriebsmodi: einen mechanischen Reibungsmodus und einen magnetischen Feldsteuerungsmodus. Die Besonderheit liegt in der Verwendung einer speziellen MR-Flüssigkeit, deren Viskosität sich durch Anlegen eines Magnetfeldes gezielt steuern lässt. Bei der praktischen Anwendung ermöglicht dies eine sehr feinfühlige Dosierung der Kraftübertragung - ein entscheidender Vorteil beispielsweise beim Anfahren oder in Rennsituationen. Die zunehmende Komplexität moderner Doppelkupplungsgetriebe stellt hohe Anforderungen an die Schaltsteuerung [s389]. Ein wichtiger Aspekt dabei ist die Optimierung der Reibungsverluste in den hydraulischen Aktuatoren. Tests haben gezeigt, dass insbesondere Polytetrafluoroethylen-Kolbendichtungen hier hervorragende Eigenschaften aufweisen. Bei der Wartung oder dem Upgrade eines Kupplungssystems sollte daher besonders auf die Qualität der verwendeten Dichtungsmaterialien geachtet werden. Die Forschung im Bereich der Kupplungssysteme konzentriert sich verstärkt auf die Elektrifizierung von Antriebssystemen und die Optimierung der Dynamik von Drehmomentwandlern [s390]. Dabei spielen auch Aspekte wie Geräuschentwicklung und Vibrationen eine wichtige Rolle. In der Praxis bedeutet dies, dass moderne Kupplungssysteme nicht nur auf pure Leistung ausgelegt sind, sondern auch Komfort und Effizienz berücksichtigen müssen. Bei der Materialauswahl für Kupplungssysteme sind verschiedene Faktoren zu beachten, insbesondere die Wärmeableitung und Energieeffizienz [s386]. Moderne Simulationstools helfen dabei, die komplexen Wechselwirkungen zwischen magnetischen Feldern, elektrischen Strömen und mechanischen Kräften zu optimieren. Für den Praktiker bedeutet dies, dass bei der Auswahl eines Kupplungssystems nicht nur die reinen Leistungsdaten, sondern auch die thermische Belastbarkeit und Langlebigkeit berücksichtigt werden sollten. Die Entwicklung wählbarer Einwegkupplungen für Automatikgetriebe hat sich als effektive Methode zur Verbesserung der Kraftstoffeffizienz erwiesen [s387]. Diese Systeme ermöglichen es, die Kraftübertragung situationsabhängig zu optimieren und tragen so zur Reduzierung der CO2-Emissionen bei. Bei der Nachrüstung oder dem Tuning sollte daher geprüft werden, ob das Fahrzeug von einer solchen Technologie profitieren könnte. Moderne Kupplungssysteme nutzen zunehmend fortschrittliche Materialien und Designtechniken [s391], die sowohl die Haltbarkeit als auch die Reaktionsfähigkeit verbessern. Dies ist besonders wichtig für Performance-orientierte Anwendungen, wo schnelle und präzise Schaltvorgänge gefordert sind. Bei der Auswahl eines Kupplungssystems für Tuningzwecke sollte daher besonders auf die verwendeten Materialien und deren spezifische Eigenschaften geachtet werden.

elektromagnetische Kupplungssysteme [i28]

Glossar

magnetorheologisch

Eine Technologie, bei der sich die physikalischen Eigenschaften eines Materials durch Magnetfelder verändern lassen. Die Flüssigkeit wird dabei quasi fest, wenn ein Magnetfeld angelegt wird.

Polytetrafluoroethylen

Ein synthetischer Kunststoff mit extrem niedrigem Reibungskoeffizienten, auch unter dem Handelsnamen Teflon bekannt. Besonders verschleißfest und temperaturbeständig.

6. 1. 4. Schaltwege-Verkürzung

Die Schaltwege-Verkürzung stellt eine beliebte Modifikation im Bereich des Getriebe-Tunings dar und kann die Schaltqualität sowie das Fahrerlebnis deutlich verbessern. Grundsätzlich unterscheidet man zwischen zwei verschiedenen Systemen: der Kabelschaltung und der Direktverschiebung [s392]. Beide Systeme bieten unterschiedliche Möglichkeiten zur Optimierung der Schaltwege. Bei der technischen Umsetzung einer Schaltwege-Verkürzung sind mehrere Komponenten und Arbeitsschritte zu berücksichtigen. Ein zentraler Aspekt ist die Modifikation des Schaltgestänges, wobei die Längen präzise angepasst werden müssen [s393]. Besonders wichtig ist dabei der Austausch des Gleitlagers, um einer vorzeitigen Abnutzung vorzubeugen. Der Schaltball wird in einer höheren Position auf der Welle montiert, was direkt zu kürzeren Schaltwegen führt. Ein wichtiger praktischer Hinweis für Tuning-Enthusiasten: Bei der Installation einer Schaltwegverkürzung sollte besonders auf die Ergonomie geachtet werden. Die horizontale Stange muss häufig angepasst werden, um ausreichend Platz für die zusätzliche Länge zu schaffen [s393]. Dies kann bedeuten, dass man die Schaltstange neu ausrichten oder modifizieren muss, um eine optimale Bedienposition zu gewährleisten [s394]. Interessanterweise berichten viele Anwender von deutlich verbesserten Schaltvorgängen nach der Installation von Schaltwegverkürzern und Schaltstopps [s392]. Die Qualität der Schaltung hängt dabei maßgeblich von der Ausführung der Installation ab. Bei der praktischen Umsetzung sollte man beachten, dass die Verkürzung der Schaltwege auch die Neutralzone verringern kann. Dies kann zunächst das Finden des Neutralpunkts erschweren, führt aber zu einer präziseren und direkteren Schaltung [s393]. Für ambitionierte Bastler gibt es auch die Möglichkeit, eigene Schaltwegverkürzungen herzustellen. Dabei kommen verschiedene Materialien und Komponenten zum Einsatz [s394]. Ein wichtiger Praxistipp: Vor der Eigenentwicklung sollten die spezifischen Anforderungen des Fahrzeugs genau analysiert werden. Nicht jede Lösung passt zu jedem Fahrzeug, und manchmal sind kleine Anpassungen effektiver als radikale Änderungen. Die Umstellung von einer Kabel- auf eine Direktverschiebung ist zwar möglich, erfordert aber umfangreiche Modifikationen [s392]. Bei der Entscheidung für ein bestimmtes System sollten Faktoren wie Einbauaufwand, Kosten und gewünschtes Schaltgefühl berücksichtigt werden. In der Praxis hat sich gezeigt, dass auch

Kabelschaltungen bei hochwertiger Ausführung und korrekter Installation sehr gute Ergebnisse liefern können. Ein oft übersehener Aspekt bei der Schaltwege-Verkürzung ist die Bedeutung der Feinabstimmung nach der Installation. Die optimale Einstellung erfordert häufig mehrere Testläufe und Nachjustierungen. Dabei sollte besonders auf gleichmäßige Schaltwege in alle Gänge geachtet werden, um ein harmonisches Schaltgefühl zu erreichen. Die Implementierung einer Schaltwege-Verkürzung kann auch positive Nebeneffekte haben, wie beispielsweise eine verbesserte Präzision beim Schalten unter hoher Last oder in Rennsituationen. Allerdings sollte man beachten, dass zu kurze Schaltwege auch Nachteile haben können, insbesondere wenn sie die Schaltgenauigkeit beeinträchtigen oder zu erhöhtem Verschleiß führen.

Glossar

Direktverschiebung

Mechanisches Schaltsystem mit starrer Verbindung zwischen Schalthebel und Getriebe. Ermöglicht besonders direkte Rückmeldung und präzise Schaltvorgänge, ist aber anfälliger für Vibrationsübertragung.

Gleitlager

Spezielles Lager im Schaltmechanismus, das durch seine glatte Oberfläche Reibung minimiert und präzise Bewegungen ermöglicht. Meist aus verschleißfesten Kunststoffen oder Metalllegierungen gefertigt.

Kabelschaltung

Ein Schaltsystem bei Fahrzeugen, bei dem die Schaltvorgänge über flexible Seilzüge vom Schalthebel zum Getriebe übertragen werden. Bietet gute Entkopplung von Vibrationen, ist wartungsarm und kostengünstig.

Schaltgestänge

Mechanische Verbindungselemente zwischen Schalthebel und Getriebe, bestehend aus Hebeln, Stangen und Gelenken. Ermöglicht die Übertragung der Schaltbewegungen vom Fahrerhaus zum Getriebe.

Zusammenfassung - 6. 1. Getriebe

- Elektronische Getriebesteuerungen ermöglichen durch Programmierung verschiedener Fahrmodi eine optimierte Reaktionsfähigkeit
- Moderne Rennfahrzeuge nutzen häufig Zündschnitt, während im Rallycross oft nur der Kraftstofffluss unterbrochen wird
- Der optimale Schaltpunkt liegt dort, wo die Motorleistung im nächsthöheren Gang der Leistung im aktuellen Gang entspricht
- Anpassungen der Gangstufen um +/- 0,1 oder 0,2 sind je nach Streckencharakteristik erforderlich
- PCM-Flash eignet sich besonders für Fahrzeuge mit moderaten Modifikationen und verbessert die Leistung im mittleren Drehzahlbereich
- Torsen-Differenziale erzielen durch spezielle Zahnradanordnung ähnliche Effekte wie klassische Sperrdifferentiale ohne Kupplungen
- Drehmoment-sensitive Sperrdifferentiale übertragen nur bei Bedarf Drehmoment auf das langsamer drehende Rad
- Magnetorheologische Mehrscheiben-Kupplungssysteme kombinieren mechanischen Reibungsmodus und magnetischen Feldsteuerungsmodus
- Polytetrafluoroethylen-Kolbendichtungen zeigen hervorragende Eigenschaften bei der Optimierung von Reibungsverlusten
- Wählbare Einwegkupplungen für Automatikgetriebe verbessern nachweislich die Kraftstoffeffizienz
- Bei der Schaltwege-Verkürzung muss die horizontale Stange häufig angepasst werden für zusätzliche Länge
- Die Verkürzung der Schaltwege verringert die Neutralzone, was zu präziserer Schaltung führt

6. 2. Achsen

Die Achsen eines Fahrzeugs sind weit mehr als nur Verbindungselemente zwischen den Rädern - sie sind zentrale Komponenten des Antriebsstrangs, die maßgeblich über Fahrverhalten und Leistungsentfaltung entscheiden. Doch welchen Einfluss haben verschiedene Achsübersetzungen tatsächlich auf die Beschleunigung? Wie wirken sich moderne Antriebswellen aus Verbundwerkstoffen auf die Fahrdynamik aus? Und welche Rolle spielen innovative Technologien wie Torque-Vectoring bei der Optimierung der Fahreigenschaften? Die Komplexität moderner Achssysteme eröffnet vielfältige Möglichkeiten zur gezielten Leistungssteigerung und Fahrwerksabstimmung. Von der präzisen Abstimmung der Achsübersetzung bis hin zu elektronisch gesteuerten Allradsystemen - das Zusammenspiel der verschiedenen Komponenten bestimmt maßgeblich, wie sich ein Fahrzeug in unterschiedlichsten Fahrsituationen verhält. Die folgenden Abschnitte beleuchten im Detail, wie sich durch gezielte Modifikationen der Achskomponenten das volle Potenzial eines Fahrzeugs erschließen lässt.

> *„Eine Anpassung des Endübersetzungsverhältnisses kann die Leistung an den Rädern um bis zu 13% steigern."*

6. 2. 1. Achsübersetzungen

Die Achsübersetzung ist ein fundamentaler Aspekt des Fahrzeugtunings, der erheblichen Einfluss auf die Fahrleistungen hat. Sie bestimmt das Verhältnis zwischen der Drehzahl der Antriebswelle und der Drehzahl der Räder [s395], wodurch sich verschiedene Fahreigenschaften gezielt optimieren lassen. Bei der Wahl der richtigen Achsübersetzung gilt es, einen ausgewogenen Kompromiss zwischen Beschleunigung und Höchstgeschwindigkeit zu finden. Ein kleineres Übersetzungsverhältnis sorgt für eine schnellere Beschleunigung, reduziert jedoch die maximal erreichbare Geschwindigkeit. Umgekehrt ermöglicht ein größeres Übersetzungsverhältnis höhere Endgeschwindigkeiten bei verringerter Beschleunigung [s396]. Ein praktisches Beispiel: Ein Fahrzeug mit einer Übersetzung von 3.29:1 [s397] bietet eine ausgewogene Mischung für den Alltagsgebrauch. Die Leistungsoptimierung durch Änderung der Achsübersetzung kann beachtlich sein. Tests haben gezeigt, dass eine Anpassung des Endübersetzungsverhältnisses die Leistung an den Rädern um bis zu 13% steigern kann [s398]. Dabei sollten Tuning-Enthusiasten beachten, dass die Wahl der Übersetzung stark vom Einsatzzweck abhängt. Für Drag-Racing beispielsweise werden oft aggressivere Übersetzungen gewählt, während für Langstreckenfahrten längere Übersetzungen sinnvoller sind [s399]. Im Rennsport spielt die Achsübersetzung eine besonders wichtige Rolle. Eine niedrigere Übersetzung wird hier häufig bevorzugt, da sie das Einlenken erleichtert und dennoch ausreichende Höchstgeschwindigkeiten ermöglicht [s400]. Bei der Abstimmung sollte man die spezifischen Streckeneigenschaften berücksichtigen - eine kurvenreiche Strecke erfordert andere Übersetzungsverhältnisse als eine mit langen Geraden. Bei der Modifikation der Achsübersetzung müssen verschiedene technische Aspekte beachtet werden. Die Gesamtübersetzung wird nicht nur durch das Differential, sondern auch durch die Getriebegänge beeinflusst. Ein typisches Beispiel für Getriebeübersetzungen wäre: 1. Gang 2.92:1, 2. Gang 1.56:1, 3. Gang 1:1 und 4. Gang 0.70:1 [s397]. Diese Abstufung gewährleistet optimale Beschleunigungswerte in allen Fahrsituationen. Nach einer Änderung der Achsübersetzung sind weitere Anpassungen erforderlich. Die Tachoanzeige stimmt nicht mehr mit der tatsächlichen Geschwindigkeit überein [s401], weshalb eine Neukalibrierung notwendig wird. Dies erfolgt heute meist durch Softwareanpassungen, die auch den Kilometerstand korrigieren [s398]. Für Fahrzeuge mit Turboaufladung oder anderen Formen der Zwangsinduktion empfiehlt sich oft eine niedrigere Übersetzung, um die verfügbare Leistung optimal zu nutzen [s399]. Dabei ist die Verwendung hochwertiger Schmierstoffe für das Differential essentiell, um Verschleiß zu minimieren und störende Geräusche zu vermeiden. Die Berechnung der optimalen Übersetzung muss auch die Rad-Reifen-Kombination berücksichtigen [s398]. Eine Formel zur Berechnung neuer Werte lautet: "Aktueller Wert" * Änderungsfaktor = "Neuer Wert", wobei der Änderungsfaktor das Verhältnis der alten zur neuen Übersetzung darstellt [s395]. Für Drag-Racing-Fahrzeuge gibt es spezielle Überlegungen: Hier werden manchmal nur drei Gänge verwendet, um Drehzahlverluste beim Schalten zu minimieren [s396]. Die ersten drei Gänge werden dabei so ausgelegt, dass sie maximale Beschleunigung ermöglichen. Die Wahl der richtigen Achsübersetzung erfordert sorgfältige Planung und Berücksichtigung aller Faktoren wie Fahrzeuggewicht, Motorleistung, Einsatzzweck und gewünschte Fahreigenschaften. Eine professionelle Beratung und präzise Abstimmung sind dabei unerlässlich für optimale Ergebnisse.

Glossar

Zwangsinduktion

Ein technisches Verfahren zur künstlichen Steigerung der Motorleistung durch mechanische oder elektrische Aufladung des Motors, wie zum Beispiel durch Turbolader oder Kompressoren

6. 2. 2. Antriebswellen

Antriebswellen sind zentrale Komponenten im Kraftübertragungssystem eines Fahrzeugs und spielen eine entscheidende Rolle bei der Leistungsübertragung vom Motor zu den Rädern [s402]. Die kontinuierliche Weiterentwicklung dieser Bauteile hat zu verschiedenen innovativen Lösungen geführt, die sowohl die Leistungsfähigkeit als auch die Effizienz moderner Fahrzeuge deutlich verbessern.

Antriebswelle [i29]

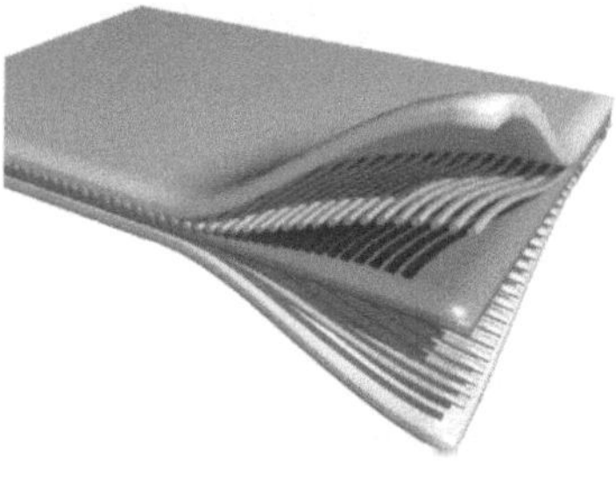

Verbundwerkstoffe [i30]

Ein wesentlicher Aspekt bei der Konstruktion von Antriebswellen ist die Materialwahl. Während traditionelle Stahlwellen sich durch hohe Robustheit auszeichnen, bringen sie den Nachteil eines erheblichen Gewichts mit sich [s402]. Moderne Entwicklungen setzen verstärkt auf Verbundwerkstoffe, die eine Gewichtsreduktion von bis zu 80% ermöglichen, ohne dabei Kompromisse bei der Belastbarkeit einzugehen [s402]. Bei der Wahl des Materials für eine Antriebswelle sollten Tuning-Enthusiasten besonders auf das Verhältnis von Gewicht zu Festigkeit achten. Carbon/Epoxy und Glass/Epoxy haben sich dabei als besonders vorteilhafte Materialien erwiesen. Die Konstruktion von Antriebswellen erfolgt in verschiedenen Ausführungen: einteilig, zweiteilig oder dreiteilig [s402]. Jede Bauart hat ihre spezifischen Vor- und Nachteile. Bei der Auswahl sollte man die individuellen Anforderungen des Fahrzeugs und den Einsatzzweck berücksichtigen. Für Hochleistungsanwendungen empfiehlt sich oft eine zweiteilige Konstruktion, da diese bessere Vibrationseigenschaften aufweist. Ein häufig unterschätzter Aspekt ist die Vibrationsdämpfung. Antriebswellen können drei verschiedene Vibrationsmodi aufweisen: Biege-, Torsions- und Schalenmodus [s403]. Diese Vibrationen können nicht nur den Fahrkomfort beeinträchtigen, sondern auch zu vorzeitigem Verschleiß führen. Moderne Liner-Systeme werden speziell entwickelt, um diese Schwingungen zu dämpfen. Bei der Nachrüstung sollte man darauf achten, dass die gewählten Dämpfungssysteme auf die spezifischen Frequenzen des Fahrzeugs abgestimmt sind. Die Belastbarkeit der Antriebswelle ist ein kritischer Faktor, besonders bei getunten Fahrzeugen. Wiederholte starke Beschleunigungen können zu erheblichen Belastungen führen [s404]. Um die Langlebigkeit zu gewährleisten, müssen Antriebswellen sowohl Torsions- als auch Scherbelastungen standhalten [s405]. Bei der Leistungssteigerung eines Fahrzeugs ist es daher ratsam, die Belastungsgrenzen der vorhandenen Antriebswelle zu überprüfen und gegebenenfalls auf verstärkte Versionen umzurüsten. Die Trägheit der Antriebswelle beeinflusst direkt das Beschleunigungsverhalten des Fahrzeugs [s406]. Je geringer die rotierende Masse, desto schneller kann das Fahrzeug beschleunigen. Bei der Optimierung sollte man daher nicht nur die reine Festigkeit, sondern auch die Massenträgheit berücksichtigen. Moderne Analysesoftware ermöglicht es, diese Eigenschaften bereits in der Planungsphase zu simulieren und zu optimieren [s402]. Ein weiterer wichtiger Aspekt ist die Kombination der Antriebswelle mit dem Differential. Ein begrenztes Schlupfdifferential kann die Kraftübertragung erheblich verbessern [s407]. Dies ist besonders wichtig bei leistungsgesteigerten Fahrzeugen, da es verhindert, dass die Kraft über das Rad mit der geringeren Traktion verpufft. Die Installation eines solchen Systems kann die Fahrzeugdynamik deutlich verbessern und sollte bei umfangreicheren Tuningmaßnahmen in Betracht gezogen werden. Bei der Wartung und Pflege von Antriebswellen sollten regelmäßige Inspektionen durchgeführt werden, besonders nach intensiver Nutzung oder Leistungssteigerungen. Dabei ist auf ungewöhnliche Geräusche, Vibrationen oder sichtbare Beschädigungen zu achten. Eine präventive Wartung kann kostspielige Reparaturen vermeiden und die Lebensdauer der Komponenten verlängern.

Glossar

Carbon/Epoxy
Ein hochfestes Verbundmaterial aus Kohlenstofffasern und Epoxidharz, das sich durch extreme Leichtigkeit und Stabilität auszeichnet

Glass/Epoxy
Ein Verbundwerkstoff aus Glasfasern und Epoxidharz, der eine kostengünstigere Alternative zu Carbon/Epoxy darstellt bei dennoch guten Festigkeitswerten

6. 2. 3. Allradantrieb-Modifikationen

Die Modifikation von Allradantriebssystemen bietet vielfältige Möglichkeiten zur Optimierung der Fahreigenschaften. Ein zentraler Aspekt ist die variable Drehmomentverteilung zwischen Vorder- und Hinterachse, die durch moderne Steuerungssysteme präzise angepasst werden kann [s408]. Dies ermöglicht eine deutlich verbesserte Traktion, besonders in anspruchsvollen Fahrsituationen wie bei Nässe oder in Kurven. Softwaremodifikationen spielen eine Schlüsselrolle bei der Optimierung von Allradsystemen. Durch gezielte Programmierung lässt sich das Fahrverhalten neutraler gestalten und unerwünschtes Übersteuern reduzieren [s408]. Ein praktisches Beispiel hierfür ist die Anpassung der Gaspedalcharakteristik: Eine schnellere Drehmomentübertragung kann durch entsprechende Softwareanpassungen erreicht werden, was zu einem direkteren Ansprechverhalten führt. Bei der Entscheidung für Allradantrieb-Modifikationen müssen jedoch auch potenzielle Nachteile berücksichtigt werden. Das höhere Gewicht und zusätzliche Antriebsverluste können die Gesamtleistung im Vergleich zu einem reinen Hinterradantrieb beeinträchtigen [s409]. Dies macht sich besonders bei Beschleunigungen auf trockener Fahrbahn bemerkbar. Ein konkretes Beispiel: Ein modifiziertes Allradfahrzeug kann trotz gleicher Motorleistung bis zu 5% langsamer beschleunigen als seine Hinterradantrieb-Variante. Moderne Allradsysteme bieten häufig die Möglichkeit, zwischen verschiedenen Antriebsmodi zu wechseln. Besonders interessant ist die Option, den Allradantrieb in einen reinen Hinterradantrieb-Modus zu versetzen [s409]. Dies ermöglicht es dem Fahrer, je nach Situation und persönlichen Vorlieben das optimale Setup zu wählen. Allerdings bleibt das zusätzliche Gewicht der Allradkomponenten auch in diesem Modus bestehen. Die Wahl der richtigen Allradantrieb-Modifikation hängt stark von den individuellen Anforderungen ab. Für Fahrer, die ihr Fahrzeug hauptsächlich bei widrigen Wetterbedingungen nutzen, bieten sich Optimierungen an, die auf maximale Traktion ausgelegt sind. Bei sportlicher Nutzung kann hingegen eine ausgewogenere Abstimmung mit Fokus auf Handling und Fahrdynamik sinnvoller sein. Ein wichtiger praktischer Aspekt bei der Modifikation von Allradsystemen ist die regelmäßige Wartung und Kontrolle. Die komplexeren Antriebskomponenten erfordern besondere Aufmerksamkeit, um ihre Langlebigkeit zu gewährleisten. Empfehlenswert sind regelmäßige Inspektionen der Differenziale, Antriebswellen und

Gelenkwellen sowie die Verwendung hochwertiger Schmierstoffe. Die Entscheidung zwischen verschiedenen Allradantrieb-Modifikationen sollte wohlüberlegt sein und auf einer gründlichen Analyse der persönlichen Fahranforderungen basieren. Dabei gilt es, einen ausgewogenen Kompromiss zwischen Leistung, Handling und Alltagstauglichkeit zu finden. Eine professionelle Beratung und sorgfältige Abstimmung sind dabei unerlässlich für optimale Ergebnisse.

6. 2. 4. Torque-Vectoring

Torque-Vectoring stellt eine hochmoderne Technologie zur dynamischen Verteilung der Antriebskraft zwischen den Rädern dar. Im Gegensatz zu herkömmlichen Differentialen arbeitet dieses System proaktiv und kann das Drehmoment gezielt zwischen den Rädern verteilen, noch bevor Schlupf auftritt [s410]. Diese innovative Technologie verbindet mechanische Hardware mit intelligenter Elektronik, um die Fahrdynamik deutlich zu verbessern [s411]. Die Wirkungsweise des Systems basiert auf einer komplexen Steuerungsstrategie, die in Millisekunden reagiert - etwa fünfmal schneller als konventionelle Allradsysteme [s412]. Dabei analysiert die Steuerungselektronik kontinuierlich verschiedene Fahrzeugparameter wie Lenkwinkel, Gaspedal-Position und Querbeschleunigung. Ein praktisches Beispiel: Fährt das Fahrzeug in eine Kurve, kann das System mehr Antriebskraft auf das kurvenäußere Rad leiten, was die Kurvenagilität spürbar verbessert. Besonders beeindruckend sind die messbaren Verbesserungen der Fahrdynamik: Tests haben eine Steigerung der maximalen Querbeschleunigung um 4% und eine Reduzierung des Untersteuerns um beachtliche 17% nachgewiesen [s413]. Für den Fahrer bedeutet dies ein deutlich präziseres Einlenkverhalten und bessere Kontrolle in dynamischen Fahrsituationen. Die Integration von Torque-Vectoring erfolgt sowohl in Allrad- als auch in Hinterradantriebsfahrzeugen [s410]. Bei Heckantrieb wirkt das System effektiv gegen Übersteuern und kann in bestimmten Situationen sogar Untersteuern reduzieren. Ein modernes Torque-Vectoring-Plus-System auf der Hinterachse kombiniert elektronische Steuerung mit mechanischen Komponenten, um Traktion und Fahrstabilität zu optimieren [s412]. Besonders innovativ ist die Entwicklung von Systemen mit direkter Giermomentregelung (Direct Yaw Control, DYC). Diese nutzen eine Kombination aus Radnabenmotoren an der Vorderachse und elektronischen Sperrdifferentialen hinten [s414]. Die Steuerung erfolgt dabei dreistufig: Ein übergeordneter Controller koordiniert die Zusammenarbeit zwischen oberem und unterem Controller, um das gewünschte Giermoment präzise in Drehmomentvorgaben umzusetzen. In der Praxis zeigt sich die Überlegenheit des Systems besonders in anspruchsvollen Fahrsituationen. Das integrierte Fahrwerksmanagement kann nicht nur das Drehmoment gezielt verteilen, sondern auch eine präzise Kombination aus Gaspedalstellung und individueller Bremseingriffe nutzen [s415]. Dies ermöglicht ein neutrales Handling selbst in schnell gefahrenen Kurven. Die technische Umsetzung erfolgt durch die enge Zusammenarbeit verschiedener Zulieferer. Während ein Hersteller die Hardware-Komponenten produziert, übernimmt ein anderer die Endmontage und Programmierung [s416]. Diese Arbeitsteilung gewährleistet höchste Qualität und Zuverlässigkeit des Systems. Für Fahrzeughalter, die eine Nachrüstung in Erwägung ziehen, ist es wichtig zu wissen, dass moderne Torque-Vectoring-Systeme wie VectorDrive [s416] als komplette Einheiten verfügbar sind. Bei der Installation sollte man jedoch unbedingt auf zertifizierte Werkstätten zurückgreifen, da die korrekte Integration in die Fahrzeugelektronik entscheidend für die Funktionalität ist. Die Technologie entwickelt sich ständig weiter, wobei der Trend zu noch schnelleren Reaktionszeiten und präziserer Steuerung geht. Aktuelle Systeme können das Drehmoment bereits innerhalb von Millisekunden zwischen den Rädern verteilen [s412], was besonders bei hochdynamischen Fahrmanövern von Vorteil ist.

Glossar

Direct Yaw Control
Ein System zur aktiven Steuerung der Fahrzeugdrehung um die Hochachse. Wurde erstmals von Mitsubishi in den späten 1990er Jahren in Serienfahrzeugen eingesetzt.

Torque-Vectoring
Ein aktives Differentialsystem, das die Antriebskraft zwischen den Rädern einer Achse individuell verteilen kann. Die Technologie stammt ursprünglich aus dem Motorsport und wurde erstmals in den 1990er Jahren entwickelt.

VectorDrive
Ein spezielles Nachrüstsystem für Torque-Vectoring, das von einem deutschen Unternehmen entwickelt wurde und seit 2015 auf dem Markt erhältlich ist.

Zusammenfassung - 6. 2. Achsen

- Die Achsübersetzung kann die Leistung an den Rädern um bis zu 13% steigern
- Eine typische Getriebeübersetzung liegt bei 2.92:1 im ersten Gang und 0.70:1 im vierten Gang
- Moderne Antriebswellen aus Verbundwerkstoffen ermöglichen eine Gewichtsreduktion von bis zu 80%
- Antriebswellen weisen drei verschiedene Vibrationsmodi auf: Biege-, Torsions- und Schalenmodus
- Torque-Vectoring-Systeme reagieren fünfmal schneller als konventionelle Allradsysteme
- Tests zeigen eine Steigerung der maximalen Querbeschleunigung um 4% durch Torque-Vectoring
- Die Untersteuertendenz wird durch Torque-Vectoring um 17% reduziert
- Moderne Allradsysteme ermöglichen eine Umschaltung in reinen Hinterradantrieb-Modus
- Die Drehmomentenverteilung erfolgt durch eine dreistufige Controllerarchitektur
- Carbon/Epoxy und Glass/Epoxy haben sich als optimale Materialien für Antriebswellen erwiesen

6. 3. Kraftübertragung

Die Kraftübertragung im Antriebsstrang eines Fahrzeugs ist ein faszinierendes Zusammenspiel verschiedener mechanischer Komponenten. Wie gelingt es, die enorme Leistung des Motors effizient und verlustarm auf die Räder zu übertragen? Welche Rolle spielen dabei Kardanwellen, Gelenkwellen, Schwungscheiben und Antriebsriemen? Die Anforderungen an moderne Kraftübertragungssysteme sind komplex: Sie müssen hohe Drehmomente übertragen, Vibrationen dämpfen und dabei möglichst effizient arbeiten. Gleichzeitig sollen sie langlebig sein und auch unter extremen Bedingungen zuverlässig funktionieren. Die Entwicklung neuer Materialien und Konstruktionsmethoden hat in den letzten Jahren zu bedeutenden Fortschritten in diesem Bereich geführt. Für Tuning-Enthusiasten bietet das Verständnis der Kraftübertragung den Schlüssel zu effektiven Leistungssteigerungen - denn selbst der stärkste Motor kann sein Potenzial nur dann voll entfalten, wenn die Kraft optimal auf die Straße gebracht wird.

„Ein einzelnes Kreuzgelenk in der Kardanwelle erreicht einen Wirkungsgrad von etwa 99%."

6. 3. 1. Kardanwellen

Die Kardanwelle ist ein fundamentales Bauteil in der Kraftübertragung von Fahrzeugen mit Hinterradantrieb oder Allradantrieb. Sie überträgt das Drehmoment vom Getriebe zur Hinterachse und ermöglicht dabei die Bewegung des Fahrzeugs [s417]. Für eine effiziente Kraftübertragung benötigt die Kardanwelle mindestens zwei Kreuzgelenke, die jeweils an den Enden angebracht sind [s418]. Bei der klassischen Konstruktion wird die Kardanwelle häufig zweigeteilt ausgeführt. Dies ist notwendig, da die Biege-Naturfrequenz einer einteiligen Stahlwelle unter 5700 U/min liegt, was bei höheren Geschwindigkeiten zu gefährlichen Resonanzen führen könnte. Die zweiteilige Ausführung erhöht zwar die Naturfrequenz, bringt aber auch zusätzliches Gewicht durch drei Universalgelenke und ein mittleres Stützlager mit sich [s419]. Ein wichtiger Aspekt der Kardanwelle ist ihre Effizienz, die maßgeblich vom Winkel zwischen Vorder- und Hinterachse abhängt. Je kleiner dieser Winkel ist, desto höher ist die Effizienz der Kraftübertragung. Ein einzelnes Kreuzgelenk erreicht dabei einen Wirkungsgrad von etwa 99% [s418]. In der Praxis sollte man beim Tuning darauf achten, dass Fahrwerksänderungen den Kardanwinkel nicht zu stark vergrößern, da dies die Effizienz deutlich verschlechtern kann. Moderne Entwicklungen zeigen einen klaren Trend zu Verbundwerkstoffen in der Kardanwellenkonstruktion. Diese innovativen Materialien bieten erhebliche Vorteile: Sie ermöglichen eine einteilige Konstruktion bei gleichzeitig geringerem Gewicht und verbesserter Leistung [s420]. Die Gewichtsersparnis kann zu einer Kraftstoffeffizienzsteigerung von 20% bis 30% führen [s419]. Beim Tuning sollte man daher den Austausch einer konventionellen Kardanwelle gegen eine aus Verbundwerkstoffen in Betracht ziehen.

Besonders wichtig ist die regelmäßige Wartung und Kontrolle der Kardanwelle. Frühe Warnsignale für Probleme sind ungewöhnliche Vibrationen, klopfende oder ratternde Geräusche sowie Schwierigkeiten beim Lenken [s417]. Tuning-Enthusiasten sollten bei der Inspektion besonders auf folgende Punkte achten:
- Zustand der Kreuzgelenke und deren Spiel
- Ausrichtung der Kardanwelle
- Verschleißspuren an den Verzahnungen
- Zustand der Lager
- Gleichmäßige Schmierung aller beweglichen Teile

Die Verwendung von Verbundwerkstoffen bringt neben der Gewichtsreduzierung weitere Vorteile mit sich: Eine verbesserte Korrosionsbeständigkeit und höhere Dämpfungskapazität im Vergleich zu konventionellen Materialien [s420]. Dies ist besonders relevant für Fahrzeuge, die häufig unter anspruchsvollen Bedingungen betrieben werden. Ein häufiges Problem bei Kardanwellen sind Vibrationen, die durch Unwucht oder falsche Gelenkwinkel entstehen können [s420]. Bei Tuning-Maßnahmen, die das Fahrwerk betreffen, muss daher besonders auf die korrekte Geometrie geachtet werden. Eine professionelle Auswuchtung der Kardanwelle nach größeren Modifikationen ist dringend zu empfehlen. Die Leistungsfähigkeit der Kardanwelle hat direkten Einfluss auf das Fahrverhalten und die Langlebigkeit anderer Antriebskomponenten. Ein Ausfall kann zu schweren Schäden am Differential und Getriebe führen [s417]. Daher sollten beim Tuning alle Modifikationen, die die Kraftübertragung betreffen, sorgfältig aufeinander abgestimmt werden.

Glossar

Biege-Naturfrequenz
Die Eigenfrequenz eines schwingungsfähigen Systems, bei der es ohne äußere Krafteinwirkung in seiner natürlichen Schwingungsform schwingt. Wichtig für die Auslegung rotierender Bauteile.

Kardanwelle
Ein mechanisches Bauteil zur Übertragung von Drehbewegungen zwischen zwei Wellen, die nicht in einer Linie liegen. Ermöglicht durch ihre spezielle Konstruktion die Übertragung auch bei sich ändernden Winkeln während der Fahrt.

Kreuzgelenk
Eine mechanische Verbindung, die Drehmomente über einen Winkel überträgt. Besteht aus einem kreuzförmigen Mittelstück mit vier Lagerzapfen, die in gabelförmigen Enden der zu verbindenden Wellen gelagert sind.

Verbundwerkstoff
Materialien, die aus mindestens zwei verschiedenen Werkstoffen bestehen und dadurch neue, verbesserte Eigenschaften aufweisen. Häufig werden Kohlefasern mit Kunstharzen kombiniert.

6. 3. 2. Gelenkwellen

Gelenkwellen sind komplexe mechanische Bauteile, die in verschiedenen Ausführungen für unterschiedliche Anforderungen im Fahrzeugbau zum Einsatz kommen. Anders als bei starren Verbindungen ermöglichen sie eine flexible Kraftübertragung auch bei sich ändernden Winkeln zwischen An- und Abtrieb [s421]. Dies ist besonders wichtig bei Fahrzeugen mit größeren Federwegen oder modifiziertem Fahrwerk. Eine zentrale Herausforderung bei der Konstruktion von Gelenkwellen ist die Minimierung von Vibrationen. Während klassische Kardangelenke bei konstanter Eingangsdrehzahl zu einer ungleichförmigen Ausgangsdrehzahl neigen [s422], bieten moderne CV-Gelenke (Constant Velocity, Gleichlaufgelenke) hier deutliche Vorteile. Sie können größere Winkel tolerieren und reduzieren Vibrationen erheblich [s423]. Bei Tuningmaßnahmen am Fahrwerk sollte man daher bevorzugt auf Gelenkwellen mit CV-Gelenken setzen, besonders wenn durch Tieferlegung oder andere Modifikationen größere Gelenkwinkel entstehen.

Die Auswahl der richtigen Gelenkwelle richtet sich nach dem spezifischen Einsatzbereich. Hersteller bieten verschiedene Serien an, die für unterschiedliche Leistungsklassen optimiert sind [s424]:
- Für kleinere bis mittlere Motorleistungen kommen Gelenkwellen aus gehärtetem Stahl zum Einsatz. Diese bieten ein gutes Verhältnis von Leistungsfähigkeit zu Kosten und sind ideal für moderate Tuningvorhaben.
- Bei mittleren Drehmomenten und hohen Drehzahlen, wie sie bei getunten Motoren häufig auftreten, empfehlen sich modular aufgebaute Systeme. Diese ermöglichen eine bessere Anpassung an die spezifischen Anforderungen.
- Für Hochleistungsanwendungen gibt es individuell anpassbare Serien, die maximale Drehmomente übertragen können. Diese kommen besonders bei umfangreichen Motortuning-Projekten zum Einsatz.

Ein wichtiger konstruktiver Aspekt moderner Gelenkwellen ist der teleskopische Aufbau [s421]. Dieser gleicht Längenänderungen aus, die durch Fahrwerksbewegungen entstehen. Bei der Montage muss auf ausreichend Verstellweg geachtet werden, besonders wenn durch Tuningmaßnahmen die ursprüngliche Geometrie verändert wurde. Als Faustregel gilt: Der teleskopische Bereich sollte mindestens 50mm

Verstellweg in beide Richtungen ermöglichen.

Die Belastung der Gelenklager ist ein kritischer Faktor für die Lebensdauer. Moderne Berechnungsmethoden ermöglichen eine präzise Analyse der auftretenden Kräfte [s422]. Beim Tuning sollte man daher:
- Regelmäßige Inspektionen der Lager durchführen
- Auf ungewöhnliche Geräusche oder Vibrationen achten
- Die Schmierung der Gelenke in kürzeren Intervallen prüfen
- Nach Leistungssteigerungen die Dimensionierung der Gelenkwelle überprüfen

Besonders in engen Einbauräumen, wie sie bei modifizierten Fahrzeugen häufig vorkommen, bieten spezielle Hochleistungs-Gelenkwellen Vorteile [s424]. Sie kombinieren maximale Drehmomentkapazität mit kompakten Abmessungen. Bei der Auswahl sollte man:
- Den verfügbaren Bauraum genau vermessen
- Bewegungsfreiheit in allen Fahrzuständen sicherstellen
- Ausreichend Abstand zu anderen Komponenten einplanen
- Thermische Belastung durch nahegelegene Bauteile berücksichtigen

Die Wartung von Gelenkwellen erfordert besondere Aufmerksamkeit. Ein präventives Wartungskonzept sollte folgende Punkte umfassen:
- Regelmäßige Sichtprüfung auf Beschädigungen
- Kontrolle der Gelenkspiele
- Überprüfung der Dichtungen
- Nachschmierung entsprechend Herstellervorgaben
- Messung der Unwucht bei höheren Drehzahlen

Bei der Montage ist besonders auf die korrekte Ausrichtung zu achten. Bereits kleine Abweichungen können zu erhöhtem Verschleiß und Vibrationen führen. Moderne Ausrichtungssysteme mit Laser-Unterstützung ermöglichen hier eine präzise Einstellung.

Glossar

CV-Gelenk

Eine spezielle Gelenkart, die eine gleichmäßige Drehzahlübertragung auch bei großen Gelenkwinkeln ermöglicht. Im Vergleich zu herkömmlichen Gelenken haben sie eine längere Lebensdauer und ermöglichen eine bessere Laufruhe.

Kardangelenk

Ein mechanisches Gelenk zur Übertragung von Drehbewegungen zwischen zwei Wellen, die einen Winkel zueinander bilden. Sie sind einfacher aufgebaut als CV-Gelenke, haben aber den Nachteil einer ungleichmäßigeren Kraftübertragung.

6. 3. 3. Schwungscheiben

Die Schwungscheibe, auch Schwungrad genannt, ist ein essentielles Bauteil in der Kraftübertragung von Fahrzeugen und erfüllt mehrere wichtige Funktionen. Bei Fahrzeugen mit manuellem Getriebe dient sie als massive Reibungsfläche für die Kupplungsscheibe, während Automatikgetriebe eine dünnere Variante, die sogenannte Flexplatte, verwenden [s425]. Eine zentrale Entwicklung der letzten Jahre ist das Zweimassenschwungrad (DMF), das besonders bei modernen Fahrzeugen zum Einsatz kommt. Diese Konstruktion kann jedoch bei höheren Laufleistungen zwischen 80.000 und 100.000 Kilometern Probleme bereiten. Typische Anzeichen für einen verschlissenen DMF sind klackernde Geräusche beim Schalten oder im Leerlauf, die bei betätigter Kupplung verschwinden [s426]. In solchen Fällen empfiehlt es sich, nicht nur den DMF, sondern auch die Kupplung zu erneuern, da das Getriebe ohnehin geöffnet werden muss. Das Gewicht der Schwungscheibe spielt eine entscheidende Rolle für das Fahrverhalten. Ein leichteres Schwungrad ermöglicht schnellere Drehzahländerungen und verbessert damit die Beschleunigung, besonders in den niedrigen Gängen [s427]. Dies macht sich vor allem im Motorsport positiv bemerkbar. Allerdings bringt diese Modifikation auch Nachteile mit sich: Die Kupplung kann schneller überhitzen, besonders bei häufigem Schleifen lassen, und das Fahren im Stadtverkehr wird anspruchsvoller, da der Motor leichter abgewürgt werden kann [s428]. Für Fahrzeuge, die häufig schwere Lasten ziehen müssen, empfiehlt sich hingegen ein schwereres Schwungrad. Es sorgt für mehr Trägheit und stabilere Drehzahlen, was besonders beim Anfahren und konstanten Fahren

Flexplatte [i31]

Schwungscheibe [i32]

mit Anhängerlast von Vorteil ist [s429]. Bei der Wahl des optimalen Schwungradgewichts sollten Fahrer ihre spezifischen Anforderungen genau analysieren. Ein wichtiger Praxistipp für Tuning-Enthusiasten: Die Kombination aus leichtem Schwungrad und leichter Riemenscheibe sollte vermieden werden. Diese Kombination führt zu einem zu starken Trägheitsverlust, wodurch die Drehzahlen beim Schalten zu schnell abfallen [s428]. Stattdessen empfiehlt es sich, nur eine dieser Komponenten zu erleichtern. Bei der Wartung und Diagnose von Schwungscheiben sollten regelmäßige Kontrollen durchgeführt werden. Bei Automatikgetrieben kann ein Riss in der Flexplatte ohne Getriebeausbau überprüft werden [s425], was die Wartung vereinfacht. Bei Zweimassenschwungrädern ist besonders auf ungewöhnliche Geräusche zu achten, da diese oft erste Anzeichen für verschlissene Federn sind [s426]. Die Stabilität der Zahnradverbindungen kann besonders bei doppelten Schwungrädern problematisch sein, vor allem wenn diese nur einseitig gelagert sind [s430]. Bei der Montage muss daher besonders auf die korrekte Ausrichtung und Befestigung geachtet werden. Eine präzise Einstellung der Kompressionsrate kann die Genauigkeit und Lebensdauer beider Designs erhöhen [s430]. Für die optimale Leistungsentfaltung des Motors ist die richtige Wahl des Schwungradgewichts entscheidend. Während der serienmäßige Schwungrad oft sehr schwer ausgelegt ist, kann eine Gewichtsreduzierung hier deutliche Verbesserungen bringen [s427]. Allerdings sollte diese Modifikation gut durchdacht sein und auf den spezifischen Einsatzzweck des Fahrzeugs abgestimmt werden.

Glossar

Zweimassenschwungrad

Eine spezielle Schwungradkonstruktion mit zwei getrennten Schwungmassen, die durch ein Dämpfungssystem verbunden sind. Reduziert Motorschwingungen und Getriebegeräusche durch seine innovative Dämpfungstechnik.

Flexplatte

Eine dünnere und flexiblere Version des Schwungrads, speziell für Automatikgetriebe entwickelt. Ermöglicht durch ihre Elastizität eine sanftere Kraftübertragung zwischen Motor und Getriebe.

6. 3. 4. Antriebsriemen

Antriebsriemen sind zentrale Komponenten in der Kraftübertragung moderner Fahrzeuge und übernehmen wichtige Aufgaben bei der Übertragung von Motorleistung auf verschiedene Aggregate. Die physikalischen Anforderungen an diese Systeme sind enorm, weshalb sie umfangreichen Leistungstests unterzogen werden müssen [s431].

Die verschiedenen Typen von Antriebsriemen umfassen V-Bänder, Keilriemen, Banded-Bänder, Rippenriemen und Zahnriemen [s432]. Besonders V-Riemen haben sich durch ihren trapezförmigen Querschnitt bewährt, der eine Keilwirkung auf den Riemenscheiben erzeugt und damit die Reibung und Leistungsübertragung optimiert. Diese können eine beeindruckende Spitzen-Effizienz von 95% bis 98% erreichen [s433]. Bei der Wartung sollte man besonders auf die korrekte Spannung achten - zu locker montierte Riemen können durchrutschen und die Leistung verringern. Moderne Antriebsriemen bestehen aus hochwertigen Materialien wie synthetischem Gummi, Polyester und Aramid [s432]. Eine spezielle Innovation ist die Verwendung von transversalen Faser-Gummi-Verbindungen, die für zusätzliche Stärke und höhere Zugspannung sorgen [s434]. Dies ermöglicht eine verbesserte Leistungsübertragung bei gleichzeitig erhöhter Langlebigkeit. Die Riemen sind für einen Temperaturbereich von -30 bis 100°C ausgelegt, was sie sehr vielseitig einsetzbar macht [s434]. Ein komplettes Antriebssystem umfasst neben den Riemen auch lineare Spannvorrichtungen, Thermodur-Riemenscheiben,

Antriebsriemen [i33]

Riemenscheiben [i34]

Umlenkrollen und Entkopplungsrollen [s435]. Bei der Wartung sollten alle diese Komponenten regelmäßig überprüft werden. Besonders wichtig ist die Inspektion auf Risse, Beulen oder übermäßigen Verschleiß [s436]. Ein praktischer Tipp: Bei der Überprüfung sollte man den Motor von Hand durchdrehen und dabei den Riemen genau beobachten - ungleichmäßiger Lauf oder Quietschgeräusche sind Warnsignale. Zahnriemen bieten durch ihre Konstruktion mit Schlitzen einen reduzierten Biegewiderstand und etwa 2% höhere Effizienz als Standard-V-Riemen [s433]. Sie sind besonders dann eine gute Wahl, wenn Vibrationen gedämpft werden müssen oder bei häufigen, abrupten Drehmomentänderungen. Die fortschrittlichen Rippen- und Rillendesigns optimieren dabei die Kraftübertragung und minimieren Geräusche und Vibrationen [s437]. Für Tuning-Enthusiasten ist besonders interessant, dass Premium-Niedrigdehnungsbänder die Spannung länger halten und damit den Wartungsaufwand reduzieren [s434]. Die spezielle Stoffabdeckung dieser Riemen verringert zudem den Verschleiß an den Riemenscheiben im Vergleich zu herkömmlichen Ausführungen. Bei der Auswahl von Performance-Riemen sollte man jedoch beachten, dass diese auf die spezifischen Anforderungen des Motors abgestimmt sein müssen. Ein wichtiger Aspekt bei der Installation ist die korrekte Ausrichtung aller Komponenten. Selbst kleine Abweichungen können zu erhöhtem Verschleiß und Leistungsverlusten führen. Professionelle Werkstätten verwenden dafür spezielle Ausrichtungswerkzeuge, die eine präzise Montage gewährleisten. Nach der Installation sollte der Riemen nach etwa 1000 Kilometern nachgespannt werden, da sich neue Riemen anfangs noch etwas setzen können.

Zahnriemen [i35]

Glossar

Aramid

Eine synthetische Hochleistungsfaser mit extrem hoher Zugfestigkeit, die etwa fünfmal stärker als Stahl ist und dabei sehr leicht und temperaturbeständig ist

Banded-Band

Ein spezieller Riementyp, bei dem mehrere Einzelriemen durch eine gemeinsame Deckschicht verbunden sind, was eine gleichmäßigere Lastverteilung ermöglicht

Thermodur

Ein hochtemperaturbeständiger Kunststoff, der speziell für die Herstellung von Riemenscheiben entwickelt wurde und sich durch besondere Formstabilität auch bei hohen Temperaturen auszeichnet

Zusammenfassung - 6. 3. Kraftübertragung

- Kardanwellen benötigen mindestens zwei Kreuzgelenke für effiziente Kraftübertragung
- Die Biege-Naturfrequenz einer einteiligen Stahlkardanwelle liegt unter 5700 U/min
- Ein einzelnes Kreuzgelenk erreicht einen Wirkungsgrad von etwa 99%
- Moderne Verbundwerkstoff-Kardanwellen können zu 20-30% Kraftstoffeffizienzsteigerung führen
- CV-Gelenke (Constant Velocity) reduzieren Vibrationen und tolerieren größere Winkel als klassische Kardangelenke
- Der teleskopische Bereich von Gelenkwellen sollte mindestens 50mm Verstellweg in beide Richtungen ermöglichen
- Zweimassenschwungräder (DMF) zeigen typischerweise nach 80.000-100.000 km erste Verschleißerscheinungen
- Die Kombination aus leichtem Schwungrad und leichter Riemenscheibe führt zu problematischem Trägheitsverlust
- V-Riemen erreichen durch ihre Keilwirkung eine Spitzen-Effizienz von 95-98%
- Moderne Antriebsriemen sind für Temperaturen von -30 bis 100°C ausgelegt
- Zahnriemen bieten etwa 2% höhere Effizienz als Standard-V-Riemen durch reduzierten Biegewiderstand

Rückblick - 6. Antriebsstrang

- Die Optimierung der Getriebesteuerung ermöglicht durch gezielte Programmierung verschiedener Fahrmodi eine deutlich verbesserte Performance
- Moderne Rennfahrzeuge setzen auf Zündschnitt, während im Rallycross oft nur der Kraftstofffluss kurzzeitig unterbrochen wird
- Der optimale Schaltpunkt liegt dort, wo die Motorleistung im nächsthöheren Gang der Leistung im aktuellen Gang entspricht
- Mechanische Sperrdifferentiale leiten die Antriebskraft automatisch zum Rad mit der besseren Traktion
- Torsen-Differenziale erzielen durch eine ausgeklügelte Zahnradanordnung ähnliche Effekte wie klassische Sperrdifferentiale ohne Kupplungen
- Magnetorheologische Mehrscheiben-Kupplungssysteme kombinieren mechanischen Reibungsmodus und magnetischen Feldsteuerungsmodus
- Polytetrafluoroethylen-Kolbendichtungen zeigen hervorragende Eigenschaften bei der Optimierung von Reibungsverlusten
- Die Achsübersetzung kann die Leistung an den Rädern um bis zu 13% steigern
- Für Drag-Racing werden oft nur drei Gänge verwendet, um Drehzahlverluste beim Schalten zu minimieren
- Carbon/Epoxy und Glass/Epoxy Antriebswellen ermöglichen eine Gewichtsreduktion von bis zu 80%
- Die Biege-Naturfrequenz einer einteiligen Stahlwelle liegt unter 5700 U/min
- Ein einzelnes Kreuzgelenk erreicht einen Wirkungsgrad von etwa 99%
- Zweimassenschwungräder zeigen typischerweise zwischen 80.000 und 100.000 Kilometern erste Verschleißerscheinungen
- V-Riemen erreichen durch ihren trapezförmigen Querschnitt eine Spitzen-Effizienz von 95% bis 98%

- Zahnriemen bieten durch Schlitzkonstruktion etwa 2% höhere Effizienz als Standard-V-Riemen

Kostenlose Zusatzangebote in Planung

Wir freuen uns, Ihnen künftig ergänzende kostenlose Materialien zu diesem Buch anbieten zu können:

- Ein exklusives Bonuskapitel mit zusätzlichen Inhalten
- Eine kompakte Zusammenfassung des gesamten Buches im PDF-Format

Die Veröffentlichung dieser Materialien ist für Januar 2025 geplant.
Besuchen Sie gerne schon heute unsere Website. Sobald unser Newsletter-Service startet (voraussichtlich Januar 2025), können Sie sich dort für Updates registrieren und verpassen keine Neuigkeiten zu den kostenlosen Zusatzangeboten.

SaageBooks.com/de/auto_tuning-bonus-QGPOPJ

Liebe Leserinnen, liebe Leser,

Ich fühle mich sehr geehrt, dass Sie sich die Zeit genommen haben, mein Buch von Anfang bis Ende zu lesen. Als Autor ist es mein größter Wunsch, Ihnen wertvolle Erkenntnisse und praktische Hilfestellungen mit auf den Weg zu geben. Ihr Vertrauen in meine Arbeit bedeutet mir sehr viel. Ich hoffe, die Lektüre war für Sie bereichernd. Sollten Sie Fragen oder Anregungen haben, können Sie mich gerne über unsere Website kontaktieren.

Wenn Ihnen dieses Buch gefallen hat, würde ich mich sehr über eine ehrliche Rezension freuen. Ihre Meinung ist mir wichtig und hilft anderen Lesern bei ihrer Entscheidung. Sie können Ihre ehrliche Bewertung ganz einfach auf der Verkaufsplattform hinterlassen, über die Sie das Buch erworben haben.
Vielen Dank für Ihre Unterstützung!

Artemis Saage

Saage Media GmbH

SaageBooks.com/de

Entdecken Sie mehr! Auf unserer Verlagswebsite erwartet Sie eine vielfältige Auswahl an weiteren Büchern und spannenden Publikationen. Neben kostenlosen Inhalten und exklusiven Bonusmaterialien finden Sie dort auch vertiefende Informationen zu unseren Werken. Stöbern Sie durch unser umfangreiches digitales Angebot und lassen Sie sich von zusätzlichen Leseerlebnissen inspirieren. Als besonderen Service bieten wir Ihnen sowohl kostenfreie als auch kostenpflichtige Inhalte an, die Ihr Leseerlebnis perfekt ergänzen.

SaageBooks.com/de

Quellen

Mein aufrichtiger Dank gilt allen Autorinnen und Autoren der zitierten wissenschaftlichen und nicht-wissenschaftlichen Quellen, den Betreibern der referenzierten Internetseiten sowie den Urheberinnen und Urhebern der verwendeten Bilder, Grafiken und Studien, deren wertvolle Arbeiten wesentlich zur Entstehung dieses Buches beigetragen haben.
Für weitere Informationen empfehle ich Ihnen, die verlinkten Quellen-Websites zu besuchen.

Alle Quellen wurden zuletzt aufgerufen am: 2025-01-03

[s1] - https://www.hpacademy.com/courses/bare-minimum-tuning-knowledge/understanding-fuel-tuning/
Autor: Andre **Titel:** Understanding Fuel Tuning
von: High Performance Academy **Webseite:** High Performance Academy

[s2] - https://forum.hptuners.com/showthread.php?65805-DI-tuning-basics
Autor: RRRocketMan, cobaltssoverbooster **Titel:** DI tuning basics
Erscheinungsdatum: 07-11-2017 **Webseite:** HPTuners Forum

[s3] - https://www.hpacademy.com/courses/bare-minimum-diesel-tuning-knowledge/lesson-one/
Autor: Nick Pregnitz **Titel:** Lesson One - Diesel Fundamentals
von: HP Academy **Webseite:** HP Academy

[s4] - https://www.wevolver.com/article/mastering-pid-tuning-the-comprehensive-guide
Autor: Muhammad Sufyan **Titel:** Mastering PID Tuning: The Comprehensive Guide
von: Wevolver **Erscheinungsdatum:** 11 Jul, 2023
Webseite: Wevolver

[s5] - https://forums.forza.net/t/teach-me-how-to-tune-please/649761
Autor: US_Kopite, McFlufferten, Operator1, BigPhillyOG, XCELRATE, RUsTbUcKEt0027, RennWorks **Titel:** Teach me how to tune? Please
von: Forza Motorsport **Erscheinungsdatum:** November 10, 2023
Webseite: Official Forza Community Forums

[s6] - https://www.nsw.gov.au/sites/default/files/2021-02/RMS-13.464-Light-vehicle-modifications-Vehicle-Standards-Information-No-6-November-2013.pdf
Autor: Transport for NSW **Titel:** Light vehicle modifications: A guide to modifications requiring certification under the Vehicle Safety and Compliance Certification Scheme
Erscheinungsdatum: 8 November 2013 **Webseite:** NSW Government

[s7] - https://f30.bimmerpost.com/forums/showthread.php?t=1761287
Titel: Differences between Stage 1 and Stage 2 tunes **von:** Bimmerpost
Erscheinungsdatum: 2020-09-26 **Webseite:** Bimmerpost

[s8] - https://www.sa.gov.au/topics/driving-and-transport/vehicles/vehicle-standards-and-modifications/cars
Titel: Vehicle Standards and Specifications for Cars **von:** Government of South Australia
Webseite: sa.gov.au

[s9] - https://f30.bimmerpost.com/forums/showthread.php?t=1688332
Autor: les anderson **Titel:** Responsible Tuning b58340i
von: Bimmerpost **Erscheinungsdatum:** 2020-01-22
Webseite: Bimmerpost

[s10] - https://www.heicosportiv.de/en/fascination-heico/product-development
Titel: Product Development **von:** HEICO SPORTIV
Webseite: heicosportiv.de

[s11] - https://www.acesllc.net/steinbauer
Titel: Steinbauer Power Module **von:** ACES, LLC
Webseite: acesllc.net

[s12] - http://elitemotorservices.co.uk/fuel-economy-and-performance-enhancements/
Titel: Fuel Economy and Performance Enhancements **von:** Elite Motor Services
Webseite: elitemotorservices.co.uk

[s13] - https://www.ecodetuning.com/neuspeed-springs-kit-sport-jetta-mk7.html
Titel: NEUSPEED Springs Kit - Sport - Jetta MK7 **von:** Eurocode Tuning Inc.
Webseite: Ecodetuning

[s14] - https://dieselnet.com/tech/emissions_tampering.php
Autor: W. Addy Majewski **Titel:** Emission Tampering
von: ECOpoint Inc. **Erscheinungsdatum:** 2022.06
Webseite: DieselNet

[s15] - https://blackberry.qnx.com/content/dam/blackberry-com/Documents/pdf/BlackBerry_QNX_Auto_BrochureDesign_Digital_19April21.pdf
Autor: BlackBerry QNX **Titel:** BlackBerry QNX Automotive Brochure
von: BlackBerry Limited **Erscheinungsdatum:** April 19, 2021
Webseite: blackberry.qnx.com

[s16] - https://forum.miata.net/vb/showthread.php?t=771043
Autor: alf_17, Cross Creek, yaya23, digital-audiophile, MiataSpeed.net **Titel:** ND2 suspension upgrade while retaining c omfort?
von: MiataSpeed.net **Erscheinungsdatum:** 13th June 2023
Webseite: Miata.net

[s17] - https://discourse.automationgame.com/t/how-to-train-your-turbo-by-dragawn/30754
Autor: Dragawn **Titel:** How To Train Your Turbo
Erscheinungsdatum: 21 July 2019 **Webseite:** Automation Game Discourse

[s18] - https://www.skoda-motorsport.com/en/turbocharger-path-power-efficiency-automotive-technology/
Titel: Turbocharger: A Path to Power and Efficiency | Automotive Technology **von:** Skoda Auto
Erscheinungsdatum: 13. 04. 2018 **Webseite:** Skoda Motorsport

[s19] - https://www.hpacademy.com/forum/efi-tuning/show/choosing-the-correct-afr-3/
Autor: Luka Pogacnik **Titel:** Choosing the Correct AFR
von: High Performance Academy **Webseite:** High Performance Academy

[s20] - https://www.hpacademy.com/forum/general-tuning-discussion/show/turbo-rpm-sensor/
Autor: Matt Ames, Chris Wall, Andre Simon, Christoph Jonen, Jason Zuress **Titel:** Turbo RPM Sensor Discussion
von: High Performance Academy **Webseite:** High Performance Academy

[s21] - https://www.hpacademy.com/technical-articles/how-to-tune-a-turbocharged-engine/
Autor: Andre Simon **Titel:** How To Tune A Turbocharged Engine
von: High Performance Academy **Webseite:** High Performance Academy

[s22] - https://www.bimmer-tech.net/blog/item/177-improving-bmw-b48-b46-performance
Autor: Radoslaw Zbroinski **Titel:** Improving BMW B48 B46 Performance Step-By-Step Engine Tuning Guide
von: BimmerTech **Erscheinungsdatum:** 2022-10-10
Webseite: BimmerTech

[s23] - https://www.beamng.com/threads/noob-looking-for-advice-on-how-to-build-and-tune-fast-cars.87664/
Autor: Tree_beard_ **Titel:** Noob looking for advice on how to build and tune fast cars
von: BeamNG **Erscheinungsdatum:** Aug 18, 2022
Webseite: beamng.com

[s24] - https://n-cars.net/forums/threads/turbo-pressure.7977/
Autor: SiouGr **Titel:** Turbo Pressure
von: N-cars.net **Erscheinungsdatum:** Jun 1, 2022
Webseite: N-cars.net

[s25] - https://www.2addicts.com/forums/showthread.php?t=1985124
Titel: Limits and Recommended M240i Build **von:** 2Addicts
Erscheinungsdatum: 2023-01-16 **Webseite:** 2Addicts

[s26] - https://www.justdieselperformance.com.au/blog/what-is-stage-tuning/
Titel: What is Stage Tuning? **von:** Just Diesel Performance
Erscheinungsdatum: October 25, 2021 **Webseite:** Just Diesel Performance

[s27] - https://www.fathouseperformance.com/
von: Fathouse Performance **Webseite:** Fathouse Performance

[s28] - https://www.blitz.co.jp/about/blitz/aboutblitz_e.html
von: Blitz Co., Ltd. **Webseite:** Blitz Co., Ltd.

[s29] - https://www.beamng.com/threads/tutorial-vehicle-performance-and-components-modification-simple.4261/
Autor: SleepyPickup **Titel:** [Tutorial] Vehicle performance and components modification (Simple)
von: BeamNG **Erscheinungsdatum:** Sep 21, 2013
Webseite: BeamNG

[s30] - https://assets.ecstuning.com/edoc/CTS_Installation_Guide_-_CTS-B8A4-Boss.pdf
Titel: CTS-B8A4-BOSS Installation Guide **von:** CTS Turbo
Webseite: CTSTURBO.com

[s31] - https://www.r8talk.com/threads/turbo-kit-self-install.178233/
Autor: w cole **Titel:** Turbo kit self install?
von: SRM Autosports **Erscheinungsdatum:** Aug 7, 2022
Webseite: R8Talk

[s32] - https://mazdaspeedy.com/Fab9-EFR-turbokit/
Titel: Fab9 EFR Turbo Kit Install **von:** Fab9 Tuning
Webseite: mazdaspeedy.com

[s33] - https://forum.miata.net/vb/showthread.php?t=472354
Autor: Blackone **Titel:** Tuning Done Right Announces New Turbo Sy stem for the NC
von: Tuning Done Right **Erscheinungsdatum:** 18th August 2012
Webseite: MX-5 Miata Forum

[s34] - https://www.mustang6g.com/forums/threads/map-turbo-install-guide.30427/
Autor: Drad **Titel:** MAP Turbo + Install Guide
Erscheinungsdatum: Aug 25, 2015 **Webseite:** mustang6g.com

[s35] - https://www.jlwranglerforums.com/forum/threads/prodigy-performance-jl-stage-2-turbo-kit-installed.21607/
Autor: jimlove9771 **Titel:** Prodigy Performance JL Stage 2 Turbo Kit installed
von: Prodigy Performance **Erscheinungsdatum:** Jan 9, 2019
Webseite: jlwranglerforums.com

[s36] - https://forum.hptuners.com/showthread.php?p=598952
Titel: step by step turbo hemi tuning let learn and share **von:** HP Tuners LLC
Erscheinungsdatum: 02-04-2020 **Webseite:** forum.hptuners.com

[s37] - https://forums.nasioc.com/forums/showthread.php?t=1376562
Autor: Broxma **Titel:** The Tuning Boost Targets Thread
von: NASIOC **Erscheinungsdatum:** December 29, 2024
Webseite: NASIOC

[s38] - https://forums.tdiclub.com/index.php?threads/understanding-the-n75-actuator-rod-length-problems-tunes-vnt-and-wastegate.524100/
Autor: burpod **Titel:** Understanding the N75, Actuator Rod Length, Problems, Tunes - VNT and Wastegate
Erscheinungsdatum: Sep 11, 2022 **Webseite:** TDI Club

[s39] - https://f30.bimmerpost.com/forums/showthread.php?t=1864516
Titel: N20N26: 23+psi boost and the limits of the MAP sensor **von:** Bimmerpost
Webseite: Bimmerpost

[s40] - https://www.hpacademy.com/forum/practical-diesel-tuning/show/smoothing-turbo-oscillations-on-a-mazda-skyactiv-d-2-2-can-adjusting-boost-error-correction-be-a-solution/
Autor: p4nzer **Titel:** Smoothing turbo oscillations on a Mazda Skyactiv-D 2.2 -> can adjusting boost error correction be a solution?
von: High Performance Academy **Webseite:** High Performance Academy

[s41] - https://forums.nasioc.com/forums/showthread.php?t=2508463
Titel: Welcome to the North American Subaru Impreza Owners Club **von:** North American Subaru Impreza Owners Club (NASIOC)
Erscheinungsdatum: 2024-12-29 **Webseite:** NASIOC

[s42] - https://forums.nasioc.com/forums/showthread.php?t=1009906
Titel: Fuel, Timing Boost - Tuning Methods **von:** North American Subaru Impreza Owners Club
Erscheinungsdatum: December 29, 2024 **Webseite:** NASIOC

[s43] - https://f80.bimmerpost.com/forums/showthread.php?t=2072058
Titel: Single turbo s55 tuners? **von:** Bimmerpost
Erscheinungsdatum: 01-01-2024 **Webseite:** Bimmerpost

[s44] - https://www.hondata.com/forum/viewtopic.php?t=10543
Autor: gherrera06 **Titel:** Looking for H22A turbo Map at 8psi, and another questions
von: Hondata **Erscheinungsdatum:** 2009-12-18
Webseite: Hondata User Forum

[s45] - https://oldskulltuning.com/how-to-tune-your-vehicle/
Autor: OldSkullTuning **Titel:** How to Tune Your Vehicle
von: OldSkullTuning **Webseite:** OldSkullTuning

[s46] - https://bmwcoding.us/tuning/ecu-tuning/
Titel: ECU Tuning **von:** BMW Coding
Webseite: bmwcoding.us

[s47] - https://www.pcdtuning.com/articles/how-ecm-tuning-can-improve-fuel-economy-for-diesel-engines
Titel: How ECM Tuning Can Improve Fuel Economy for Diesel Engines **von:** PCD Tuning
Erscheinungsdatum: 2024-06-25 **Webseite:** PCD Tuning

[s48] - https://vertex-tuning.co.uk/remapping/
Titel: ECU Remapping: Unlocking Your Vehicles True Performance Potential **von:** Vertex Tuning
Webseite: vertex-tuning.co.uk

[s49] - https://inspiredautosport.com/ia-tuned-ecu/
Titel: IA Tuned ECU Take Back the Power! **von:** Inspired Autosport
Webseite: inspiredautosport.com

[s50] - https://www.hpacademy.com/technical-articles/re-flashing-vs-standalone-ecus/
Autor: Andre Simon **Titel:** Re-flashing Vs. Standalone ECUs
von: High Performance Academy **Webseite:** High Performance Academy

[s51] - https://f30.bimmerpost.com/forums/showthread.php?t=1761287
Titel: Differences between Stage 1 and Stage 2 tunes **von:** Bimmerpost
Erscheinungsdatum: 2020-09-26 **Webseite:** Bimmerpost

[s52] - https://tvsengineering.com/en/performance/chiptuning/
Titel: Chiptuning **von:** TVS Engineering
Webseite: TVS Engineering

[s53] - https://n-cars.net/forums/threads/tuning-boxes.2192/page-12
Autor: i-Liam **Titel:** Tuning Boxes
von: N-cars.net **Erscheinungsdatum:** Jul 18, 2018
Webseite: N-cars.net

[s54] - https://www.hpacademy.com/technical-articles/re-flashing-vs-standalone-ecus/
Autor: Andre Simon **Titel:** Re-flashing Vs. Standalone ECUs
von: High Performance Academy **Webseite:** High Performance Academy

[s55] - https://f30.bimmerpost.com/forums/showthread.php?t=920760
Titel: 328d: What are the current options for engine tuning? **von:** Bimmerpost
Webseite: Bimmerpost

[s56] - https://turbobricks.com/index.php?threads/b230ft-chip-tuning.1959/
Autor: ptouch20 **Titel:** b230Ft chip tuning
Erscheinungsdatum: 2003-02-12 **Webseite:** TurboBricks

[s57] - https://turbobricks.com/index.php?threads/lh2-2-tuning.73618/
Autor: tkelly27 **Titel:** LH2.2 tuning
Erscheinungsdatum: 2006-06-18 **Webseite:** Turbobricks
Publisher: Turbobricks - The Volvo Performance Community

[s58] - https://g30.bimmerpost.com/forums/showthread.php?t=1809927
Titel: How safe is a tune in M550i? **von:** Bimmerpost
Webseite: Bimmerpost

[s59] - https://www.tacomaworld.com/threads/to-tune-or-not-to-tune.773052/
Autor: rageman **Titel:** To tune or not to tune..
von: Tacoma World **Erscheinungsdatum:** Jul 27, 2022
Webseite: Tacoma World

[s60] - https://www.e90post.com/forums/showthread.php?t=1496304
Autor: MSully96 **Titel:** Why do a MHD backend flash on Jb4?
von: Bimmerpost **Erscheinungsdatum:** 05-15-2018
Webseite: e90post.com

[s61] - https://www.hpacademy.com/forum/efi-tuning/show/why-do-people-choose-low-compression-pistons-for-turbo-4-cylinder-builds/
Autor: Alex Hernandez, Raymond Herchenroder **Titel:** Why do people choose low compression pistons for turbo 4 cylinder builds
von: High Performance Academy **Webseite:** High Performance Academy

[s62] - https://www.taycanforum.com/first-true-bev-tuning-available-from-hgp-turbo/
Titel: First true BEV tuning available? HGP-Turbo software for maximum battery performance acceleration raising Vmax speed limiter (for RS Etron-GT) **von:** HGP Turbo
Erscheinungsdatum: Dec 15, 2022 **Webseite:** Taycan Forum

[s63] - https://f30.bimmerpost.com/forums/showthread.php?t=960658
Titel: 328d racechip **von:** Bimmerpost
Webseite: Bimmerpost

[s64] - https://forums.tdiclub.com/index.php?threads/drawbacks-with-egr-delete.461596/
Autor: Audiman **Titel:** Drawbacks with EGR delete
Erscheinungsdatum: May 26, 2016 **Webseite:** TDI Club

[s65] - https://www.1addicts.com/forums/showthread.php?t=1402168
von: Bimmerpost **Webseite:** 1Addicts

[s66] - https://f87.bimmerpost.com/forums/showthread.php?t=1526092
Titel: Pros and Cons to a catless downpipe **von:** Bimmerpost
Erscheinungsdatum: 08-16-2018 **Webseite:** Bimmerpost

[s67] - https://www.elitetune.com.au/how-to-tune-a-diesel-car/
Autor: Alex Coughlan **Titel:** How to Tune a Diesel Car
von: Elite Tune **Erscheinungsdatum:** 02092024
Webseite: Elite Tune

[s68] - https://www.justdieselperformance.com.au/blog/what-is-stage-tuning/
Titel: What is Stage Tuning? **von:** Just Diesel Performance
Erscheinungsdatum: October 25, 2021 **Webseite:** Just Diesel Performance

[s69] - https://www.eevblog.com/forum/chat/car_s-ecu-performance-remapping/
Autor: Mechatrommer **Titel:** Cars ECU Performance Remapping
von: EEVblog Electronics Community Forum **Erscheinungsdatum:** December 29, 2012
Webseite: EEVblog

[s70] - https://www.bimmer-tech.net/blog/item/180-bmw-n20-engine-tuning
Autor: Radoslaw Zbroinski **Titel:** BMW N20 Engine Tuning - Gain More Power While Keeping It Safe
von: BimmerTech **Erscheinungsdatum:** Dec 8, 2022
Webseite: BimmerTech

[s71] - https://www.geraldhallettlandrover.com/pages-chip-tuning/
Titel: Chip Tuning **von:** Gerald Hallett Land Rover
Webseite: geraldhallettlandrover.com

[s72] - https://f30.bimmerpost.com/forums/showthread.php?t=920760
Autor: stevehecht **Titel:** 328d: What are the current options for engine tuning?
von: Bimmerpost **Erscheinungsdatum:** 2013-12-04
Webseite: Bimmerpost

[s73] - https://forums.ybw.com/threads/chip-tuning-marine-diesels-any-experiences-or-thoughts.224558/
Autor: jimduncan1 **Titel:** Chip Tuning Marine Diesels: Any experiences or thoughts
von: Chip Express **Erscheinungsdatum:** 7 Jan 2010
Webseite: Yachting and Boating World (YBW) Forums

[s74] - https://www.hpacademy.com/technical-articles/re-flashing-vs-standalone-ecus/
Autor: Andre Simon **Titel:** Re-flashing Vs. Standalone ECUs
von: High Performance Academy **Webseite:** High Performance Academy

[s75] - https://restoric.co.uk/reverse-engineering-services/design-optimisation-reverse-engineering/
Titel: Design Optimisation Reverse Engineering **von:** Restoric
Webseite: restoric.co.uk

[s76] - https://www.hpacademy.com/forum/build-threads/show/mitsubishi-4-5l-dohc-v8-in-a-mitsubishi-legnum-awd-manual-turbo/
Autor: Lindsay Dundon **Titel:** Mitsubishi 4.5L DOHC V8 in a Mitsubishi Legnum AWD Manual turbo
von: High Performance Academy **Webseite:** High Performance Academy

[s77] - https://www.hpacademy.com/forum/general-tuning-discussion/show/compression-increase-and-af-ratio-relationship/
Titel: Compression increase and AF Ratio Relationship **von:** High Performance Academy
Webseite: High Performance Academy

[s78] - https://mazdas247.com/forum/t/are-there-compelling-performance-mods-for-the-2-5.123849357/
Autor: davefr **Titel:** Are there compelling performance mods for the 2.5??
Erscheinungsdatum: Jun 17, 2015 **Webseite:** mazdas247.com

[s79] - https://tweetlerperformance.com/collections/2005-2009-audi-s4-quattro-b7/throttle-body-kit
Titel: 2005-2009 Audi S4 Quattro Throttle Body Kit **von:** Tweetler Performance
Webseite: tweetlerperformance.com

[s80] - https://www.cosworth.com/
von: Cosworth **Webseite:** Cosworth

[s81] - https://gfb.com.au/tech/tech-articles/turbocharger-efficiency-2/
Titel: Turbocharger Efficiency **von:** GFB Performance
Webseite: GFB Performance

[s82] - https://forums.nasioc.com/forums/showthread.php?t=2506562
Titel: Larger turbo: more power @ same PSI - How? **von:** North American Subaru Impreza Owners Club
Erscheinungsdatum: 2024-12-29 **Webseite:** NASIOC

[s83] - https://forum.miata.net/vb/showthread.php?t=695870
Titel: Compression Ratio and Forced Induction(Nerdy Edition) **von:** MX-5 Miata Forum
Erscheinungsdatum: 13th June 2019 **Webseite:** forum.miata.net

[s84] - https://theicct.org/wp-content/uploads/2021/06/Turbocharging-Tech-Briefing_ICCT_Dec2016.pdf
Autor: Aaron Isenstadt, John German, Mihai Dorobantu, David Boggs, Tom Watson **Titel:** Downsized, Boosted Gasoline Engines
von: International Council on Clean Transportation **Erscheinungsdatum:** December 2016
Webseite: theicct.org **Publisher:** International Council on Clean Transportation

[s85] - https://forums.tdiclub.com/index.php?threads/clean-turbo-clean-intercooler.2552/
Autor: SkyPup **Titel:** Clean Turbo Clean Intercooler
von: Garrett Turbocharger Motorsports **Erscheinungsdatum:** Dec 6, 1999
Webseite: TDI Club

[s86] - https://www.golfmk7.com/forums/index.php?threads/boost-at-elevation-and-rarefied-atmosphere-in-general.374116/
Autor: anotero **Titel:** Boost at Elevation and Rarefied Atmosphere in General
Erscheinungsdatum: May 9, 2020 **Webseite:** GolfMK7

[s87] - https://forum.hptuners.com/showthread.php?47911-understanding-throttle-pressure-drop
Autor: lt1z350 **Titel:** understanding throttle pressure drop
von: HP Tuners LLC **Erscheinungsdatum:** 07-24-2014
Webseite: forum.hptuners.com

[s88] - https://link.springer.com/article/10.1007/s41104-019-00048-8
Autor: Georg Kellermayr, Eberhard Schutting, Horst Mitterecker **Titel:** Turbocharging of engines with low cylinder numbers: a thermodynamic consideration
Erscheinungsdatum: 29 July 2019 **Webseite:** Springer
Publisher: Springer

[s89] - https://www.hpacademy.com/forum/general-engine-building-discussion/show/subaru-ej-motors-preventing-spun-bearings/
Autor: Ben Iacobucci, Andre Simon, Daniel McAulay, Anthony Parle **Titel:** Subaru EJ Motors - Preventing spun bearings
von: High Performance Academy **Webseite:** High Performance Academy

[s90] - https://www.ft86club.com/forums/showthread.php?p=1963324
Titel: List of mods to help engine last longer? **von:** FT86CLUB
Erscheinungsdatum: 09-27-2014 **Webseite:** FT86CLUB

[s91] - https://www.e90post.com/forums/showthread.php?t=202810
Autor: alextremo **Titel:** How to maximize the life of our tuned N54 engines
von: Bimmerpost **Erscheinungsdatum:** 01-22-2009
Webseite: e90post

[s92] - https://www.e90post.com/forums/showthread.php?t=930520
Autor: Patronus86, Mit_Boost, Jeff@TopGearSolutions, BEAR-AvHistory **Titel:** 335is exhaust
von: Bimmerpost **Erscheinungsdatum:** 01-02-2014
Webseite: e90post.com

[s93] - https://www.legacygt.com/topic/70115-stock-bov-vs-100-recirc/
Autor: LegacyDan **Titel:** Stock BOV vs 100% recirc
von: GFB **Erscheinungsdatum:** July 17, 2010
Webseite: LegacyGT.com

[s94] - http://www.sonicownersforum.com/forum/threads/trifecta-tune-affecting-engine-life.8931/
Autor: KartRacer **Titel:** Trifecta tune affecting engine life?
Erscheinungsdatum: Aug 23, 2013 **Webseite:** Sonic Owners Forum

[s95] - https://f10.5post.com/forums/showthread.php?t=1247229
Titel: Question about increasing PSI (boost) **von:** Bimmerpost
Webseite: Bimmerpost

[s96] - https://www.hpacademy.com/courses/bare-minimum-tuning-knowledge/understanding-fuel-tuning/
Autor: Andre **Titel:** Understanding Fuel Tuning
von: High Performance Academy **Webseite:** High Performance Academy

[s97] - https://www.bimmer-tech.net/blog/item/168-bmw-b58-engine-tuning
Autor: Radoslaw Zbroinski **Titel:** BMW B58 Engine Tuning How to Improve Performance?
von: BimmerTech **Erscheinungsdatum:** Jul 26, 2022
Webseite: BimmerTech

[s98] - https://digital-dev.lib.calpoly.edu/celebrity-viralhot/optimizing-performance-diesel-tuning-essentials.html
Titel: Optimizing Performance: Diesel Tuning Essentials **von:** High Performance Academy
Erscheinungsdatum: Dec 28, 2024 **Webseite:** Celebrity Viralhot

[s99] - https://www.7post.com/forums/showthread.php?t=1723652
Autor: jstewart, 13M5F10, Engelhorn, jlin101 **Titel:** 2016 750i tuning recommendation
von: Bimmerpost **Erscheinungsdatum:** 2020-05-24
Webseite: 7Post

[s100] - https://bumbleauto.com/blog/a-guide-to-engine-tune-up
Autor: Admin Admin **Titel:** Maximize Performance with an Engine Tune-Up
von: Bumble Auto **Erscheinungsdatum:** 2024-10-10
Webseite: bumbleauto.com

[s101] - https://mhpd.ca/es/uncategorized/increase-diesel-engine-power-and-efficiency-with-mhpd-dyno-tuning/
Titel: Increase Diesel Engine Power and Efficiency with MHPD Dyno Testing and Tuning **von:** MHPD Inc.
Erscheinungsdatum: Abr 11, 2024 **Webseite:** mhpd.ca

[s102] - https://www.civicx.com/forum/threads/the-civicx-tuning-thread-for-all-tuned-cars.42361/
Autor: gtman **Titel:** The Tuned CivicX Experience Reliability Thread
von: CivicX **Erscheinungsdatum:** Oct 14, 2019
Webseite: civicx.com

[s103] - https://www.wholesalehyundaiparts.com/showassembly.aspx?ukey_assembly=1107868&ukey_make=1202&ukey_model=19443
Titel: ELECTRONIC CONTROL UNIT (ECU) ELANTRA 00MY for Hyundai Elantra **von:** Wholesale Hyundai Parts
Webseite: Wholesale Hyundai Parts

[s104] - https://forum.miata.net/vb/showthread.php?t=763443
Autor: SVpokey, Stoffl, NW Bill **Titel:** Help to identify my ecu
von: MX-5 Miata Forum **Erscheinungsdatum:** 14th November 2022
Webseite: forum.miata.net

[s105] - https://forums.genvibe.com/phpBB3/viewtopic.php?t=13095
Titel: The ECM does what? **von:** GenVibe Community
Webseite: GenVibe

[s106] - https://geometroforum.com/pcm-ecu-ecm-t46141.html
Autor: MR1 Kingsbury, metro1.0, freegeo, myredvert, Woodie **Titel:** PCM, ECU, ECM
von: Geo Metro Forum **Erscheinungsdatum:** 2015-10-30
Webseite: Geo Metro Forum

[s107] - https://www.hptuners.com/articles/vehicle-control-module-cheat-sheet-ecm-vs-pcm-vs-tcm/
Titel: Vehicle Control Module Cheat Sheet: ECM vs PCM vs TCM **von:** HP Tuners
Webseite: HP Tuners

[s108] - https://www.keihin-na.com/automotive/electronic-control-units/
Titel: Electronic Control Units **von:** Hitachi Astemo Indiana, Inc.
Webseite: Keihin North America

[s109] - https://pmc.ncbi.nlm.nih.gov/articles/PMC6604863/
Autor: Mark Stuhldreher, John Kargul, Daniel Barba, Joseph McDonald, Stanislav Bohac, Paul Dekraker, Andrew Moskalik **Titel:** Benchmarking a 2016 Honda Civic 1.5-liter L15B7 Turbocharged Engine and Evaluating the Future Efficiency Potential of Turbocharged Engines
von: U.S. Environmental Protection Agency **Erscheinungsdatum:** 2019-07-02
Webseite: National Center for Biotechnology Information **Publisher:** SAE International

[s110] - https://fingermotors.com/services/
Titel: Services **von:** Finger Motors
Webseite: fingermotors.com

[s111] - https://www.justdieselperformance.com.au/blog/maintaining-and-caring-for-your-upgraded-diesel-engine/
Titel: Maintaining and Caring For Your Upgraded Diesel Engine **von:** Just Diesel Performance
Erscheinungsdatum: May 29, 2023 **Webseite:** Just Diesel Performance

[s112] https://www.hpacademy.com/forum/practical-diesel-tuning/show/tuning-the-mazda-skyactiv-d-2-2l-engine-to-gtd-level-of-performance/
Autor: p4nzer **Titel:** Tuning the Mazda Skyactiv-D 2.2l engine to GTD level of performance
von: High Performance Academy **Webseite:** High Performance Academy

[s113] - https://www.2addicts.com/forums/showthread.php?t=1801587
Titel: BMW 2-Series Forum Discussion **von:** 2Addicts
Webseite: 2Addicts

[s114] - https://www.irjet.net/archives/V8/i9/IRJET-V8I9129.pdf
Autor: Siddhant Pawar, Yogesh Kanade **Titel:** Design and Fabrication of the Intake and Exhaust system of a FSAE Race Car
Erscheinungsdatum: Sep 2021 **Webseite:** International Research Journal of Engineering and Technology (IRJET)
Publisher: IRJET

[s115] - https://f87.bimmerpost.com/forums/showthread.php?t=1458121
Autor: mike@x-ph.com **Titel:** THE ULTIMATE Intercooler Thread - What to Look For Before Buying an FMIC
von: BimmerPost Supporting Vendor **Erscheinungsdatum:** 01-18-2018
Webseite: Bimmerpost

[s116] - https://cv.hal.science/david-chalet
Autor: David Chalet **Titel:** CV de David Chalet
von: Ecole Centrale Nantes **Webseite:** hal.science

[s117] - https://link.springer.com/article/10.1007/s12239-021-0067-6
Autor: Fushui Liu, Chenghan Sun, Yikai Li, Yong Shang **Titel:** Performance Analysis and Optimization Design of Exhaust System for Turbocharging Diesel Engines
von: The Korean Society of Automotive Engineers **Erscheinungsdatum:** 31 May 2021
Webseite: International Journal of Automotive Technology **Publisher:** Springer

[s118] - https://link.springer.com/article/10.1007/s12206-021-0141-z
Autor: Han-Sang Kim **Titel:** Effect of exhaust manifold geometry and engine parameters on flow pulsations inside the exhaust system with CCC under firing conditions
Erscheinungsdatum: 2021-01-28 **Webseite:** Springer
Publisher: Korean Society of Mechanical Engineers

[s119] - https://saemobilus.sae.org/papers/impact-ultra-low-thermal-inertia-manifolds-emission-performance-2007-01-0935
Autor: Emmanuel Jean, Vincent Leroy, Gianluca Montenegro, Angelo Onorati, Mats Laurell **Titel:** Impact of Ultra Low Thermal Inertia Manifolds on Emission Performance
von: Faurecia Exhaust Systems, Politecnico di Milano, Volvo Car Corporation **Erscheinungsdatum:** 2007-04-16
Webseite: SAE Mobilus **Publisher:** SAE International

[s120] https://www.carthrottle.com/news/engineering-explained-6-different-types-turbocharger-and-advantages-each-setup?carthrottle_%28Car_Throttle%29=&page=3
Titel: Engineering Explained: 6 Different Types Of Turbocharger And The Advantages Of Each Setup **von:** Crash Media Group Ltd
Erscheinungsdatum: 04 Jan 2016 **Webseite:** Car Throttle

[s121] - https://goldfarbinc.com/blogs/news/how-do-twin-turbochargers-work
Autor: Alex Smith **Titel:** How Do Twin Turbochargers Work?
von: Goldfarb and Associates **Erscheinungsdatum:** November 01, 2023
Webseite: Goldfarb Inc.

[s122] - https://global.abb/group/en/technology/did-you-know/turbocharger
Titel: ABB turbocharging system **von:** ABB
Erscheinungsdatum: 2023-01-12 **Webseite:** ABB

[s123] - https://f80.bimmerpost.com/forums/showthread.php?t=894672
Titel: Anybody understand the F80 M3 F82 M4 turbocharger technology? **von:** Bimmerpost
Erscheinungsdatum: 09-28-2013 **Webseite:** Bimmerpost

[s124] - https://forum.dcs.world/topic/240278-impeller-supercharger-and-turbocharger-interaction/
Autor: SmirkingGerbil **Titel:** Impeller (supercharger) and turbocharger interaction?
Erscheinungsdatum: July 8, 2020 **Webseite:** DCS World Forum

[s125] - https://www.tyresmoke.net/forum/topic/77294-what-manages-the-level-of-boost-on-the-mk5-gti/
Autor: SMB **Titel:** What manages the level of boost on the MK5 GTI?
Erscheinungsdatum: September 18, 2006 **Webseite:** TyreSmoke

[s126] - https://forums.tdiclub.com/index.php?threads/turbo-boost-ii.13794/
Autor: SkyPup **Titel:** Turbo Boost II
Erscheinungsdatum: Jun 9, 1999 **Webseite:** TDI Club

[s127] - https://www.borgwarner.com/docs/default-source/iam/boosting-technologies/efr_technical_training_book.pdf
Autor: Brock Fraser **Titel:** EFR Technical Training Book
von: BorgWarner Turbo Systems **Webseite:** borgwarner.com

[s128] - https://www.legacygt.com/topic/12867-legacy-b4-no-boost/
Autor: yummy **Titel:** Legacy B4 No Boost
von: LegacyGT.com **Erscheinungsdatum:** 2005-11-12
Webseite: LegacyGT.com **Publisher:** LegacyGT.com

[s129] - https://www.hpacademy.com/forum/boost-control/show/boost-control-with-no-waste-gate/
Autor: Agustín Holub **Titel:** Boost control with no waste-gate
von: High Performance Academy **Webseite:** High Performance Academy

[s130] - https://www.pilotsofamerica.com/community/threads/explain-turbo-normalized.73082/
Autor: AggieMike88 **Titel:** Explain Turbo Normalized
Erscheinungsdatum: Jul 21, 2014 **Webseite:** Pilots of America

[s131] - https://www.onallcylinders.com/2017/11/30/turbo-101-introduction-mechanical-electronic-boost-controllers/
Autor: OnAllCylinders Staff **Titel:** Turbo 101: An Introduction to Mechanical and Electronic Boost Controllers
von: Summit Racing Equipment **Erscheinungsdatum:** 11302017
Webseite: OnAllCylinders

[s132] - https://www.ft86club.com/forums/showthread.php?t=108228
Titel: Boost Control **von:** FT86CLUB
Erscheinungsdatum: 07-11-2016 **Webseite:** FT86CLUB

[s133] - https://www.evotuners.net/threads/manual-boost-controller-install-dejon-tool.335/
Autor: turbolarry **Titel:** Manual boost controller install (Dejon Tool)
Erscheinungsdatum: Feb 10, 2005 **Webseite:** evotuners.net

[s134] - https://www.borgwarner.com/docs/default-source/iam/boosting-technologies/efr_technical_training_book.pdf
Autor: Brock Fraser **Titel:** EFR Technical Training Book
von: BorgWarner Turbo Systems **Webseite:** borgwarner.com

[s135] - https://www.apt-turbo.com/turbocharger-anti-lag-systems-als/
Autor: Justine Foong **Titel:** Anti-Lag Systems (ALS) Reducing Turbo Lag for Turbochargers
von: APT Turbo **Webseite:** APT Turbo

[s136] - https://f80.bimmerpost.com/forums/showthread.php?t=930175
Titel: S55 anti-lag system **von:** Bimmerpost
Erscheinungsdatum: 01-01-2014 **Webseite:** Bimmerpost

[s137] - https://www.civicx.com/forum/threads/anti-lag-update.17065/
Autor: BlackedoutFC1 **Titel:** Anti Lag Update
von: KTuner **Erscheinungsdatum:** Nov 8, 2017
Webseite: CivicX

[s138] - https://forums.nasioc.com/forums/showthread.php?t=56944
Titel: Welcome to the North American Subaru Impreza Owners Club **von:** North American Subaru Impreza Owners Club, Inc.
Erscheinungsdatum: 2024-12-29 **Webseite:** NASIOC

[s139] - https://www.theturboforums.com/threads/compressed-air-anti-lag.386055/
Autor: blue-boost, TTFKen, Boost Engineer, tbird, westcoastwrenchin, Bad Medicine Racing **Titel:** Compressed air anti lag
von: The Turbo Forums **Erscheinungsdatum:** Oct 21, 2019
Webseite: The Turbo Forums

[s140] - https://www.theturboforums.com/threads/anti-lag-and-recirculation-bypass-valve-outlet-placement.387130/
Autor: Civil **Titel:** Anti-lag and Recirculation: Bypass Valve Outlet Placement
von: The Turbo Forums **Erscheinungsdatum:** Dec 23, 2020
Webseite: The Turbo Forums

[s141] - https://aet-turbos.co.uk/future-turbo-tech-new-electric-turbocharger-eliminates-turbo-lag/
Titel: Future Turbo tech new electric turbocharger eliminates turbo lag **von:** AET Turbos
Erscheinungsdatum: November 18, 2014 **Webseite:** AET Turbos

[s142] - http://www.powerbygns.com/Products.html
von: GNS Enterprises **Webseite:** powerbygns.com

[s143] - https://turbosource.com/blogs/news/product-overview-injector-dynamics-fuel-injectors
Titel: Product Overview: Injector Dynamics Fuel Injectors **von:** Turbosource
Webseite: Turbosource

[s144] - http://fuelinjectorclinic.com/
von: Fuel Injector Clinic **Webseite:** fuelinjectorclinic.com

[s145] - https://www.racingbeat.com/RX7-1986-1992/Fuel-System/18147.html
Autor: Racing Beat, Inc. **Titel:** 1986-92 Mazda RX-7 Performance Parts : Fuel System
von: Racing Beat, Inc. **Webseite:** Racing Beat

[s146] - https://www.stp.com/ca/product/super-concentrated-fuel-injector-cleaner/
Titel: STP Super Concentrated Fuel Injector Cleaner **von:** Energizer Auto
Webseite: STP

[s147] - https://www.wimerfuelinjection.com/
von: Wimer Fuel Injection **Webseite:** wimerfuelinjection.com

[s148] - https://f80.bimmerpost.com/forums/showthread.php?t=2000658
Autor: Jiaim **Titel:** BMW M3 and BMW M4 Forum - Engine Drivetrain Exhaust Bolt-ons Tuning
von: Bimmerpost **Erscheinungsdatum:** 03-12-2023
Webseite: Bimmerpost

[s149] - https://www.hpacademy.com/forum/efi-tuning/show/why-do-most-throttle-body-efi-systems-use-58psi-fuel-pressure-but-are-return-type-systems/
Autor: Steve Belt, David Ferguson, Gord No, Mike McGinnis, Stephen Dean **Titel:** Why do most Throttle Body EFI systems use 58psi fuel pressure but are return type systems?
von: High Performance Academy **Webseite:** High Performance Academy

[s150] - https://www.rzrforums.net/threads/17-turbo-fuel-pump-in-a-16-turbo.470745/
Autor: mannysouza **Titel:** 17 turbo fuel pump in a 16 turbo?
von: RZRForums.net **Erscheinungsdatum:** Nov 14, 2017
Webseite: RZRForums.net

[s151] - http://www.minimopar.net/perf/fuel.html
Titel: Upgrading The Fuel System **von:** Minimopar
Webseite: minimopar.net

[s152] - https://www.hpacademy.com/forum/general-tuning-discussion/show/fuel-pressure-dropping-off-with-increased-boost/
Autor: Nick Cox **Titel:** Fuel pressure dropping off with increased boost
von: High Performance Academy **Webseite:** High Performance Academy

[s153] - https://cfturbo.com/fileadmin/content/down/publications/papers/2024-03-JetFuel-Pump-Design-Optimization.pdf
Autor: Christopher Sands and Ralph Peter Mueller **Titel:** Design Optimization of Jet Fuel Pump for Aviation
von: CFturbo, Inc. **Erscheinungsdatum:** March 6th, 2024
Webseite: cfturbo.com

[s154] - https://x3.xbimmers.com/forums/showthread.php?t=1723849
Titel: Upgraded HPFP - TU Dorch Stage 2 pump **von:** Bimmerpost
Webseite: xbimmers.com

[s155] - https://forum.hptuners.com/showthread.php?p=441562
Autor: JnJSpdShop **Titel:** 2014 Coyote Twin Turbo - Inferred Rail Pressure vs. Fuel Flow (high low)
von: HP Tuners, LLC **Erscheinungsdatum:** 07-12-2016
Webseite: HPTuners Forum

[s156] - https://www.dsmtalk.com/threads/how-to-run-two-separate-fuel-systems-for-e85.222133/
Titel: How to run two separate fuel systems for e85? **von:** DSM Talk
Erscheinungsdatum: Jan 21, 2010 **Webseite:** dsmtalk.com

[s157] - https://www.superturbodiesel.com/std/showthread.php?tid=7385
Autor: AlpinaM30B35, Hario, barrote, erx, Mallinman, EvoPeter, AlanMcR **Titel:** Super pump fuel supply and return
Erscheinungsdatum: 09-01-2016 **Webseite:** superturbodiesel.com

[s158] - https://www.nissanzclub.com/forum/threads/full-bolt-ons-mods-recommended-for-stock-turbos-gain-max-hp-tq.2065/
Autor: Ali023 **Titel:** Full Bolt-Ons Mods Recommended for Stock Turbos? Gain Max HPTQ
Erscheinungsdatum: Aug 7, 2023 **Webseite:** Nissan Z Club

[s159] - https://www.lextreme.com/forums/threads/fuel-system-with-no-return-line.9572/
Autor: sniper **Titel:** Fuel system with no return line?
Erscheinungsdatum: Jul 24, 2008 **Webseite:** Lextreme

[s160] - https://f80.bimmerpost.com/forums/showthread.php?t=1788686
Titel: Safest fuel system to run full e85 **von:** Bimmerpost
Erscheinungsdatum: 01-04-2021 **Webseite:** Bimmerpost

[s161] - https://www.jeepcherokeeclub.com/threads/e85-conversion-and-flex-fuel-questions.126746/
Titel: E85 Conversion and Flex Fuel Questions **von:** Jeep Cherokee Club
Erscheinungsdatum: May 3, 2015 **Webseite:** Jeep Cherokee Club

[s162] - https://forums.edmunds.com/discussion/10539/chevrolet/suburban/dealer-conversion-of-the-5-3-l-to-the-5-3-l-flex-fuel-e85
Titel: Dealer Conversion of the 5.3 L to the 5.3 L Flex Fuel (E85) **von:** Edmunds
Webseite: Edmunds Forums

[s163] - https://www.saabcentral.com/threads/flex-fuel-conversion-any-experience.249840/
Titel: Flex Fuel Conversion: Any Experience? **von:** SaabCentral
Webseite: SaabCentral

[s164] - https://www.ranger5g.com/forum/threads/what-would-be-needed-for-flex-fuel-conversion.18546/
Autor: Fidstang **Titel:** What would be needed for flex Fuel conversion
von: Ford Motor Company **Erscheinungsdatum:** Feb 27, 2022
Webseite: Ranger5G

[s165] - https://g42.bimmerpost.com/forums/showthread.php?t=737939
Titel: FlexFuel Conversion Kit **von:** Bimmerpost
Webseite: Bimmerpost

[s166] - https://www.fjcruiserforums.com/threads/ethanol-conversion-flex-fuel-for-the-fj-cruiser.48749/
Titel: Ethanol Conversion (Flex Fuel) for the FJ Cruiser... **von:** FJ Cruiser Forums
Erscheinungsdatum: 2008-02-22 **Webseite:** FJ Cruiser Forums

[s167] - https://afdc.energy.gov/vehicles/flexible-fuel-availability
Titel: Flexible Fuel Vehicle Availability **von:** U.S. Department of Energy
Webseite: Alternative Fuels Data Center

[s168] - https://lesjoforssprings.com/insights/common-materials-used-for-springs/
Titel: Common Materials Used for Springs **von:** Lesjfors
Erscheinungsdatum: 2023-05-23 **Webseite:** Lesjfors Springs

[s169] - https://performance.bilstein.com/en/products/
Titel: BILSTEIN Performance Suspension: Discover High Performance at its best **von:** BILSTEIN
Webseite: bilstein.com

[s170] - https://f30.bimmerpost.com/forums/showthread.php?t=1697172
Titel: Standard suspension to M Sport suspension **von:** Bimmerpost
Erscheinungsdatum: 2020-02-22 **Webseite:** Bimmerpost

[s171] - https://performance.bilstein.com/en-us/products/bilstein-b16/
Titel: BILSTEIN B16 Coilover Suspension **von:** BILSTEIN
Webseite: bilstein.com

[s172] - https://www.zpost.com/forums/showthread.php?t=1051184
Titel: 3.0si Sports Suspension - How Can I Tell If a Car Has It? **von:** Bimmerpost
Erscheinungsdatum: 10-26-2014 **Webseite:** ZPOST

[s173] - https://www.elephantracing.com/
von: Elephant Racing **Webseite:** elephantracing.com

[s174] - https://www.1addicts.com/forums/showthread.php?t=502524
Titel: BMW 1 Series CoupeConvertible Forums **von:** Bimmerpost
Erscheinungsdatum: 03-16-2011 **Webseite:** 1addicts

[s175] - https://g05.bimmerpost.com/forums/showthread.php?t=1940576
Titel: 2019+ BMW X5 (G05) and X6 (G06) Forum **von:** Bimmerpost
Webseite: Bimmerpost

[s176] - https://www.kaztechnologies.com/wp-content/uploads/A-Guide-To-Your-Dampers-Chapter-from-FSAE-Book-by-Jim-Kasprzak-Updated.pdf
Autor: Jim Kasprzak **Titel:** Understanding your Dampers: A guide from Jim Kasprzak
von: Kaz Technologies **Webseite:** Kaz Technologies

[s177] - https://f30.bimmerpost.com/forums/showthread.php?t=1869845
Titel: How active is active M sport suspension? **von:** Bimmerpost
Erscheinungsdatum: 2021 10 27 **Webseite:** Bimmerpost

[s178] - https://www.furyforums.com/threads/suspension-damper-settings.36620/
Titel: Suspension Damper Settings? **von:** VerticalScope Inc.
Erscheinungsdatum: Aug 7, 2023 **Webseite:** furyforums.com

[s179] - https://www.allpar.com/d3/corporate/bios/ian-sharp/grand-cherokee-zj.html
Autor: Ian Sharp **Titel:** Suspension-tuning the Jeep Grand Cherokee ZJ
von: Chrysler **Webseite:** Allpar

[s180] - https://f80.bimmerpost.com/forums/showthread.php?t=1270478
Titel: M Adaptive Suspension - which setting is comparable to the passive suspension? **von:** Bimmerpost
Webseite: Bimmerpost

[s181] - https://digitalcommons.georgiasouthern.edu/honors-theses/955/
Autor: Joshua R. Moore **Titel:** Exploration of Characteristic curve in FOX Float 3 shock dampers to expedite shock damp tuning
von: Georgia Southern University **Erscheinungsdatum:** 2024-04-04
Webseite: Digital Commons Network

[s182] - https://www.mr2oc.com/threads/coil-over-spring-rates-for-aw11.578497/
Titel: Coil-over Spring Rates for AW11 **von:** MR2 Owners Club
Webseite: mr2oc.com

[s183] - https://forums.forza.net/t/basic-formula-for-spring-rate/537503
Autor: Ti_Hsien **Titel:** Basic formula for spring rate?
von: Forza Community Forums **Erscheinungsdatum:** December 9, 2021
Webseite: Forza Community Forums

[s184] - https://www.m3post.com/forums/showthread.php?t=1695988
Titel: Wheel rates with coilover kits excess pitch motion over bumps? **von:** Bimmerpost
Erscheinungsdatum: 2020-02-18 **Webseite:** M3Post

[s185] - https://www.1addicts.com/forums/showthread.php?t=1380315
Titel: Spring rate differences
von: Bimmerpost
Erscheinungsdatum: 05-01-2017
Webseite: 1Addicts

[s186] - https://forum.miata.net/vb/showthread.php?t=660498
Autor: FastPhil, 7thSon, annamiata, Lanny Chambers, MeisterR, KevinK121, gtxhawaii
Titel: Just talking spring rates
Erscheinungsdatum: 17th January 2018
Webseite: MX-5 Miata Forum

[s187] - https://forums.nasioc.com/forums/showthread.php?t=1279944
Titel: Welcome to the North American Subaru Impreza Owners Club
von: North American Subaru Impreza Owners Club
Erscheinungsdatum: 2024-12-29
Webseite: NASIOC

[s188] - http://www.corollaforum.com/threads/lowering.1713/
Autor: gabe_13corolla
Titel: Lowering
Erscheinungsdatum: Dec 11, 2013
Webseite: Corolla Forum

[s189] - http://www.sonicownersforum.com/forum/threads/for-anyone-unhappy-with-the-spring-rates-of-their-coilovers.9203/
Autor: MPFab
Titel: For anyone unhappy with the spring rates of their coilovers
Erscheinungsdatum: Sep 15, 2013
Webseite: Sonic Owners Forum

[s190] - https://www.ft86club.com/forums/showthread.php?t=56678
Autor: fooddude
Titel: Spring Rates Discussion: Stiffer Front or Stiffer Rear or EvenSquare all around???
von: FT86Club
Erscheinungsdatum: 01-26-2014
Webseite: ft86club.com

[s191] - https://www.rd-tanabe.com/tanabe/en/lineup/sustec/
Titel: Sustec Suspension Product Line Up
von: Tanabe Co., Ltd.
Webseite: Tanabe

[s192] - https://www.hpacademy.com/courses/motorsport-wheel-alignment-fundamentals/practical-skills-adjusting-ride-height-using-coil-over-suspension/
Titel: Motorsport Wheel Alignment: Adjusting Ride Height Using Coil Over Suspension
von: High Performance Academy
Webseite: High Performance Academy

[s193] - https://www.legacygt.com/topic/38061-coiloversdifficult-to-adjust/
Autor: whiteGDB
Titel: coilovers...difficult to adjust?!!!?
von: LegacyGT.com
Erscheinungsdatum: November 3, 2007
Webseite: LegacyGT.com

[s194] - https://offroad.bilstein.com/en-us/products/bilstein-b8-5100-ride-height-adjustable/
Titel: BILSTEIN B8 5100 (Ride Height Adjustable)
von: BILSTEIN
Webseite: bilstein.com

[s195] - https://www.ft86club.com/forums/showthread.php?t=127234
Titel: Which coilover sets dont reduce suspension travel when lowering ride height?
von: FT86CLUB
Erscheinungsdatum: 04-27-2018
Webseite: FT86CLUB

[s196] - https://performance.bilstein.com/en-us/products/bilstein-b16/
Titel: BILSTEIN B16 Coilover Suspension
von: BILSTEIN
Webseite: bilstein.com

[s197] - https://www.iwsti.com/threads/adjustable-suspension-height.103575/
Titel: Adjustable suspension height?
von: IW STi Forum
Webseite: iwsti.com

[s198] - https://www.vogtland-na.com/us/en/products/coil-over-suspension/
Titel: Coil Over Suspension
von: VOGTLAND, N.A
Webseite: Vogtland

[s199] - https://www.matfoundrygroup.com/blog/the-role-of-brake-discs-in-performance-brake-kits
Titel: The Role of Brake Discs in Performance Brake Kits
von: Mat Foundry Group
Erscheinungsdatum: 11th April 2024
Webseite: Mat Foundry Group

[s200] - https://spinoff.nasa.gov/NASA_Gives_the_World_a_Brake
Autor: Jonathan Lee, Chance Claxton, Marcus Hays
Titel: NASA Gives the World a Brake
von: Orbis Brakes Inc.
Erscheinungsdatum: 01292024
Webseite: NASA Spinoff
Publisher: National Aeronautics and Space Administration

[s201] - https://www.surfacetransforms.com/surface-transforms-appoints-hcf-brake-systems-as-a-us-representative/
Autor: Surface Transforms PLC
Titel: Surface Transforms appoints HCF Brake Systems as a US representative
von: Surface Transforms PLC
Webseite: Surface Transforms

[s202] - http://forums.sohc4.net/index.php?topic=179665.0
Autor: gschuld
Titel: Stainless Material specifics for brake discs.
von: SOHC4 Owners Club
Erscheinungsdatum: October 14, 2019
Webseite: SOHC4 Owners Club Forums

[s203] - https://blog.keronite.com/surface-technologies-to-prevent-aluminium-brake-fading
Titel: Surface technologies to prevent aluminium brake fading
von: Keronite
Erscheinungsdatum: 27 September 2021
Webseite: Keronite Blog

[s204] - https://www.bridgestonetire.com/learn/maintenance/ceramic-vs-metallic-brake-pads/
Titel: Ceramic vs. Semi Metallic Brake Pads, Whats the Difference?
von: Bridgestone Americas Tire Operations, LLC
Erscheinungsdatum: Thu April 1, 2021
Webseite: Bridgestone Tire

[s205] - https://g87.bimmerpost.com/forums/showthread.php?t=1916546
von: Bimmerpost
Webseite: Bimmerpost

[s206] - https://motorsport.tech/formula-1/formula-one-brakes-explained
Autor: Craig Scarborough
Titel: Mastering Montreal how the modern car copes with F1's notorious 'brake buster'
Erscheinungsdatum: 2023-03-05
Webseite: motorsport.tech

[s207] - https://www.brembo.com/en/car/original-equipment/products/discs
von: Brembo
Webseite: Brembo

[s208] - https://www.bridgestonetire.com/learn/maintenance/ceramic-vs-metallic-brake-pads/
Titel: Ceramic vs. Semi Metallic Brake Pads, Whats the Difference?
von: Bridgestone Americas Tire Operations, LLC
Erscheinungsdatum: Thu April 1, 2021
Webseite: Bridgestone Tire

[s209] - https://code200-external.gsfc.nasa.gov/250/sites/code250/files/inline-files/2022-1%20Environmental%20Bulletin%20FINAL%2020220401.pdf
Titel: Putting the Brakes on Water Pollution: The Pursuit for Copper Free Brakes **von:** NASA
Erscheinungsdatum: April 2022 **Webseite:** code200-external.gsfc.nasa.gov

[s210] - https://www.golfmk7.com/forums/index.php?threads/factory-brake-pads-compound-and-friction-rating.338142/
Autor: yo_marc **Titel:** Factory brake pads - compound and friction rating?
Erscheinungsdatum: Dec 1, 2016 **Webseite:** GolfMK7

[s211] - https://www.pagidracing.com/en/information/technical-information/technical-information-racing.html
Titel: Racing: Technical Information **von:** PAGID Racing
Webseite: PAGID Racing

[s212] - https://www.ate-brakes.com/products/disc-brakes/ate-original-brake-pads/
Titel: ATE Original Brake Pads **von:** Continental Automotive Technologies GmbH
Webseite: ATE Brakes

[s213] - https://carlislecbf.com/products/brake-friction/disc-brake-pads/off-highway-disc-brake-pads/nf-782-disc-brake-pads
Autor: Carlisle Brake Friction **Titel:** NF-782 Disc Brake Pads
von: Carlisle Brake Friction **Webseite:** carlislecbf.com

[s214] - https://www.brembo.com/en/car/formula-1/f1-infographics
von: Brembo **Webseite:** Brembo

[s215] - https://www.racingtheexocet.com/?page_id=712
Titel: A Word (or two) About Brake Design **von:** Racing the Exocet
Webseite: Racing the Exocet

[s216] - https://waveydynamics.medium.com/computational-fluid-dynamics-cooling-vanes-and-the-heat-rejection-of-an-automotive-brake-rotor-970008425ccd
Autor: Jahee Campbell-Brennan **Titel:** Computational Fluid Dynamics: Cooling Vanes and the Heat Rejection of an Automotive Brake Rotor
Erscheinungsdatum: Mar 24, 2019 **Webseite:** Medium

[s217] - https://rivperformance.editboard.com/t8970-brake-cooling-options
Autor: Aaron **Titel:** Brake Cooling Options
von: Riv Performance **Erscheinungsdatum:** 2012-01-11
Webseite: Riv Performance

[s218] - https://www.wilwood.com/PDF/DataSheets/ds254.pdf
Autor: Wilwood Engineering **Titel:** Air Ducting for Short Track Stock Car Racing
von: Wilwood Engineering **Erscheinungsdatum:** April 2002
Webseite: Wilwood Engineering

[s219] - https://www.hpacademy.com/forum/general-car-setup-discussion/show/brake-ducting/
Autor: Nick Winsor **Titel:** Brake Ducting
von: High Performance Academy **Webseite:** High Performance Academy

[s220] - https://forums.pelicanparts.com/porsche-911-technical-forum/500327-brake-cooling-different-apporoach.html
Autor: BertPage **Titel:** Brake Cooling - different apporoach
von: ACG **Erscheinungsdatum:** 09-20-2009
Webseite: Pelican Parts Forums

[s221] - https://f87.bimmerpost.com/forums/showthread.php?t=1404878&page=9
von: Bimmerpost **Webseite:** Bimmerpost

[s222] - https://spinoff.nasa.gov/NASA_Gives_the_World_a_Brake
Autor: Jonathan Lee, Chance Claxton, Marcus Hays **Titel:** NASA Gives the World a Brake
von: Orbis Brakes Inc. **Erscheinungsdatum:** 01292024
Webseite: NASA Spinoff **Publisher:** National Aeronautics and Space Administration

[s223] - https://enkei.com/engineering/
Titel: Engineering Philosophy **von:** Enkei International, Inc.
Erscheinungsdatum: 2023 **Webseite:** enkei.com

[s224] - https://depts.washington.edu/matseed/mse_resources/Webpage/Bicycle/Bicycle%20Materials%20Case%20Study.htm
Autor: Andrew Cantrell **Titel:** Bicycle Materials Case Study
Erscheinungsdatum: June 12, 2003 **Webseite:** University of Washington

[s225] - https://www.astrj.com/pdf-174686-96716?filename=Review%20of%20Magnesium.pdf
Autor: Ewa Siemionek, Krzysztof Majerski, Piotr Surdacki, Ema Novakova-Marcincinova **Titel:** Review of Magnesium Alloys Used in the M anufacture of Wheels for Light Vehicles
von: Lublin University of Technology, Technical University of Kosice **Erscheinungsdatum:** 2023.11.21
Webseite: Advances in Science and Technology Research Journal

[s226] - https://pdfs.semanticscholar.org/a005/f2db09c09b826bd8f09d09e845e0c67951d1.pdf
Autor: S. Padmanabhan, Balaji Boopathy, K. M. Kumar, J. R. Deepak, T. Vinod Kumar, S. Baskaran **Titel:** Investigation of alloy materials on a sports bike wheel rim designs using finite element analysis
von: Vel Tech Rangarajan Dr.Sagunthala RD Institute of Science and Technology, GLA University, St. Josephs College of Engineering, Sathyabama Ins titute of Science and Technology, Vels Institute of Science, Technology Advanced Studies **Erscheinungsdatum:** July 10, 2023
Webseite: Multidisciplinary Science Journal

[s227] - https://www.noxcomposites.com/technology
Titel: Technology Behind Nox Composites Rims **von:** Nox Composites, LLC
Webseite: Nox Composites

[s228] - https://unece.org/fileadmin/DAM/trans/main/wp29/wp29regs/old/r124e.pdf
Autor: United Nations **Titel:** Agreement Concerning the Adoption of Uniform Technical Prescriptions for Wheeled Vehicles, Equipment and Parts
Erscheinungsdatum: 22 March 2007 **Webseite:** UNECE

[s229] - https://stavianmetal.com/en/aluminum-alloy-wheel/
Titel: Aluminum Alloy Wheels: Construction, Benefits, and Applications **von:** Stavian Metal
Webseite: Stavian Metal

[s230] - https://forums.nasioc.com/forums/showthread.php?t=2239019
Autor: Mach V Dan **Titel:** Master thread of OEM Subaru Wheel Specs
von: NASIOC **Erscheinungsdatum:** December 29, 2024
Webseite: NASIOC.com

[s231] - https://www.continental-tires.com/ca/en/tire-knowledge/mixing-tires/
Titel: Mixing Tires **von:** Continental Corporation
Erscheinungsdatum: 20241017 **Webseite:** continental-tires.com

[s232] - https://bansheebikes.blogspot.com/2013/11/wheel-size-facts-part-3-contact-patch.html
Autor: Keith Scott **Titel:** Wheel size facts Part 3... Contact Patch and Tire Factors
von: Banshee Bikes **Erscheinungsdatum:** 2013-11-01
Webseite: Banshee Bikes Blog

[s233] - https://www.bridgestonetire.com/learn/maintenance/tire-rotation/
Titel: Tire Rotation: How and Why to Rotate Your Tires **von:** Bridgestone Americas Tire Operations, LLC
Erscheinungsdatum: Thu April 1, 2021 **Webseite:** Bridgestone Tire

[s234] - https://g05.bimmerpost.com/forums/showthread.php?t=1910892
Titel: X45e electric range 19 vs 20 inch wheels **von:** Bimmerpost
Erscheinungsdatum: 2022-03-30 **Webseite:** Bimmerpost

[s235] - http://halftrackinfo.com/index.php?topic=1066.0
Autor: bud44750 **Titel:** standard tire sizes and tread patterns
Erscheinungsdatum: August 11, 2014 **Webseite:** halftrackinfo

[s236] - https://forums.forza.net/t/wheel-spacers-track-width/610178
Autor: TougeBoi_GU **Titel:** Wheel spacers (Track width)
von: Forza **Erscheinungsdatum:** July 3, 2023
Webseite: Forza Community Forums

[s237] - https://x3.xbimmers.com/forums/showthread.php?t=1770081
von: Bimmerpost **Webseite:** XBimmers

[s238] - https://www.jlwranglerforums.com/forum/threads/question-about-wheel-spacers.101899/
Autor: erickdiaz019 **Titel:** Question about wheel spacers
Erscheinungsdatum: Oct 2, 2022 **Webseite:** JL Wrangler Forums

[s239] - https://forums.nasioc.com/forums/showthread.php?t=787267
Titel: Welcome to the North American Subaru Impreza Owners Club **von:** North American Subaru Impreza Owners Club
Erscheinungsdatum: December 29, 2024 **Webseite:** NASIOC

[s240] - https://f80.bimmerpost.com/forums/showthread.php?t=1695229
Autor: Megabass **Titel:** Wheel spacers affect performance
von: Bimmerpost **Erscheinungsdatum:** 02-15-2020
Webseite: Bimmerpost

[s241] - https://www.e90post.com/forums/showthread.php?t=731169
Titel: Help with Wheel spacers and tyre size **von:** Bimmerpost
Webseite: e90post.com

[s242] - https://community.drivenasa.com/topic/55724-st5-6-track-width-rule-6198/
Autor: Magus2727 **Titel:** ST5-6 Track Width Rule 6.1.9.8
Erscheinungsdatum: 2019-07-25 **Webseite:** #DRIVENASA Community
Publisher: https:community.drivenasa.com#organization

[s243] - https://newsroom.aaa.com/wp-content/uploads/2023/10/Report-Tire-Pressure-Monitoring-Systems-October-2023.pdf
Autor: American Automobile Association, Inc. **Titel:** The Accuracy of Tire Pressure Monitoring Systems
Erscheinungsdatum: October 2023 **Webseite:** NewsRoom.AAA.com

[s244] - https://www.continental-automotive.com/en/solutions/driving-comfort/tire-information-systems/tire-pressure-monitoring-system.html
Titel: Tire Pressure Monitoring System **von:** Continental Automotive
Webseite: Continental Automotive

[s245] - https://www.senasic.com/en/technical-support/technical-article/18.html
Titel: Senasic cutting-edge technology: Tire Safety Monitoring for Safe Driving High-Integration Bluetooth Tire Pressure Monitoring Chip SNP736 **von:** Senasic
Erscheinungsdatum: 2023-06-08 **Webseite:** Senasic

[s246] - https://www.globenewswire.com/news-release/2024/11/06/2975449/28124/en/Tire-Pressure-Monitoring-System-TPMS-Market-Analysis-2024-2032-Featuring-Strategic-Profiles-of-Key-Players-DENSO-Bosch-Hella-Continental-ZF-Friedrichshafen-More.html
Autor: Research and Markets **Titel:** Tire Pressure Monitoring System (TPMS) Market Analysis 2024-2032, Featuring Strategic Profiles of Key Players DENSO, Bosch, Hella, Continental, ZF Friedrichshafen More
von: Research and Markets **Erscheinungsdatum:** 2024-11-06
Webseite: GlobeNewswire **Publisher:** Research and Markets

[s247] - https://www.prweb.com/releases/baolong_automotive_introduces_the_world_s_smallest_tire_pressure_monitoring_system_module/prweb12257426.htm
Titel: Baolong Automotive Introduces the World's Smallest Tire Pressure Monitoring System Module **von:** Baolong Automotive
Webseite: PRWeb

[s248] - http://www.talkcomposites.com/34947/Front-splitter-force-estimation
Autor: Warren Penalver **Titel:** Front splitter force estimation
von: Easy Composites Carbon Mods **Webseite:** Talk Composites

[s249] - https://f80.bimmerpost.com/forums/showthread.php?t=1355920
von: Bimmerpost **Webseite:** Bimmerpost

[s250] - https://occamsracers.com/2023/11/12/what-do-canards-do/
Titel: What Do Canards Do? **von:** Occams Racer
Erscheinungsdatum: 2023-11-12 **Webseite:** Occams Racer

[s251] - https://fordsix.com/threads/undertray-for-downforce.11086/
Autor: Anonymous **Titel:** undertray for downforce???
von: FordSix Performance Forum **Erscheinungsdatum:** 2004-01-06
Webseite: FordSix **Publisher:** FordSix Performance Forum

[s252] - https://forum.miata.net/vb/showthread.php?t=632878
Titel: Lip spoiler question **von:** Miata Forum
Erscheinungsdatum: 12th February 2017 **Webseite:** forum.miata.net

[s253] - https://f30.bimmerpost.com/forums/showthread.php?t=1941394
von: Bimmerpost **Webseite:** Bimmerpost

[s254] - https://www.m3post.com/forums/showthread.php?t=1745926
Titel: Benefit of front lip? **von:** Bimmerpost
Erscheinungsdatum: 08-05-2020 **Webseite:** M3Post

[s255] - https://f90.bimmerpost.com/forums/showthread.php?t=1993118
Titel: Your opinions on Front Lip Spoilers? **von:** Bimmerpost
Erscheinungsdatum: 02-11-2023 **Webseite:** Bimmerpost

[s256] - https://f30.bimmerpost.com/forums/showthread.php?t=1919460
Titel: Lowering vs Front Splitter **von:** Bimmerpost
Erscheinungsdatum: 2022-05-01 **Webseite:** Bimmerpost

[s257] - https://www.irv2.com/forums/f104/radiator-air-flow-problems-53181.html
Titel: Radiator Air Flow Problems **von:** iRV2.com
Webseite: iRV2.com

[s258] - https://www.w8ji.com/intercooler_design.htm
Titel: Intercooler Design **von:** W8JI
Webseite: w8ji.com

[s259] - http://www.914world.com/bbs2/lofiversion/index.php?t246373-50.html
Titel: Any successful radiator in engine compartment conversions? **von:** 914World.com
Erscheinungsdatum: 2014-12-09 **Webseite:** 914World.com

[s260] - https://forums.nasioc.com/forums/showthread.php?t=1973692
Autor: sean18337 **Titel:** 06-07 STIs with FMICs.. Lets talk COOLANT TEMPS....
von: NASIOC **Erscheinungsdatum:** 2024-12-29
Webseite: NASIOC

[s261] - https://f80.bimmerpost.com/forums/showthread.php?t=1012291
Titel: F80 M3 F82 M4 ETK parts diagrams in detail: a quick analysis **von:** Bimmerpost
Webseite: Bimmerpost

[s262] - https://g42.bimmerpost.com/forums/showthread.php?t=948047
Titel: True Dual Cold Air Intake **von:** Bimmerpost
Webseite: Bimmerpost

[s263] - https://www.designsbyjacob.com/blogs/news/gt4-front-splitter-development
Autor: Jacob Chang **Titel:** GT4 Front Splitter Development
von: DesignsbyJacob **Erscheinungsdatum:** 2020-03-16
Webseite: DesignsbyJacob **Publisher:** DesignsbyJacob

[s264] - https://occamsracers.com/2023/11/12/what-do-canards-do/
Titel: What Do Canards Do? **von:** Occams Racer
Erscheinungsdatum: 2023-11-12 **Webseite:** Occams Racer

[s265] - https://www.nsxprime.com/threads/canards.132086/
Autor: Dimer **Titel:** Canards
von: NSX Prime **Erscheinungsdatum:** 18 January 2010
Webseite: NSX Prime

[s266] - https://www.m3post.com/forums/showthread.php?t=2066989
Autor: MineralWhiteF80 **Titel:** Big Wings: Helpful or hurtful? Whats your opinion?
von: Bimmerpost **Erscheinungsdatum:** 12-08-2023
Webseite: M3Post

[s267] - https://forums.forza.net/t/new-forza-aero/584276?page=3
Autor: MustangRacer89, Captainslow6377, AdmPatate, Mighty_Muelo, MNPurple_V, shirara_JP, AnakalaRon, NutimusPrim3, Boriis7 **Titel:** New Forza Aero
von: Forza Motorsport **Erscheinungsdatum:** May 7, 2024
Webseite: Forza Community Forums

[s268] - https://dfkitcar.com/forum/index.php?threads/front-wing-wow.2670/
Autor: Indy Lonnie **Titel:** Front wing - WOW
Erscheinungsdatum: May 2, 2021 **Webseite:** DF Kit Car Forum

[s269] - https://www.golfmk7.com/forums/index.php?threads/how-to-retro-fit-skid-trays-aerodynamic-under-trays-stone-guards-to-a-mk7-golf.320687/
Autor: golfdave **Titel:** How to retro-fit skid trays, aerodynamic under trays, stone guards to a MK7 Golf
Erscheinungsdatum: Mar 1, 2015 **Webseite:** GolfMK7

[s270] - https://www.f1technical.net/forum/viewtopic.php?t=30634
Titel: Air dam - aerodynamics **von:** F1Technical
Webseite: F1Technical.net

[s271] - https://gfb.org/special-blog/post/member-benefit-ford-promotes-environmentally-friendly-auto-parts
Autor: Ford Motor Company **Titel:** Member Benefit: Ford Promotes Environmentally Friendly Auto Parts!
von: Ford Motor Company **Erscheinungsdatum:** July 23, 2019
Webseite: Georgia Farm Bureau **Publisher:** Georgia Farm Bureau

[s272] - http://www.cleanmpg.com/community/index.php?threads/15032/
Autor: Smile-n-Nod **Titel:** Undertrays on cars
von: CleanMPG **Erscheinungsdatum:** Aug 14, 2008
Webseite: CleanMPG

[s273] - https://sprinter-source.com/forums/index.php?threads/105758/
Autor: geniushanbiao **Titel:** No engine undercoversplash shield?
von: sprinter-source.com **Erscheinungsdatum:** Dec 28, 2021
Webseite: Sprinter Source

[s274] - https://endless-sphere.com/sphere/threads/lightweighting-and-aerodynamic-optimization-of-a-subcompact-car.111011/
Autor: neptronix **Titel:** Lightweighting and aerodynamic optimization of a subcompact car
Erscheinungsdatum: Mar 23, 2021 **Webseite:** Endless Sphere

[s275] - http://986forum.com/forums/boxster-general-discussions/60367-plastic-splash-shield-belly-pan-necessary.html
Titel: Plastic splash shieldbelly pan. Is it necessary? **von:** Pelican Parts
Erscheinungsdatum: 02-07-2016 **Webseite:** 986 Forum

[s276] - http://www.autoatlanta.com/Porsche-996-Side-Skirts-srch.html
Titel: Porsche 996 Side Skirts **von:** Auto Atlanta
Webseite: Auto Atlanta

[s277] - https://www.2addicts.com/forums/showthread.php?t=1595484
Titel: Installing side skirts (M2 style) with 3m tape? **von:** 2Addicts
Erscheinungsdatum: 2019-03-19 **Webseite:** 2Addicts

[s278] - https://www.civicx.com/forum/threads/side-skirt-ctr-style.36526/
Autor: 123sillyboy123 **Titel:** Side skirt (ctr style)
Erscheinungsdatum: May 10, 2019 **Webseite:** CivicX

[s279] - https://www.ft86club.com/forums/showthread.php?t=116419
Titel: side skirt holes **von:** FT86CLUB
Erscheinungsdatum: 03-11-2017 **Webseite:** FT86CLUB

[s280] - https://f80.bimmerpost.com/forums/showthread.php?t=1805173
von: Bimmerpost **Webseite:** Bimmerpost

[s281] - https://f30.bimmerpost.com/forums/showthread.php?t=1093240&page=13
von: Bimmerpost **Webseite:** Bimmerpost

[s282] - https://www.golfmk7.com/forums/index.php?threads/side-skirts-anyone-seen-these.362952/
Autor: anotero **Titel:** Side Skirts -- anyone seen these?
Erscheinungsdatum: 2019-03-22 **Webseite:** GOLFMK7 - VW GTI MKVII Forum VW Golf R Forum VW Golf MKVII Forum

[s283] - https://forum.miata.net/vb/showthread.php?t=646065
Autor: btl, ajmiata **Titel:** Does a NA Side Skirt fit on the NB?
von: Moss Miata **Erscheinungsdatum:** 9th July 2017
Webseite: Miata.net

[s284] - https://www.civicxi.com/forum/threads/gambit-intake-kit-fl5.53674/
Autor: Tony **Titel:** Gambit intake kit FL5
von: CivicX **Erscheinungsdatum:** May 1, 2024
Webseite: CivicX

[s285] - https://www.kmdtuning.com/audi/allroad/2-7t-01-05/engine/?path=17491&car=1_111_114
Titel: Engine Parts for Audi Allroad 2.7T (01-05) **von:** KMD Tuning
Webseite: KMD Tuning

[s286] - https://www.mr2oc.com/threads/best-side-mount-intercooler-greddy.229456/
Titel: Best side mount intercooler? Greddy? **von:** MR2 Owners Club
Erscheinungsdatum: Feb 8, 2007 **Webseite:** mr2oc.com

[s287] - https://www.ecodetuning.com/4510-11040-awe-tuning-audi-2-7t-performance-intercooler-kit-with-carbon-fiber-shrouds.html
Titel: AWE Performance Intercooler Kit for Audi 2.7T - with Carbon Fiber Shrouds **von:** AWE Tuning
Webseite: Ecodetuning

[s288] - https://publications.lib.chalmers.se/records/fulltext/176302/176302.pdf
Autor: Alexey Vdovin **Titel:** Investigation of Aerodynamic Resistance of Rotating Wheels on Passenger Cars
von: Volvo Car Corporation **Erscheinungsdatum:** 2013
Webseite: Chalmers University of Technology **Publisher:** Chalmers University of Technology

[s289] - https://www.roechling.com/fileadmin/downloads/Roechling_Automotive/Brochures/EN/ROA-AK-17005_Kompetenzbroschuere_EN_web.pdf
Autor: Rchling Automotive **Titel:** Rchling Automotive Brochure
von: Rchling Automotive SE Co. KG **Webseite:** roechling.com

[s290] - https://lucidmotors.com/ar-ae/media-room/lucid-air-achieves-industry-best-drag-coefficient
Autor: Peter Rawlinson **Titel:** Lucid Air Achieves Industry-Best 0.21 Coefficient of Drag
von: Lucid Motors **Erscheinungsdatum:** June 30, 2020
Webseite: Lucid Motors

[s291] - https://www.excellence-mag.com/issues/299/articles/992-gt3-gt3-rs-aero-tech
Autor: Chris Andropoulos **Titel:** 992 GT3 GT3 RS Aero Tech
von: Porsche **Erscheinungsdatum:** March 2, 2023
Webseite: Excellence Magazine

[s292] - https://www.f1technical.net/forum/viewtopic.php?t=30329
Autor: Latios **Titel:** Aero analysis for F1 2022 based on CFD result
von: F1Technical **Erscheinungsdatum:** 26 Mar 2022
Webseite: F1Technical.net

[s293] - https://occamsracers.com/2023/02/03/spoiler-vs-wing/
Autor: occamsracers **Titel:** Spoiler vs Wing
Erscheinungsdatum: 2023-02-03 **Webseite:** Occams Racer

[s294] - https://www.ijstr.org/final-print/nov2019/Aerodynamic-Enhancement-Of-Formula-Sae-Car-Using-Split-Rear-Wings-.pdf
Autor: Seralathan S, Baji Babavali S K, Guru Venkat I, Hariram V, Micha Premkumar T **Titel:** Aerodynamic Enhancement Of Formula Sae Car Using Split Rear Wings
von: Hindustan Institute of Technology and Science **Erscheinungsdatum:** November 2019
Webseite: International Journal of Scientific Technology Research

[s295] - https://www.racecar-engineering.com/tech-explained/diffusers-engineering-basics-aerodynamics/
Titel: Diffusers: Engineering Basics Aerodynamics **von:** Chelsea Magazine Company
Webseite: Racecar Engineering

[s296] - https://maxtayloraero.com/2022/01/17/aerodynamic-studies-of-a-2022-f1-car/
Autor: Max Taylor **Titel:** Aerodynamic Studies of a 2022 F1 Car
Erscheinungsdatum: January 17, 2022 **Webseite:** Max Taylor Aerodynamics and Motorsport Engineering

[s297] - https://f1tcdn.net/forum/viewtopic.php?t=7608
Autor: Zweeper **Titel:** Aerodynamic design AND optimization of an f1 rear spoiler
Erscheinungsdatum: 08 Nov 2009 **Webseite:** f1tcdn.net

[s298] - http://forums.pelicanparts.com/porsche-914-914-6-technical-forum/531156-interesting-study-aerodynamic-aids-914-a.html
Autor: CID Vicious **Titel:** Interesting study of aerodynamic aids on a 914
von: Pelican Parts **Erscheinungsdatum:** 03-14-2010
Webseite: Pelican Parts Forums

[s299] - http://forums.pelicanparts.com/porsche-924-944-968-technical-forum/613804-help-me-944-aero.html
Autor: aftermath **Titel:** Help me with 944 aero
von: Pelican Parts **Erscheinungsdatum:** 06-13-2011
Webseite: Pelican Parts Forums

[s300] - https://forum.miata.net/vb/showthread.php?t=353090
Titel: Trunk spoiler effective? **von:** Moss Miata
Erscheinungsdatum: 24th October 2009 **Webseite:** MX-5 Miata Forum

[s301] - https://forum.arduino.cc/t/guidance-on-active-spoiler-for-race-car/166087
Titel: Guidance on active spoiler for race car **von:** Arduino Forum
Erscheinungsdatum: June 3, 2013 **Webseite:** Arduino Forum

[s302] - https://ijisae.org/index.php/IJISAE/article/view/4225
Autor: Raja Karthikeyan K., Arun Bhosale, Muhammad Sohaib Malik, Surya Prakash Dillibabu, Vijaykumar Kisan Javanjal **Titel:** Enhancing Passenger Vehicle Performance: A Study of CFD Technique and Machine Learning for Optimal Rear Spoiler Design and Lateral Stability
Erscheinungsdatum: 2024 **Webseite:** International Journal of Innovative Science and Applied Engineering

[s303] - https://www.f150lightningforum.com/forum/threads/f-150-aerodynamics-modeling.6148/page-2
Autor: sotek2345 **Titel:** F-150 aerodynamics modeling
Erscheinungsdatum: Oct 5, 2021 **Webseite:** F150 Lightning Forum

[s304] - https://occamsracers.com/2023/02/03/spoiler-vs-wing/
Autor: occamsracers **Titel:** Spoiler vs Wing
Erscheinungsdatum: 2023-02-03 **Webseite:** Occams Racer

[s305] - https://www.2addicts.com/forums/showthread.php?t=1172086
Titel: Disappointing rear spoiler options **von:** Bimmerpost
Webseite: 2Addicts

[s306] - https://occamsracers.com/tag/wing-end-plates/
Titel: Testing Wing End Plates in a Wind Tunnel **von:** Occams Racer
Webseite: Occams Racer

[s307] - https://yousuckatracing.com/2023/08/18/experiments-in-aero-balance/
Autor: Ian Korf **Titel:** Experiments in Aero Balance
Erscheinungsdatum: 2023-08-18 **Webseite:** you suck at racing

[s308] - https://www.hpacademy.com/forum/suspension-tuning-and-optimization/show/rear-wing-and-effect-on-understeer/
Titel: Rear wing and effect on understeer **von:** High Performance Academy
Webseite: High Performance Academy

[s309] - https://forums.forza.net/t/aero-wash-loss-of-downforce-when-cars-follow-closely-behind-1639513/642507
Autor: iiHarmonic **Titel:** Aero washloss of downforce when cars follow closely behind
von: Forza Motorsport **Erscheinungsdatum:** October 24, 2023
Webseite: Forza Community Forums

[s310] - https://vertex-tuning.co.uk/remapping/
Titel: ECU Remapping: Unlocking Your Vehicles True Performance Potential **von:** Vertex Tuning
Webseite: vertex-tuning.co.uk

[s311] - https://oldskulltuning.com/how-to-tune-your-vehicle/
Autor: OldSkullTuning **Titel:** How to Tune Your Vehicle
von: OldSkullTuning **Webseite:** OldSkullTuning

[s312] - https://www.hpacademy.com/technical-articles/re-flashing-vs-standalone-ecus/
Autor: Andre Simon **Titel:** Re-flashing Vs. Standalone ECUs
von: High Performance Academy **Webseite:** High Performance Academy

[s313] - https://techobsessed.net/2020/06/open-source-and-hardware-engine-management-systems-ecus/
Autor: eas **Titel:** Open Source and Hardware Engine Management Systems (ECUs)
von: Tech Obsessed **Erscheinungsdatum:** June 24, 2020
Webseite: Tech Obsessed

[s314] - https://turbobricks.com/index.php?threads/chips-and-chipping-what-it-is-and-what-to-expect.57708/
Autor: linuxman51 **Titel:** Chips and chipping, what it is and what to expect
Erscheinungsdatum: Dec 3, 2005 **Webseite:** TurboBricks

[s315] - http://forums.pelicanparts.com/911-930-turbo-super-charging-forum/634320-efi-idle-issues.html
Autor: EmptyGarage **Titel:** EFI Idle issues
von: Pelican Parts **Erscheinungsdatum:** 10-12-2011
Webseite: Pelican Parts Forums

[s316] - https://www.quora.com/How-does-a-car-s-ECU-control-the-amount-of-boost-in-a-turbo
Titel: How does a car's ECU control the amount of boost in a turbo? **von:** Quora
Webseite: Quora

[s317] - https://worthdriving.com/guides/nb-miata-engine-tuning-made-easy/
Autor: Eiginber Belarmino **Titel:** NB Miata Engine Tuning Made Easy
Erscheinungsdatum: September 30, 2024 **Webseite:** worthdriving.com

[s318] - https://www.e90post.com/forums/showthread.php?t=469468
Titel: Acronym Term Listings **von:** Bimmerpost
Webseite: e90post

[s319] - https://www.hptuners.com/
von: HP Tuners **Webseite:** HP Tuners

[s320] - https://www.autoequipment.com.au/image/data/Support/HANDY%20ABBREVIATIONS%20AND%20ACRONYMS%20FOR%20AUTOMOTIVE%20SCANTOOL%20REFERENCE.pdf
Titel: Handy Abbreviations and Acronyms for Automotive Scantool Reference **von:** Auto Equipment
Webseite: Auto Equipment

[s321] - https://forum.hptuners.com/showthread.php?66523-E39-ECM-running-standalone-on-LDK-having-trouble-getting-it-running
Autor: Daniel **Titel:** E39 ECM running standalone on LDK | having trouble getting it running
von: Alfafab Industries **Erscheinungsdatum:** 08-17-2017
Webseite: HPTuners Forum

[s322] - https://www.superturbodiesel.com/std/showthread.php?tid=8540
Autor: Baldur Gislason **Titel:** OM612 Tuning Discussion
Erscheinungsdatum: 06-06-2023 **Webseite:** superturbodiesel.com

[s323] - https://liu.diva-portal.org/smash/get/diva2:937113/FULLTEXT01.pdf
Autor: Bohan Liang and Robin Holmbom **Titel:** Boost Control with Turbo Speed Sensor and Electric Wastegate
von: Volvo Car Corporation **Erscheinungsdatum:** 2016
Webseite: Linkping University

[s324] - https://f30.bimmerpost.com/forums/showthread.php?t=1930087
Autor: Neyborg **Titel:** 435D Not Breathing Well?
von: Bimmerpost **Erscheinungsdatum:** 2022-06-11
Webseite: Bimmerpost

[s325] - https://www.versatune.net/forum/viewtopic.php?t=4078
Titel: overspeedingoverboosting turbo **von:** VersaTune, LLC
Erscheinungsdatum: October 17, 2020 **Webseite:** VersaTune User Forum

[s326] - https://forums.tdiclub.com/index.php?threads/bew-overboost-and-limp-mode-diagnostics-inconclusive.450780/
Autor: laika99 **Titel:** BEW Overboost and Limp Mode - Diagnostics Inconclusive
Erscheinungsdatum: Oct 30, 2015 **Webseite:** TDI Club

[s327] - https://www.cabreramotorsports.com/collections/fuel-tech
Titel: FuelTech Products **von:** Cabrera Motorsports
Webseite: Cabrera Motorsports

[s328] - https://lapengineering.com/wp-content/uploads/2023/03/M600-ECU.pdf
Autor: MoTeC **Titel:** M600 Engine Management System
von: MoTeC Pty Ltd **Webseite:** MoTeC

[s329] - https://www.mainlinedyno.com.au/index.php/dynamometers/2wd-awd-roller-chassis/2wd600p-premium-chassis-dynamometer
Titel: 2WD600P Premium Chassis Dynamometer **von:** Mainline DynoLog
Webseite: Mainline DynoLog

[s330] - https://www.motec.com.au/products-currentrange/
Titel: Current Range MoTeC Complete Solution **von:** MoTeC
Webseite: MoTeC

[s331] - https://mainlinedyno.com.au/index.php/dynamometers/2wd-awd-roller-chassis/awd1200l-series-chassis-dynamometer
Titel: AWD1200L Series Chassis Dynamometer **von:** Mainline Dyno
Webseite: mainlinedyno.com.au

[s332] - https://www.hpacademy.com/forum/general-tuning-discussion/show/conservative-aggressive-tuning-good-bad-tune-jobs/
Titel: Conservative Aggressive Tuning Good Bad Tune Jobs **von:** High Performance Academy
Webseite: High Performance Academy

[s333] - https://f30.bimmerpost.com/forums/showthread.php?t=1864516
Titel: N20N26: 23+psi boost and the limits of the MAP sensor **von:** Bimmerpost
Webseite: Bimmerpost

[s334] - https://forums.tdiclub.com/index.php?threads/understanding-the-n75-actuator-rod-length-problems-tunes-vnt-and-wastegate.524100/
Autor: burpod **Titel:** Understanding the N75, Actuator Rod Length, Problems, Tunes - VNT and Wastegate
Erscheinungsdatum: Sep 11, 2022 **Webseite:** TDI Club

[s335] - https://www.hondata.com/forum/viewtopic.php?t=16414
Autor: welen78 **Titel:** JDM k20A misfire as soon as boost hits. PLEASE HELP!!
von: Hondata **Erscheinungsdatum:** 2013-06-23
Webseite: Hondata User Forum

[s336] - https://auto.howstuffworks.com/28000-traction-control-explained.htm
Autor: the Editors of Publications International, Ltd. **Titel:** Traction Control Systems Explained
von: HowStuffWorks **Erscheinungsdatum:** Feb 21, 2024
Webseite: HowStuffWorks

[s337] - https://www.hondaeasttoledo.com/default.asp?page=xPrintInvDetail&tid=3414791&unit=-Spyder-RS-Maumee-Ohio-id-3414791
Titel: 2016 Spyder RS 5-Speed Manual (SM5) **von:** Honda East Toledo
Webseite: Honda East Toledo

[s338] - https://www.fordfusionforum.com/index.php?app=forums&module=forums&controller=topic&id=21405
Autor: MichelleBeth **Titel:** Ford Fusion 2010: Service Advancetrac came on, in addition to ABS and Traction Control warning lights
von: Ford Fusion Forum **Erscheinungsdatum:** August 20, 2021
Webseite: Ford Fusion Forum

[s339] - https://owners-manual.mazda.com/gen/en/cx-30/cx-30_8hq1ee19i/contents/05060202.html
Titel: ABSTCSDSCOff-Road Traction Assist **von:** Mazda
Webseite: Mazda Owners Manual

[s340] - https://www.vetesnik.com/PrintInventory-Can-Am-Motorcycle-Scooter-Spyder-RT-Limited-Dark-Wheels--id-16081819
Titel: 2023 Can-Am Spyder RT Limited Dark Wheels **von:** Vetesnik Power Sports
Webseite: vetesnik.com

[s341] - https://www.bmwmotorcyclesoftreasurecoast.com/default.asp?page=xInventoryDetail&id=11463559&format=print
Titel: 2022 Can-Am Ryker Rotax 600 ACE **von:** BMW Motorcycles of Treasure Coast
Webseite: bmwmotorcyclesoftreasurecoast.com

[s342] - https://www.autotrainingcentre.com/blog/launch-control-explained-hybrid-electrical-mechanic/
Titel: Launch Control: Explained for Those in a Hybrid and Electrical Mechanic Course **von:** Auto Training Centre
Webseite: Auto Training Centre

[s343] - https://link.springer.com/article/10.1007/s12206-022-0604-x
Autor: Guodong Zhao, Yonggang Liu, Kening Zhai, Fengyang Jiang, Qi Huang, Zheng Chen **Titel:** Research on intelligent launching control of dual clutch transmissions based on adaptive neural fuzzy inference system
von: Korean Society of Mechanical Engineers **Erscheinungsdatum:** 06 July 2022
Webseite: Springer **Publisher:** Springer Nature

[s344] - https://www.hdfcergo.com/blogs/car-insurance/understanding-launch-control-system
Autor: HDFC ERGO Team **Titel:** Understanding the Mechanics of Launch Control System
von: HDFC ERGO General Insurance Company Limited **Erscheinungsdatum:** Apr 4, 2024
Webseite: HDFC ERGO

[s345] - https://forums.bmwmoa.org/threads/new-bmw-motorcycle-shifting-system.105614/
Autor: exgman **Titel:** New BMW Motorcycle Shifting System
von: BMW Motorrad **Erscheinungsdatum:** May 7, 2024
Webseite: BMW MOA Forum

[s346] - https://link.springer.com/article/10.1007/s12239-021-0039-x
Autor: Jinlong Hong, Liang Lu, Bingzhao Gao, Lin Zhang, Hong Chen **Titel:** Engine Speed Regulation During Gear Shift Process of Torque Decoupled HEV Using Triple-Step Nonlinear Method
von: The Korean Society of Automotive Engineers **Erscheinungsdatum:** 2021-04-02
Webseite: International Journal of Automotive Technology **Publisher:** Springer

[s347] - https://www.hoerbiger.com/en/products-and-services/components-for-conventional-drive-train/gearbox-actuation-systems.html
Titel: Gearbox Actuation Systems **von:** HOERBIGER
Webseite: HOERBIGER

[s348] - https://link.springer.com/article/10.1007/s12239-021-0041-3
Autor: Zhiqiang Sun, Bingzhao Gao, Jiaqi Jin, Kazushi Sanada **Titel:** Power Loss Evaluation of Automated Manual Transmission with Gearshift Assistant Mechanism
Erscheinungsdatum: 2021-04-02 **Webseite:** Springer
Publisher: International Journal of Automotive Technology

[s349] - https://forums.bmwmoa.org/threads/2025-automated-shift-assistant-asa.105594/
Autor: Geekmaster **Titel:** 2025 Automated Shift Assistant (ASA)
von: BMW MOA **Erscheinungsdatum:** 2024-05-02
Webseite: BMW MOA Forum **Publisher:** BMW Motorcycle Owners of America

[s350] - https://www.catapult.com/blog/f1-data-analysis-transforming-performance
Titel: F1 Data Analysis Technology: How Data is Transforming Race Performance **von:** Catapult
Erscheinungsdatum: February 13, 2024 **Webseite:** Catapult

[s351] - https://www.racecar-engineering.com/articles/how-data-works-in-formula-1/
Autor: Stewart Mitchell **Titel:** How Data Works in Formula 1
von: Racecar Engineering **Webseite:** Racecar Engineering

[s352] - https://hytechracing.gatech.edu/cars/
von: HyTech Racing **Webseite:** hytechracing.gatech.edu

[s353] - https://mahikiracing.com/the-technological-edge-lotus-emira-gt4/
Autor: maxwell brain **Titel:** The Technological Edge
von: Mahiki Racing **Erscheinungsdatum:** Apr 22, 2024
Webseite: Mahiki Racing

[s354] - https://www.supramkv.com/threads/datalogging-lap-times-and-vehicle-telemetry-all-in-one.15385/
Autor: razorlab **Titel:** Datalogging - Lap times and vehicle telemetry all in one!
von: Supramkv **Erscheinungsdatum:** Nov 1, 2022
Webseite: supramkv.com

[s355] - https://medium.com/formula-one-forever/data-the-unseen-driver-in-formula-1-cars-63f31c16f2fe
Autor: Rupesh N. Bhambwani **Titel:** Data: The Unseen Driver in Formula 1 Cars
von: Medium **Erscheinungsdatum:** May 9, 2024
Webseite: Medium **Publisher:** Formula One Forever

[s356] - https://flawlessmotorsports.com/services/
Titel: Services **von:** Flawless Motorsport
Webseite: Flawless Motorsport

[s357] - https://turbobuick.com/threads/dakota-digital-hdx-dash.465312/
Autor: hawkfan **Titel:** Dakota Digital HDX Dash
von: Dakota Digital **Erscheinungsdatum:** Aug 13, 2019
Webseite: TurboBuick.com

[s358] - https://forums.nasioc.com/forums/showthread.php?t=2529008
Titel: boost gauge question **von:** North American Subaru Impreza Owners Club
Erscheinungsdatum: 2024-12-29 **Webseite:** NASIOC

[s359] - https://www.auberins.com/index.php?main_page=index&cPath=5_21
von: Auber Instruments **Webseite:** auberins.com

[s360] - https://www.tacomaworld.com/threads/digital-or-analog-gauges.300754/
Autor: TRD2006 **Titel:** Digital or Analog Gauges?!
von: Tacoma World **Erscheinungsdatum:** Oct 29, 2013
Webseite: Tacoma World

[s361] - https://www.globenewswire.com/news-release/2023/08/25/2731927/0/en/Automotive-Head-up-Display-HUD-Industry-Report-2023.html
Autor: ReportLinker **Titel:** Automotive Head-up Display (HUD) Industry Report, 2023
von: ReportLinker **Erscheinungsdatum:** 2023-08-25
Webseite: GlobeNewswire **Publisher:** ReportLinker

[s362] - https://scet.berkeley.edu/wp-content/uploads/Heads-Up-Display-ELPP-FInal-Report.pdf
Autor: Abhishek, Charitha Ponakanti, Sridharan, Lembit **Titel:** Head-Up-Display(HUD) for Automotives
Webseite: SCET Berkeley

[s363] - https://www.s-lecfilm.com/en/hud/
Titel: HUD solution with S-LEC Wedge Shaped Film **von:** SEKISUI S-LEC
Webseite: SEKISUI S-LEC Film

[s364] - https://www.unimax.com.tw/en/product_detail/20.html
Titel: Windshield Type HUD **von:** UniMax Electronics Inc.
Webseite: UniMax

[s365] - https://www.nippon-seiki.co.jp/global/business_ic/
von: Nippon Seiki Co., Ltd. **Webseite:** Nippon Seiki

[s366] - https://displayweek.org/2015/Program/Vehicle-Displays-Trends
Titel: Display Week 2015 - Vehicle Displays Trends **von:** SID.ORG
Erscheinungsdatum: 2015-06-04 **Webseite:** displayweek.org

[s367] - https://forums.nasioc.com/forums/showthread.php?t=2812692
Titel: Parameters to monitor on the track **von:** North American Subaru Impreza Owners Club
Erscheinungsdatum: December 29, 2024 **Webseite:** NASIOC

[s368] - https://sprinter-source.com/forums/index.php?threads/17790/
Autor: suzieque **Titel:** Can someone explain the relationship of MAP, MAF, Boost, and Barometer?
von: Sprinter-Source.com **Erscheinungsdatum:** 2011-09-24
Webseite: Sprinter-Source **Publisher:** Sprinter-Source.com

[s369] - https://www.m3post.com/forums/showthread.php?t=685586
Autor: Sales@AUTOcouture **Titel:** P3 GAUGE GROUP BUY!
von: AUTOcouture Motoring **Erscheinungsdatum:** 05-02-2012
Webseite: M3Post

[s370] - https://www.mustang6g.com/forums/threads/vacuum-display-in-dash.97466/
Autor: sbrenskelf **Titel:** Vacuum display in dash?
von: Mustang6G **Erscheinungsdatum:** Jan 27, 2018
Webseite: mustang6g.com

[s371] - https://www.supramkv.com/threads/easy-way-to-display-temperature-boost-etc.12751/
Autor: Bassoonytoon **Titel:** Easy Way to Display Temperature, Boost, etc.
von: Supramkv **Erscheinungsdatum:** Mar 11, 2022
Webseite: supramkv.com

[s372] - https://www.civicx.com/forum/threads/tuning-a-cvt.9871/
Autor: Dempsey303 **Titel:** Tuning a CVT?
von: CivicX **Erscheinungsdatum:** Mar 21, 2017
Webseite: CivicX

[s373] - https://www.hpacademy.com/forum/webinar-questions/show/gear-shift-with-ignition-cut/
Titel: Gear shift with ignition cut **von:** High Performance Academy
Webseite: High Performance Academy

[s374] - https://forums.forza.net/t/optimal-shifting-in-manual/89497
Autor: Theophanya75 **Titel:** Optimal shifting in manual
von: Forza Community Forums **Erscheinungsdatum:** March 23, 2019
Webseite: Forza Community Forums

[s375] - https://forums.forza.net/t/gearing-tuning/87916
Titel: Gearing tuning **von:** Forza Community
Erscheinungsdatum: February 8, 2019 **Webseite:** Forza Forums

[s376] - https://forums.forza.net/t/stock-transmission-vs-race-transmission-dilemma/69435
Autor: ACR_Pat **Titel:** Stock Transmission vs Race Transmission dilemma
von: Forza Community **Erscheinungsdatum:** January 9, 2018
Webseite: Forza Forums

[s377] - https://www.racingbeat.com/RX8/Electronics/11308.html
Titel: RX-8 PCM Flash REN.V2 - TrackRace04-08 RX-8 **von:** Racing Beat LLC
Webseite: Racing Beat

[s378] - https://www.matfoundrygroup.com/blog/types-of-differential-and-how-they-work
Titel: Types of Differential and How They Work **von:** Mat Foundry Group
Webseite: Mat Foundry Group

[s379] - https://rennlist.com/forums/993-forum/8504-locking-diff-40-vs-automatic-limited-slip.html
Autor: brandon, E. J. - 993 Alumni, 993Widebody
Titel: Locking Diff (40%) vs Automatic Limited Slip
von: Rennlist
Erscheinungsdatum: Dec 26, 2001
Webseite: Rennlist

[s380] - https://www.jeeppatriot.com/threads/brake-lock-diff-vs-limited-slip-vs-e-locker.319282/
Titel: Brake lock diff vs limited slip vs e-locker
von: Jeep Patriot Forums
Erscheinungsdatum: Apr 24, 2017
Webseite: jeeppatriot.com

[s381] - https://www.1addicts.com/forums/showthread.php?t=719012
Autor: int2str
Titel: FAQ: BMW eLSD - Not your dads open diff!
Erscheinungsdatum: 2012-07-16
Webseite: Bimmerpost

[s382] - https://www.tacomaworld.com/threads/auto-limited-slip-diff-what-is-it.143318/
Autor: Silver Seeker
Titel: Auto Limited Slip Diff - what is it?
von: Tacoma World
Erscheinungsdatum: Mar 2, 2011
Webseite: Tacoma World

[s383] - https://www.f150gen14.com/forum/threads/f150-3-73-locking-differential.11804/
Autor: DCBoost
Titel: F150 3.73 Locking Differential
Erscheinungsdatum: Jul 23, 2022
Webseite: F150Gen14

[s384] - https://www.jeepgladiatorforum.com/forum/threads/trac-lok-anti-spin-rear-differential.22371/
Autor: Murgatroid
Titel: Trac-Lok Anti-Spin Rear Differential
Erscheinungsdatum: Sep 27, 2019
Webseite: Jeep Gladiator Forum

[s385] - https://community.cartalk.com/t/awd-vs-fwd-limited-slip-differential/44802
Autor: Chickory, Caddyman, dagosa, UncleTurbo
Titel: AWD vs FWD Limited Slip Differential
von: Car Talk Community
Erscheinungsdatum: February 20, 2010
Webseite: Car Talk Community

[s386] - https://www.simscale.com/blog/electromagnetic-clutch-design-simulate-and-optimize/
Autor: Samir Jaber
Titel: Electromagnetic Clutch Design: Simulate and Optimize
von: SimScale
Erscheinungsdatum: 2024-09-27
Webseite: SimScale
Publisher: SimScale

[s387] - https://www.meansindustries.com/innovation?page=2
Autor: Jeremy Holt
Titel: Dynamic Controllable Clutch: The Future of Electric Propulsion
von: Means Industries
Erscheinungsdatum: November 16, 2018
Webseite: Means Industries
Publisher: Amsted Automotive Group

[s388] - https://www.ncbi.nlm.nih.gov/pmc/articles/PMC8915054/
Autor: Jin-Young Park, Jong-Seok Oh, Young-Choon Kim
Titel: Design and Control of Multi-Plate MR Clutch Featuring Friction and Magnetic Field Control Modes
von: Kongju National University
Erscheinungsdatum: 2022-02-23
Webseite: NCBI
Publisher: MDPI

[s389] - https://link.springer.com/article/10.1007/s12239-023-0126-2
Autor: Rashad Mustafa, Ali Abdo, Jamal Siam, Ferit Kkay
Titel: Dual Clutch Transmission Performance Analysis Using the MGMS-GA Friction Model: Effect of the Piston Seal
von: The Korean Society of Automotive Engineers
Erscheinungsdatum: 04 November 2023
Webseite: International Journal of Automotive Technology
Publisher: Springer

[s390] - https://www.mtu.edu/mechanical-aerospace/people/faculty/robinette/
Autor: Darrell L. Robinette
von: Michigan Technological University
Webseite: Michigan Technological University

[s391] - https://gearstar.com/shift-into-overdrive-the-technology-behind-high-performance-transmission-systems
Autor: GEARSTAR PERFORMANCE
Titel: Shift into Overdrive: The Technology Behind High-Performance Transmission Systems
von: Gearstar
Erscheinungsdatum: March 4, 2024
Webseite: Gearstar

[s392] - https://forums.nasioc.com/forums/showthread.php?t=2746761
Titel: Cable vs Direct shifting, pros and cons?
von: North American Subaru Impreza Owners Club
Erscheinungsdatum: 2024-12-29
Webseite: NASIOC

[s393] - https://www.alfabb.com/threads/gtv6-alfetta-short-shifter-conversion.36601/page-3
Titel: GTV6Alfetta Short-Shifter Conversion
von: AlfaBB
Webseite: AlfaBB

[s394] - https://e9coupe.com/forum/threads/short-shift-for-getrag-5-spead.36678/
Autor: paul
Titel: Short Shift for Getrag 5 speed
Erscheinungsdatum: Jan 21, 2021
Webseite: E9 Coupe Forums

[s395] - https://forum.hptuners.com/showthread.php?365-Idiots-guide-to-final-drive-change
Titel: Idiots guide to final drive change?
von: HP Tuners LLC
Erscheinungsdatum: 10-22-2004
Webseite: HPTuners Forum

[s396] - https://forums.forza.net/t/how-gear-ratios-work-for-starters/58282
Autor: QuasiBiscuit857
Titel: How gear ratios work for starters
Erscheinungsdatum: July 20, 2017
Webseite: Official Forza Community Forums

[s397] - https://www.grandprixforums.com/1997-2007-4-speed-automatic-4t65e-4t65e-hd-/7830-what-is-my-differential-ratio-and-first-gear-ratio.html
Titel: What is my differential ratio and first gear ratio?
von: Grand Prix Forums
Erscheinungsdatum: 2008-11-06
Webseite: Grand Prix Forums

[s398] - https://www.civicx.com/forum/threads/changing-cvt-final-drive-gear-ratio-question.38464/
Autor: Myx
Titel: Changing CVT Final Drive Gear Ratio Question
von: CivicX
Erscheinungsdatum: Jun 29, 2019
Webseite: CivicX

[s399] - http://www.the370z.com/engine-drivetrain/124439-final-drive-ratio-wheel-whp-changes-3.html
Autor: JeffP-Z
Titel: Final Drive Ratio, wheel, and WHP changes
von: The370Z Forum
Erscheinungsdatum: 06-27-2020
Webseite: the370z.com

[s400] - https://forums.forza.net/t/gearing-setup-vs-handling-guide/20184
Autor: GTP EnzoGuy
Titel: Gearing setup vs handling guide
Erscheinungsdatum: April 29, 2015
Webseite: Forza Community Forums

[s401] - https://forum.hptuners.com/showthread.php?p=495212
Autor: ammar.alqisi
Titel: Gear Ratio
von: HP Tuners LLC
Erscheinungsdatum: 08-01-2017
Webseite: HPTuners Forum

[s402] - https://www.jetir.org/papers/JETIR2107533.pdf
Autor: Apurva D. Diwekar, Dr. Prashant Singh **Titel:** Design And Optimization Of Automobile Propeller Shaft With Composite Materials Using Fem Analysis
von: G H Raisoni University **Erscheinungsdatum:** July 2021
Webseite: www.jetir.org **Publisher:** Journal of Emerging Technologies and Innovative Research (JETIR)

[s403] - http://cafc.uscourts.gov/sites/default/files/opinions-orders/18-1763.OPINION.7-31-2020_1628791.pdf
Autor: JAMES RICHARD NUTTALL, Steptoe Johnson LLP; DENNIS J. ABDELNOUR, Honigman LLP **Titel:** American Axle Manufacturing, Inc. v. Neapco Holdings LLC
von: Steptoe Johnson LLP; Honigman LLP **Erscheinungsdatum:** October 3, 2019
Webseite: United States Court of Appeals for the Federal Circuit

[s404] - https://f30.bimmerpost.com/forums/showthread.php?t=1423038
Titel: Blown driveshaft after only 17k miles.... **von:** Bimmerpost
Erscheinungsdatum: 09-17-2017 **Webseite:** Bimmerpost

[s405] - https://ijrpr.com/uploads/V5ISSUE9/IJRPR33301.pdf
Autor: Chandan Kumar, Laxman Kumar Sahoo, Bhagya Nanda **Titel:** Optimized Propeller Shaft Design: Lightweight Material Selection Using FEA- A Review Study
von: Ghandhi Institute for Education and Technology **Erscheinungsdatum:** September 2024
Webseite: International Journal of Research Publication and Reviews

[s406] - https://f80.bimmerpost.com/forums/showthread.php?t=1016919
Autor: swamp2 **Titel:** All about drive train inertia and mass factors with sample M4 calculations (long...)
von: Bimmerpost **Erscheinungsdatum:** 07-30-2014
Webseite: Bimmerpost

[s407] - https://scotthelme.co.uk/the-m140i-project-post-part-4/
Autor: Scott Helme **Titel:** The M140i project post - Part 4
Erscheinungsdatum: 17 Apr 2020 **Webseite:** scotthelme.co.uk

[s408] - https://turbobricks.com/index.php?threads/haldex-performance-info.48554/
Autor: davidmacq **Titel:** Haldex Performance Info
von: Haldex **Erscheinungsdatum:** Jul 31, 2005
Webseite: TurboBricks

[s409] - https://www.2addicts.com/forums/showthread.php?t=1790586
Titel: xDrive for performance **von:** 2Addicts
Erscheinungsdatum: 01-12-2021 **Webseite:** 2Addicts

[s410] - https://g42.bimmerpost.com/forums/showthread.php?t=408077
Autor: AltecBX **Titel:** BMW Torque Vectoring
von: Bimmerpost **Erscheinungsdatum:** 07-14-2010
Webseite: Bimmerpost

[s411] - https://www.carexpert.com.au/car-news/torque-vectoring-explained
Autor: Vivek Shah **Titel:** Torque Vectoring Explained
von: CarExpert **Erscheinungsdatum:** 8 November 2020
Webseite: CarExpert

[s412] - https://newsroom.porsche.com/en/press-kits/the-new-porsche-macan/Fahrwerksysteme.html
Titel: The new Porsche Macan - Chassis systems **von:** Porsche
Webseite: Porsche Newsroom

[s413] - https://www.media.stellantis.com/uploads/me/ME/2018/Alfa-Romeo/Files/121218_Accademia_Di_Guida_Alfa_Romeo_E.pdf
Titel: The secrets of Alfa Romeo driving dynamics **von:** Stellantis
Webseite: Stellantis Media

[s414] - https://link.springer.com/article/10.1007/s12239-022-0051-9
Autor: Jae Yong Park, Sungsoo Na, Hyunsoo Cha, Kyongsu Yi **Titel:** Direct Yaw Moment Control with 4WD Torque-Vectoring for Vehicle Handling Stability and Agility
von: The Korean Society of Automotive Engineers **Erscheinungsdatum:** 01 April 2022
Webseite: International Journal of Automotive Technology **Publisher:** Springer

[s415] - https://f10.5post.com/forums/showthread.php?t=476377
von: Bimmerpost **Webseite:** Bimmerpost

[s416] - https://f30.bimmerpost.com/forums/showthread.php?t=99918
Titel: BMWs to get new torque vectoring rear-axle (moving away from open rear differential) **von:** Bimmerpost
Erscheinungsdatum: 2007-12-04 **Webseite:** Bimmerpost

[s417] - https://www.build-review.com/the-impact-of-drive-shaft-failures-on-vehicle-transmission/
Titel: The Impact of Drive Shaft Failures on Vehicle Transmission **von:** Build Review
Erscheinungsdatum: 21st March 2024 **Webseite:** Build Review

[s418] - https://x-engineer.org/drivetrain-losses-efficiency/
Titel: Drivetrain Losses (Efficiency) **von:** x-engineer.org
Webseite: x-engineer.org

[s419] - https://www.iosrjournals.org/iosr-jmce/papers/sicete(mech)-volume5/49.pdf
Autor: Kishor Ghatage, Narayanrao Hargude **Titel:** Static, Modal and Buckling Analysis of Automotive Composite Drive Shaft
von: Dr.J.J.Magdum College of Engineering **Webseite:** IOSR Journal of Mechanical and Civil Engineering

[s420] - https://www.diva-portal.org/smash/get/diva2:832002/FULLTEXT01.pdf
Autor: Gummadi Sanjay, Akula Jagadeesh Kumar **Titel:** Optimum Design and Analysis of a Composite Drive Shaft for an Automobile
von: Blekinge Institute of Technology **Erscheinungsdatum:** 2007

[s421] - https://www.ndepower.com/products/universal-driveshaft-prop-shafts
Titel: Universal Driveshaft Prop Shafts **von:** NDE Clarke Pitchline Ltd
Webseite: NDE Power

[s422] - https://link.springer.com/article/10.1007/s12206-012-0622-1
Autor: Farzad Vesali, Mohammad Ali Rezvani, Mohammad Kashfi **Titel:** Dynamics of universal joints, its failures and some propositions for practically improving its performance and life expectancy
von: Korean Society of Mechanical Engineers **Erscheinungsdatum:** 23 August 2012
Webseite: Springer

[s423] - https://www.cruisersforum.com/forums/f114/double-universal-joint-to-connect-the-drive-shaft-to-the-engine-226094.html
Titel: double universal joint to connect the drive shaft to the engine **von:** Cruisers Forum
Erscheinungsdatum: 2019-04-11 **Webseite:** Cruisers Forum

[s424] - https://voith.com/corp-en/universal-joint-shafts.html
Titel: High-performance Universal Joint Shafts **von:** Voith
Webseite: Voith

[s425] - https://forums.genvibe.com/phpBB3/viewtopic.php?t=45462
Titel: Flex plate? Flywheel? **von:** Genvibe
Webseite: forums.genvibe.com

[s426] - https://f87.bimmerpost.com/forums/showthread.php?t=1768130
Autor: No_curebimmer **Titel:** DMF (Dual Mass Flywheel) issue or hydraulic valve lifters?
von: Bimmerpost **Erscheinungsdatum:** 2020-10-20
Webseite: Bimmerpost

[s427] - https://forums.jag-lovers.com/t/v12-engine-lightweight-flywheel-or-not/134949
Autor: Ole Wrtz, Kirbert, Mike, Jeff Smith, Gary Evans, Peter Crespin **Titel:** Lightweight flywheel or not
von: Jag-lovers **Erscheinungsdatum:** October 17, 2015
Webseite: Jag-lovers Forums

[s428] - https://www.legacygt.com/topic/75445-lightened-flywheel-bad-idea/
Autor: SubaruFanatic **Titel:** lightened flywheel bad idea
Erscheinungsdatum: 2011-01-10 **Webseite:** LegacyGT.com

[s429] - https://www.xr-underground.com/threads/lightweight-flywheel-and-towing.52802/
Autor: KaeserTRD **Titel:** Lightweight Flywheel and Towing?.....
von: X-Runner Underground **Erscheinungsdatum:** 2013-04-02
Webseite: X-Runner Underground **Publisher:** X-Runner Underground

[s430] - https://www.vexforum.com/t/single-or-double-flywheel/32342
Autor: N.E.R.D_NATION **Titel:** Single or Double Flywheel
Erscheinungsdatum: January 20, 2016 **Webseite:** VEX Forum

[s431] - https://www.itwgraphics.com/transportation
Titel: About ITW Graphics **von:** ITW Graphics
Webseite: ITW Graphics

[s432] - https://www.drb-industrial.com/industrialen/_Data/Catalogue/MN0000028.pdf
Titel: Power Transmission Belt **von:** DRB Industrial Co., Ltd.
Webseite: www.drbworld.com

[s433] - https://www.nrel.gov/docs/fy00osti/27833.pdf
Titel: Replace V-Belts with Cogged or Synchronous Belt Drives **von:** U.S. Department of Energy
Erscheinungsdatum: January 2000 **Webseite:** www.nrel.gov
Publisher: Office of Industrial Technologies, U.S. Department of Energy

[s434] - https://www.optibelt.com/us/products/v-belts-single/optibelt-hvac-power/
Titel: Optibelt HVAC Power **von:** Optibelt USA
Webseite: Optibelt

[s435] - https://www.hutchinsontransmission.com/about-hutchinson
Titel: About Hutchinson **von:** Hutchinson
Webseite: Hutchinson Transmission

[s436] - https://erautocare.com/boost-your-cars-performance-prevent-leaks-belts-and-hoses-coolant-care/
Autor: ER Auto Care **Titel:** Boost Your Car's Performance Prevent Leaks: Belts and Hoses Coolant Care
von: ER Auto Care **Erscheinungsdatum:** May 6, 2024
Webseite: ER Auto Care

[s437] - https://gmb-oceania.com/our-products/gmb-drive-belts/
Titel: GMB Drive Belts **von:** GMB
Webseite: GMB Oceania

Bild-Quellen

Informationen zu allen folgenden Bildern

Keines der Bilder wurden verändert, nur die Auflösung wurde angepasst.
Alle Bilder haben weiterhin die ursprängliche Lizenz.
Trotz sorgfältiger Prüfung kann die Richtigkeit und die Zuordnung der Bilder nicht garantiert werden.
Alle verwendeten Bilder wurden gemäß ihrer jeweiligen Lizenzbestimmungen verwendet.
Bei der eBook Version wurden die Bilder zu nummerierten Collagen zusammengestellt.
Alle Bilder wurden final abgerufen und geprüft am 2025-01-03.

Verwendete Lizenz

CC0 http://creativecommons.org/publicdomain/zero/1.0/deed.en

Bildnachweise

[i1] - 001_001_002_image_ladeluftkuehler.jpeg
https://upload.wikimedia.org/wikipedia/commons/1/15/Llk.jpg
Date: 22 May 2005 **von:** ChristianBier
Künstler: WikiPimpi **License:** Public domain

[i2] - 001_002_001_image_turboaufladung.jpeg
https://upload.wikimedia.org/wikipedia/commons/5/59/Twin-scroll_turbo_T-GDI.jpg
Date: 2012-09-01 **von:** DmitryKo
License: CC0 (http:creativecommons.orgpublicdomainzero1.0deed.en)

[i3] - 001_002_002_image_einspritzduesen.jpeg
https://upload.wikimedia.org/wikipedia/commons/6/6f/06A906036F_Noozle_of_Fuel_Injector.jpg
Date: 2024-07-16 **von:** Europartsgiant
License: CC0 (http:creativecommons.orgpublicdomainzero1.0deed.en)

[i4] - 001_002_002_image_downpipe.jpeg
https://upload.wikimedia.org/wikipedia/commons/c/cf/1968_AMC_AMX_yellow_390_auto_md-sp.jpg
Date: 2010-09-25 **von:** CZmarlin
License: Public domain

[i5] - 001_002_003_image_turbolader.jpeg
https://upload.wikimedia.org/wikipedia/commons/7/76/Turbocharger.jpg
Date: 2003 **von:** Ariadacapo
Künstler: Quentin Schwinn (NASA) **License:** Public domain

[i6] - 001_002_003_image_turbosystem.jpeg
https://upload.wikimedia.org/wikipedia/commons/2/22/ULPower_UL260i.jpg
Date: 2007-06-23 **von:** Whatsthat~commonswiki
Künstler: ULPower **License:** Public domain

[i7] - 001_002_003_image_kruemmer.jpeg
https://upload.wikimedia.org/wikipedia/commons/5/54/Mercedes_V12_exhaust_manifold.jpg
Date: 2023-08-19 **von:** Collard
License: CC0 (http:creativecommons.orgpublicdomainzero1.0deed.en)

[i8] - 001_004_002_image_zylinderanzahl.jpeg
https://upload.wikimedia.org/wikipedia/commons/d/d1/EF7_Engine_Cylinder_head_2.jpg
Date: 2010-08-27 **von:** Finavon
Künstler: Arsi Warrior **License:** Public domain

[i9] - 001_004_004_image_hochleistungsluftfilter.jpeg
https://upload.wikimedia.org/wikipedia/commons/7/75/Ram_air_cleaner.jpg
Date: 04082008 **von:** Enginedesigner~commonswiki
Künstler: Enginedesigner **License:** Public domain

[i10] - 002_001_003_image_cfd.jpeg
https://upload.wikimedia.org/wikipedia/commons/d/db/Jet_engine_blades_simulation.jpg
Date: 2009-08-30 **von:** Ascaron
Künstler: Dale Van Zante and Jay Horowitz **License:** Public domain

---

[i11] - 002_001_004_image_lambdasonden.jpeg
https://upload.wikimedia.org/wikipedia/commons/a/a1/LambdasondeRB.jpg
Date: 0006-02-24 **von:** Toyota prius 2~commonswiki
Künstler: Schrauber5 **License:** Public domain

[i12] - 003_001_001_image_daempfer.jpeg
https://upload.wikimedia.org/wikipedia/commons/8/85/M-21I_rear_shock_absorber_dismantled_for_maintenance.jpg
Date: 2017-12-19 **von:** DL24
License: CC0 (http:creativecommons.orgpublicdomainzero1.0deed.en)

[i13] - 003_002_002_image_kevlar.jpeg
https://upload.wikimedia.org/wikipedia/commons/7/7e/Kevlar-3D-balls.png
Date: 2010-03-28 **von:** Jynto
Künstler: Ben Mills **License:** Public domain

[i14] - 003_002_003_image_bremsscheibe.jpeg
https://upload.wikimedia.org/wikipedia/commons/f/fd/Hamulec_tarczowyA.jpg
Date: 28 March 2006 **von:** Blueshade
Künstler: Julo **License:** Public domain

[i15] - 003_003_001_image_felgenmaterialien.jpeg
https://upload.wikimedia.org/wikipedia/commons/6/69/Fuchsfelge_black.jpg
Date: 2005-06-11 **von:** File Upload Bot (Magnus Manske)
Künstler: Abehn **License:** Public domain

[i16] - 004_001_001_image_frontspoiler.jpeg
https://upload.wikimedia.org/wikipedia/commons/7/7e/1977_AMC_Hornet_AMX_at_2021_PA_show_finished_in_6P_Firecracker_Red_5of8.jpg
Date: 2021-05-15 **von:** CZmarlin
License: CC0 (http:creativecommons.orgpublicdomainzero1.0deed.en)

[i17] - 004_001_004_image_luftwiderstand.jpeg
https://upload.wikimedia.org/wikipedia/commons/a/ad/AMC_Javelin_1969_Craig_Breedlove_roof_spoiler_detail.jpg
Date: 2010-09-25 **von:** CZmarlin
License: Public domain

[i18] - 004_002_001_image_rockerpanels.jpeg
https://upload.wikimedia.org/wikipedia/commons/d/d1/ArthurFieldsRunningboardAutograph.jpg
Date: Not dated. c. 1920s **von:** Infrogmation
Künstler: Uncredited photographer for Bain News Service **License:** Public domain

[i19] - 004_003_001_image_vortexgeneratoren.jpeg
https://upload.wikimedia.org/wikipedia/commons/b/b7/Daihatsu_M-L70V_Mira_Turbo_TR_%28No.49%29_%2822101611204%29.jpg
Date: 2022-10-16 **von:** Mazu Kai yori hajimeru
License: CC0 (http:creativecommons.orgpublicdomainzero1.0deed.en)

[i20] - 004_003_003_image_heckfluegel.jpeg
https://upload.wikimedia.org/wikipedia/commons/5/51/Lotus_49b_rear_view.jpg
Date: 2009-05-25 **von:** Spute~commonswiki
Künstler: Spute **License:** Public domain

[i21] - 005_001_002_image_throttle_position_sensor.jpeg
https://upload.wikimedia.org/wikipedia/commons/0/0b/Throttle_body.jpg
Date: 6 April 2006 **von:** A7N8X
Künstler: M100~commonswiki **License:** Public domain

[i22] - 005_002_002_image_doppelkupplungsgetriebe.jpeg
https://upload.wikimedia.org/wikipedia/commons/c/cc/Hyundai_7_speed_dual_clutch_transmission._Spielvogel.jpg
Date: 2015-09-17 **von:** Spielvogel
License: CC0 (http:creativecommons.orgpublicdomainzero1.0deed.en)

[i23] - 005_002_004_image_obd2.jpeg
https://upload.wikimedia.org/wikipedia/commons/b/b2/Veepeak_obd2_scanner_tool.jpg
Date: 2024-02-18 **von:** Coqugu
Künstler: hinoew **License:** CC0 (http:creativecommons.orgpublicdomainzero1.0deed.en)

[i24] - 005_003_003_image_maf.jpeg
https://upload.wikimedia.org/wikipedia/commons/4/44/Caucho.jpg
Date: 2009-07-22 **von:** Rubenfoixench
License: Public domain

[i25] - 006_001_001_image_schaltgetriebe.jpeg
https://upload.wikimedia.org/wikipedia/commons/e/e7/Transmission_of_Ajax_Motor_Car%2C_Seattle%2C_1914_%28MOHAI_11042%29.jpg
Date: 1914 **von:** BMacZeroBot
Künstler: classfn value> Unknown authorUnknown author **License:** Public domain

[i26] - 006_001_001_image_uebersetzungsverhaeltnisse.jpeg
https://upload.wikimedia.org/wikipedia/commons/4/41/Subaru_Lineartronic_continuously_variable_transmission_%282010-10-16%29_01.jpg
Date: 2010-10-16 **von:** OSX
License: Public domain

[i27] - 006_001_002_image_differenzialsperre.jpeg
https://upload.wikimedia.org/wikipedia/commons/5/5a/KdF82_differ1.jpg
Date: 10. 6. 2004 **von:** Vladimirch
License: Public domain

[i28] - 006_001_003_image_elektromagnetische_kupplungssysteme.jpeg
https://upload.wikimedia.org/wikipedia/commons/2/23/RabinowJacob_038.jpg
Date: 2013-09-09 **von:** NISTResearchLibrary
Künstler: National Institute of Standards and Technology **License:** Public domain

[i29] - 006_002_002_image_antriebswelle.jpeg
https://upload.wikimedia.org/wikipedia/commons/1/1f/2011.10.17.152945_Drive_shaft_Fragata_Sarmiento_Puerto_Madero_Buenos_Aires.jpg
Date: 2011-10-17 **von:** Hermann Luyken
License: CC0 (http:creativecommons.orgpublicdomainzero1.0deed.en)

[i30] - 006_002_002_image_verbundwerkstoffe.jpeg
https://upload.wikimedia.org/wikipedia/commons/1/13/Composite_3d.png
Date: 2009-01-25 **von:** Bluesyann
Künstler: PerOX **License:** Public domain

[i31] - 006_003_003_image_flexplatte.jpeg
https://upload.wikimedia.org/wikipedia/commons/a/ac/Matra_ms7_rag_joint.jpg
Date: 2008-06-12 **von:** Dinsen
License: Public domain

[i32] - 006_003_003_image_schwungscheibe.jpeg
https://upload.wikimedia.org/wikipedia/commons/3/3f/Flywheel_from_old_factory.jpg
Date: 2005-06-21 **von:** Rajeshd~commonswiki
License: Public domain

[i33] - 006_003_004_image_antriebsriemen.jpeg
https://upload.wikimedia.org/wikipedia/commons/4/42/Keilriemen-V-Belt.png

Date:	2 November 2005	**von:**	Borowski~commonswiki
License:	Public domain		

[i34] - 006_003_004_image_riemenscheiben.jpeg
https://upload.wikimedia.org/wikipedia/commons/a/a4/Nota-203-1_new_belts_installed.jpg

Date:	2022-03-08	**von:**	Retired electrician
License:	CC0 (http:creativecommons.orgpublicdomainzero1.0deed.en)		

[i35] - 006_003_004_image_zahnriemen.jpeg
https://upload.wikimedia.org/wikipedia/commons/e/e1/Timing_belt_RB30E.jpg

Date:	2007-04-04	**von:**	RB30DE~commonswiki
Künstler:	RB30DE	**License:**	Public domain

FSC
www.fsc.org
MIX
Papier | Fördert gute Waldnutzung
FSC® C083411

Kolibri 360 GmbH
Ferdinand-Jühlke-Straße 7
99095 Erfurt, Deutschland
produktsicherheit@kolibri360.de